高等职业教育信息技术产教融合新型活页式教材

Android 项目式开发技术

毛以芳　汤富彬　编著

西南交通大学出版社
·成　都·

图书在版编目（CIP）数据

Android 项目式开发技术 / 毛以芳，汤富彬编著．
成都：西南交通大学出版社，2024．10．-- ISBN 978-7-5774-0151-5

Ⅰ．TN929．53

中国国家版本馆 CIP 数据核字第 2024ZV1358 号

Android Xiangmushi Kaifa Jishu
Android 项目式开发技术

毛以芳　汤富彬 / **编著**

策划编辑 / 李芳芳　李华宇
责任编辑 / 李华宇
封面设计 / 墨创文化

西南交通大学出版社出版发行
（四川省成都市金牛区二环路北一段 111 号西南交通大学创新大厦 21 楼　610031）
营销部电话：028-87600564　028-87600533
网址：https://www.xnjdcbs.com
印刷：四川玖艺呈现印刷有限公司

成品尺寸　185 mm × 260 mm
印张　19.5　字数　487 千
版次　2024 年 10 月第 1 版　印次　2024 年 10 月第 1 次

书号　ISBN 978-7-5774-0151-5
定价　56.00 元

课件咨询电话：028-81435775
图书如有印装质量问题　本社负责退换

前言

随着智能设备及智能家居的普及，Android（安卓）系统在全球得到了大规模使用。据知名数据咨询机构 Strategy Analytics 数据统计，截至目前，Android 系统全球市场份额为 81%。Android 系统作为开源系统，它为开发者提供了更灵活的平台，因此越来越多的人开始学习 Android 开发技术。

党的二十大报告指出，“统筹职业教育、高等教育、继续教育协同创新，推进职普融通、产教融合、科教融汇，优化职业教育类型定位。”再次明确了职业教育的发展方向。从国内外职业教育实践来看，产教融合是职业教育的基本办学模式，也是职业教育发展的本质要求。而传统教材多采用案例驱动式教学，与软件开发岗位项目制工作过程需求不相符。有鉴于此，本书以 Android Studio Flamingo 2022.2.1 为开发平台，将知识融于项目开发过程中。

本书主要有以下特点：

1. 强调技能训练和动手能力培养，重在培养应用型人才，通过项目开发，让学生“做中学，学中做”，将理论与实践相结合，在提高学生学习兴趣的同时强化学生的动手能力，学生完成项目开发后可以直接将程序安装至手机端使用，以增强学生学习的成就感。

2. 采用新型活页教材形式，通过 3 个项目开发过程将理论知识与技能融于项目中，让学生在项目开发过程中学会对知识的综合运用，同时理解并掌握整个项目开发的全过程，为学生就业打下基础。

本书由成都工业职业技术学院毛以芳、汤富彬共同编著。本书在编写过程中得到了成都工业职业技术学院相关部门、信息工程学院领导及移动应用开发教学团队的大力支持和帮助，项目 3 的素材与数据得到了产业学院企业导师段礼的支持与帮助，在此表示衷心的感谢！

由于作者水平有限以及时间紧迫，书中难免存在不足之处，敬请读者批评指正。

作　者

2024 年 7 月

扫码获取数字资源

目　录

项目一　备忘录设计制作

【学习目标】

（1）熟悉 Android 项目的开发流程。
（2）掌握 Android 控件的使用。
（3）了解数据的存储方式。
（4）掌握使用 SharedPreferences 保存用户信息。
（5）掌握数据库的创建和使用。
（6）理解 Activity 的生命周期和启动方式。
（7）掌握 Activity 之间的跳转及数据回传。

1.1　项目概述

本项目将开发一款基于 Android 系统的简单备忘录，它能够便携记录生活和工作的诸多事情，从而帮助人们有条理地进行时间管理。备忘录的设计制作主要包括界面设计、控件选择与使用、数据存储的实现、SQLite 数据库的使用等步骤。

1.1.1　模型需求分析

备忘录项目主要从三个方面进行设计，如图 1.1 所示。

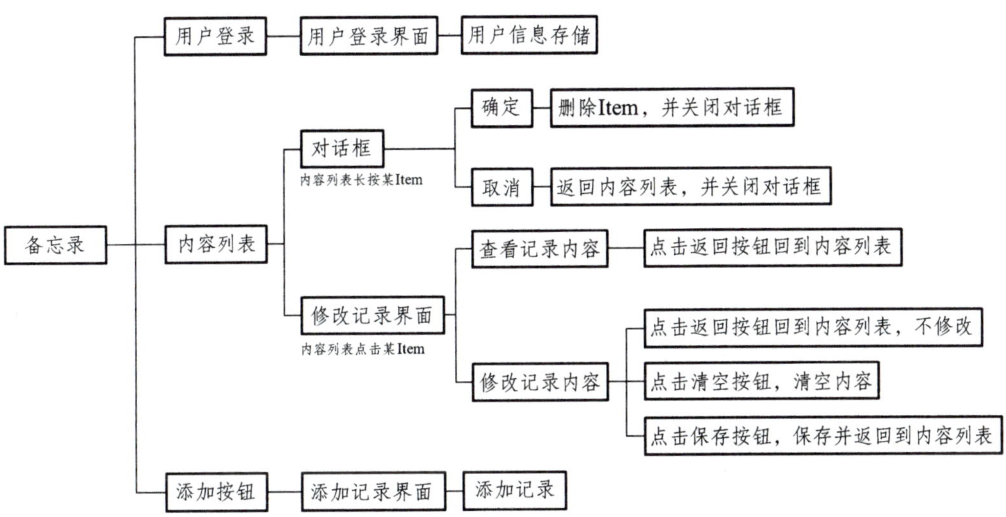

图 1.1　备忘录模块功能

用户登录：通过登录界面查找项目中存储的用户信息进行登录。如果是第一次登录，则将用户信息存储到应用中。

内容列表：登录成功后跳转到内容列表界面，此界面展示所有的备忘内容，长按某一条内容，将会弹出对话框，询问是否删除此条备忘录记录，确定则删除此内容，取消则不删除内容。点击某一条内容，进入修改记录界面，可以查看记录的全部内容。如果要修改，完成修改后将保存并返回到内容列表界面。

添加按钮：点击添加按钮实现新记录的添加，内容输入后点击保存按钮将新记录保存到数据库，并返回到内容列表界面。连续两次返回操作将退出应用程序。

1.1.2　项目展示

启动 Android Studio 开发软件，打开并运行项目，打开模拟器，首先进入的是用户登录界面。输入用户名和密码，点击登录按钮，如果用户名和密码与存储在应用中的不一致，则会提示用户名或密码不正确，需要重新登录。图 1.2~图 1.6 是各模块的运行效果。

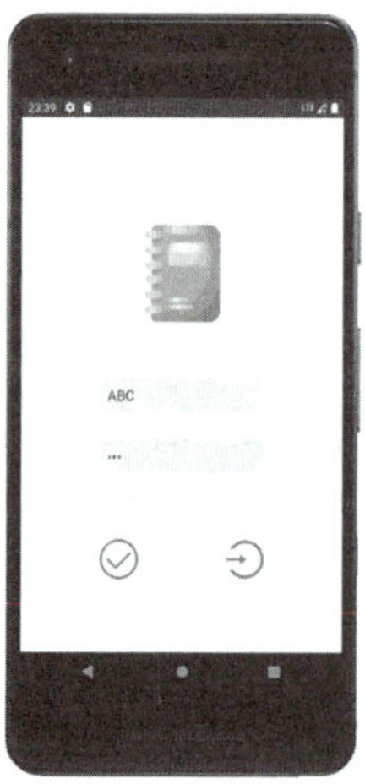

图 1.2　备忘录登录界面

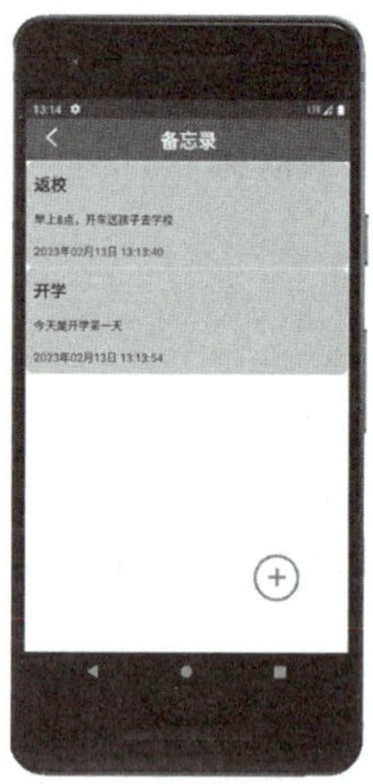

图 1.3　备忘录列表界面

图 1.4　备忘录添加记录界面

图 1.5　备忘录修改记录界面

图 1.6　备忘录删除记录界面

1.1.3 开发环境介绍

操作系统：Windows 10 及以上系统。

开发工具：JDK8 及以上版本、Android Studio 2022.2.1 +模拟器。

API 版本：Android API 31。

1.2 登录界面（UI）设计

登录界面，通过输入账号与密码，点击保存按钮可以保存账号与密码。点击登录按钮查询保存的账号与密码，如果一致，则实现登录并跳转到备忘录列表界面。

1.2.1 创建项目

为了实现登录界面的设计，首先要创建项目，创建项目的步骤如下：

（1）启动 Android Studio 开发环境，点击“File”→点击“New”→点击“New Project”，打开“New Project”对话框，如图 1.7 所示。

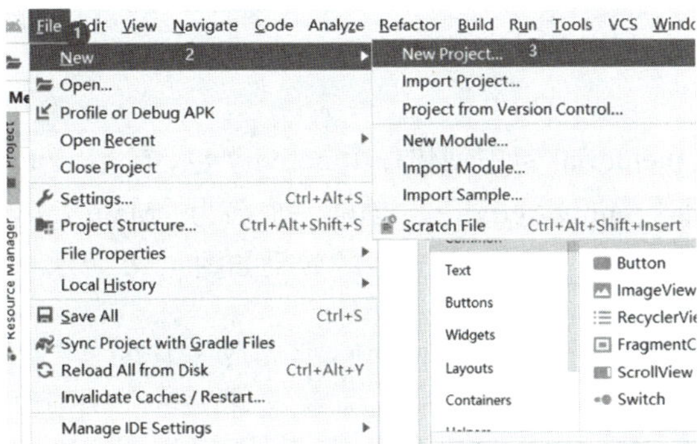

图 1.7　创建项目步骤一

（2）选择“Phone and Tablet”→选择“No Activity”→点击“Next”，如图 1.8 所示。

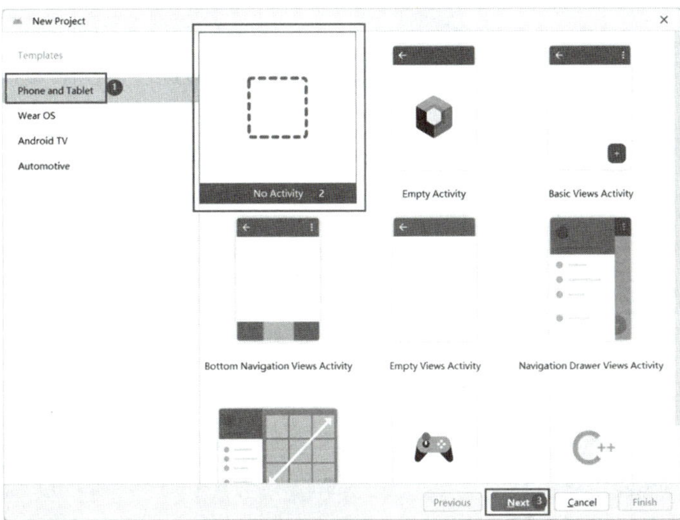

图 1.8　创建项目步骤二

（3）打开创建项目设置界面→设置项目名称、包名、存储位置、开发语言及支持的 SDK 最低版本→点击“Finish”，如图 1.9 所示。

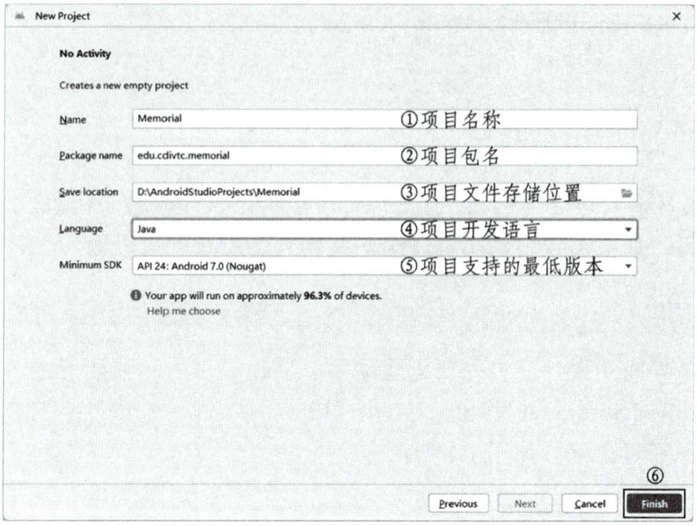

图 1.9　创建项目步骤三

（4）在包 edu.cdivtc.memorial 包中创建一个 activity 包，在 activity 包上右击，选择“new”→选择“activity”→选择“Empty Activity”，创建一个名为“MainActivity”的 Activity，同时，创建其对应的布局文件 activity_main。创建后的效果如图 1.10 所示。

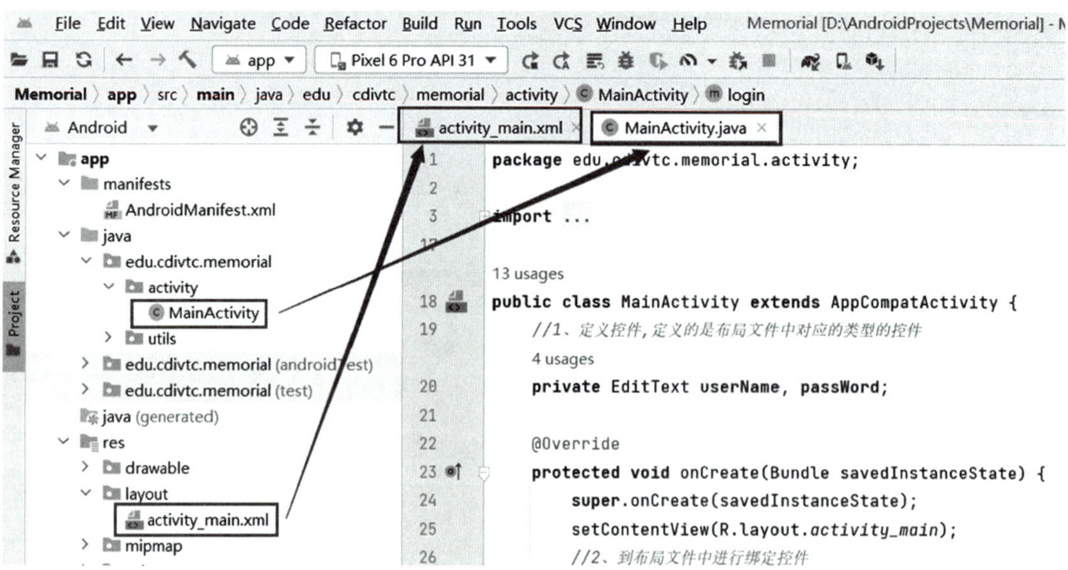

图 1.10　创建完成的空项目

注意：

①项目命名要见名知意。

②项目命名规则要遵循驼峰命名法。

1.2.2　登录界面设计

登录界面的组成(从上往下)依次是:ImageView 控件,显示登录用户的图标;两个 EditText,分别用来输入账号与密码;两个 ImageView 控件,其中一个用来存储账号和密码,类似于注册功能,另一个用来实现登录功能。其原型图和效果图如图 1.11 所示。

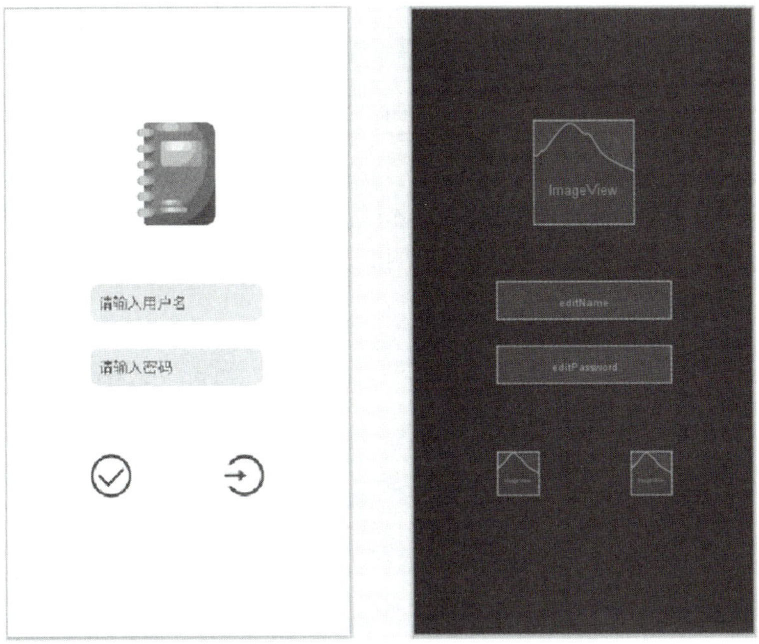

图 1.11　登录界面的原型图与效果图

1. 准备素材

根据效果图,需要准备用户图标、保存按钮图标及登录按钮图标。这些素材学生可以自己根据学习的 UI 设计知识自行设计,也可以通过网站下载。目前国内免费的下载网站有:

阿里在线图标库:https://www.iconfont.cn/。

注意:素材的文件名一定要英文小写字母开头,多个单词之间用下划线连接。

2. 导入素材

将准备好的素材图片 user.png、save.png、login.png,添加到 res 文件夹中的 drawable 文件夹中,在 drawable 文件夹中创建一个名为“shape_rectangle.xml”的背景形状文件。

3. 图片资源

图片资源包括扩展名为.png、.jpg、.gif、.png 等的文件。

图片资源分类:

应用图标资源:存放在 mipmap 文件夹中。

界面中使用的图片资源:存放在 drawable 文件夹中。

屏幕密度匹配规则见表 1-1。

表 1-1　屏幕密度匹配规则

密度范围值	mipmap 文件夹	drawable 文件夹
120~160 dpi	mipmap_mdpi	mipmap_mdpi
160~240 dpi	mipmap_hdpi	drawable_hdpi
240~320 dpi	mipmap_xdpi	drawable_xdpi
320~480 dpi	mipmap_xxdpi	drawable_xxdpi
480~640 dpi	mipmap_xxxdpi	drawable_xxxdpi

在 Android 中，颜色值由 RGB（红、绿、蓝）三原色和一个透明度（Alpha）表示，颜色值必须以“#”开头，“#”后面显示 Alpha-Red-Green-Blue 形式的内容。其中，Alpha 值可以省略。如果省略，则表示颜色默认是完全不透明的。

定义颜色的形式如图 1.12 所示。

#RGB　　#ARGB

#RRGGBB　　#AARRGGBB

图 1.12　定义颜色的形式

4. 登录界面 activity_main. xml 文件代码

```
<?xml version="1.0" encoding="utf-8"?>
<androidx.constraintlayout.widget.ConstraintLayout
    xmlns:android="http://schemas.android.com/apk/res/android"
    xmlns:app="http://schemas.android.com/apk/res-auto"
    xmlns:tools="http://schemas.android.com/tools"
    android:layout_width="match_parent"
    android:layout_height="match_parent"
    android:background="#FFFFFF"
    tools:context=".activity.MainActivity">

    <ImageView
        android:id="@+id/imUser"
        android:layout_width="120dp"
        android:layout_height="120dp"
        android:layout_marginStart="145dp"
        android:layout_marginTop="132dp"
        android:layout_marginEnd="146dp"
        android:src="@drawable/notebook"
        app:layout_constraintEnd_toEndOf="parent"
```

```
        app:layout_constraintHorizontal_bias="0.0"
        app:layout_constraintStart_toStartOf="parent"
        app:layout_constraintTop_toTopOf="parent" />

    <EditText
        android:id="@+id/editName"
        android:layout_width="wrap_content"
        android:layout_height="wrap_content"
        android:layout_marginStart="100dp"
        android:layout_marginTop="68dp"
        android:layout_marginEnd="101dp"
        android:background="@drawable/shape_rectangle"
        android:ems="10"
        android:hint="请输入用户名"
        android:inputType="textPersonName"
        android:padding="10dp"
        app:layout_constraintEnd_toEndOf="parent"
        app:layout_constraintHorizontal_bias="0.0"
        app:layout_constraintStart_toStartOf="parent"
        app:layout_constraintTop_toBottomOf="@+id/imUser"
        tools:ignore="TouchTargetSizeCheck" />

    <EditText
        android:id="@+id/editPassword"
        android:layout_width="wrap_content"
        android:layout_height="wrap_content"
        android:layout_marginStart="100dp"
        android:layout_marginTop="32dp"
        android:layout_marginEnd="101dp"
        android:background="@drawable/shape_rectangle"
        android:ems="10"
        android:hint="请输入密码"
        android:inputType="textPassword"
        android:padding="10dp"
        app:layout_constraintEnd_toEndOf="parent"
        app:layout_constraintHorizontal_bias="0.0"
        app:layout_constraintStart_toStartOf="parent"
        app:layout_constraintTop_toBottomOf="@+id/editName"
        tools:ignore="TouchTargetSizeCheck" />
```

```
    <ImageView
        android:id="@+id/imSave"
        android:layout_width="50dp"
        android:layout_height="50dp"
        android:layout_marginStart="100dp"
        android:layout_marginTop="80dp"
        android:onClick="saved"
        app:layout_constraintStart_toStartOf="parent"
        app:layout_constraintTop_toBottomOf="@+id/editPassword"
        app:srcCompat="@drawable/saved"
        tools:ignore="SpeakableTextPresentCheck" />

    <ImageView
        android:id="@+id/imLogin"
        android:layout_width="50dp"
        android:layout_height="50dp"
        android:layout_marginTop="80dp"
        android:layout_marginEnd="100dp"
        android:onClick="login"
        app:layout_constraintEnd_toEndOf="parent"
        app:layout_constraintTop_toBottomOf="@+id/editPassword"
        app:srcCompat="@drawable/login"
        tools:ignore="SpeakableTextPresentCheck" />

</androidx.constraintlayout.widget.ConstraintLayout>
```

5. 修改主题文件

项目创建后所有界面都有一个默认的标题栏，该标题栏不太美观，因此需要修改主题文件中的<style>标签下的 parent 属性，将属性值 DarkActionBar 修改为 NoActionBar.Bridge，修改操作步骤如图 1.13 所示。

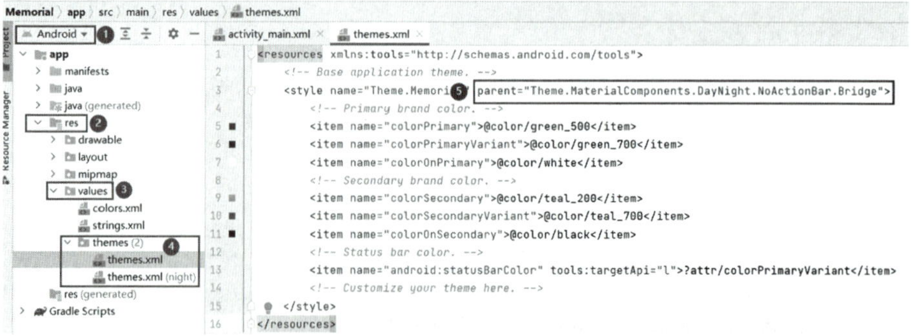

图 1.13　修改主题文件

6. 尺寸单位

px（pixels，像素）：每个 px 对应屏幕上的一个点。

dp（density-independent pixels，设备独立像素）：是一种与屏幕密度无关的尺寸单位。

sp（scaled pixels，比例像素）：主要处理字体的大小，可以根据用户字体大小首选项进行缩放。

in（inches，英寸）：标准长度单位。

pt（points，磅）：屏幕物理长度单位，1 磅=1/72 英寸=2.54/72 厘米（cm）。

mm（Millimeters，毫米）：屏幕物理长度单位。

7. 形状（shape）

为了让用户登录界面的样式美观大方，此项目中的用户名及密码输入框控件使用了圆角矩形的背景。此背景是通过形状来实现的，本项目中的形状代码如下：

```
<?xml version="1.0" encoding="utf-8"?>
<shape xmlns:android="http://schemas.android.com/apk/res/android"
    android:shape="rectangle">
    <solid android:color="#F2F9FF" />
    <corners android:radius="10dp" />
</shape>
```

形状的元素：

（1）shape：形状可绘制对象，必须是根元素。android:shape 关键字，定义形状的类型。Shape 的有效值见表 1-2。

表 1-2 形状类型

值	描 述
rectangle	填充包含视图的矩形，这是默认形状
oval	适应包含视图尺寸的椭圆形状
line	跨越包含视图宽度的水平线。此形状需要<stroke>元素定义线宽
ring	环形

（2）android:innerRadius：仅当 android:shape="ring"时才使用 innerRadius 内部半径属性。环内部（中间的孔）的半径，以尺寸值或尺寸资源表示。

（3）android:innerRadiusRatio：浮点型，环内部的半径，以环宽度的比率表示。例如，如果 android:innerRadiusRatio="5"，则内半径等于环宽度除以 5。此值被 android:innerRadius 覆盖。默认值为 9。

（4）android:thickness：尺寸，环的厚度，以尺寸值或尺寸资源表示。

（5）android:thicknessRatio：浮点型，环的厚度，表示为环宽度的比率。例如，如果 android:thicknessRatio= "2"，则厚度等于环宽度除以 2。此值被 android:innerRadius 覆盖。默

认值为 3。

（6）android:useLevel：布尔值。如果此属性用作 LevelListDrawable，则值为“true”。此属性的值通常应为“false”，否则无法显示形状。

shape 绘制常用的形状：

1）纯色圆和空心圆

纯色圆：

```
<?xml version="1.0" encoding="utf-8"?>
<shape xmlns:android="http://schemas.android.com/apk/res/android"
    android:shape="oval">
    <solid android:color="#FF0000" />
    <size
        android:width="45dp"
        android:height="45dp"></size>
</shape>
```

纯色圆形状的效果如图 1.14 所示。

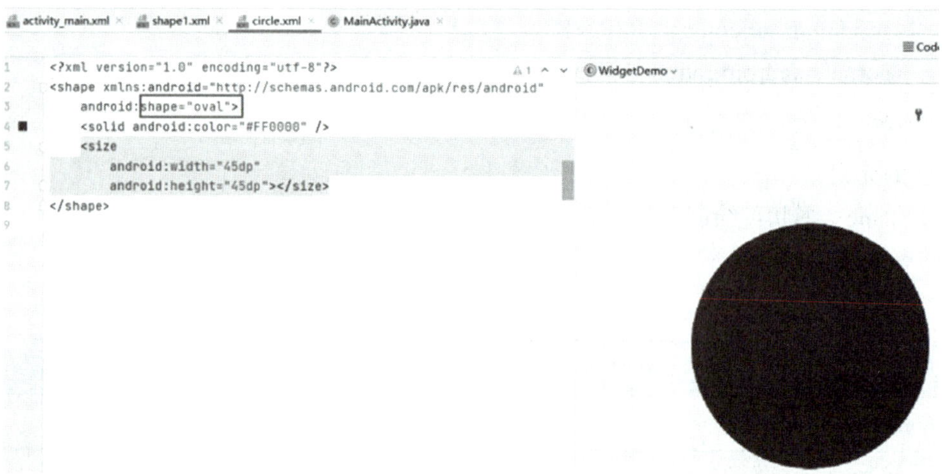

图 1.14　纯色圆的效果

空心圆：

```
<?xml version="1.0" encoding="utf-8"?>
<shape xmlns:android="http://schemas.android.com/apk/res/android"
android:innerRadius="28dp"
android:shape="ring"
android:thickness="2dp"
android:useLevel="false">
<solid android:color="#FF0000" />
</shape>
```

空心圆形状的效果如图 1.15 所示。

图 1.15　空心圆的效果

2）纯色矩形和空心矩形

纯色矩形：

```
<?xml version="1.0" encoding="utf-8"?>
<shape xmlns:android="http://schemas.android.com/apk/res/android"
android:shape="rectangle">
<solid android:color="#FF0000" />
</shape>
```

纯色矩形的效果如图 1.16 所示。

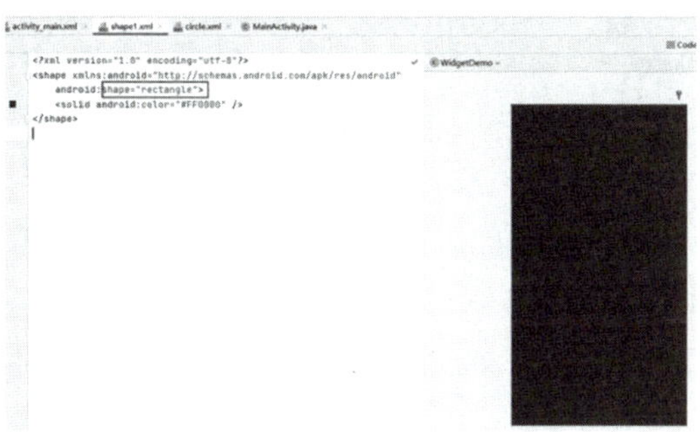

图 1.16　纯色矩形的效果

空心矩形：

```
<?xml version="1.0" encoding="utf-8"?>
<shape xmlns:android="http://schemas.android.com/apk/res/android"
android:shape="rectangle">
<!-- 边框 -->
<stroke
    android:width="2dp"
    android:color="#FF0000" />
<!-- 形状颜色（如果需要的是空心矩形，则形状颜色设置为透明） -->
<solid android:color="#00000000" />
</shape>
```

空心矩形的效果如图 1.17 所示。

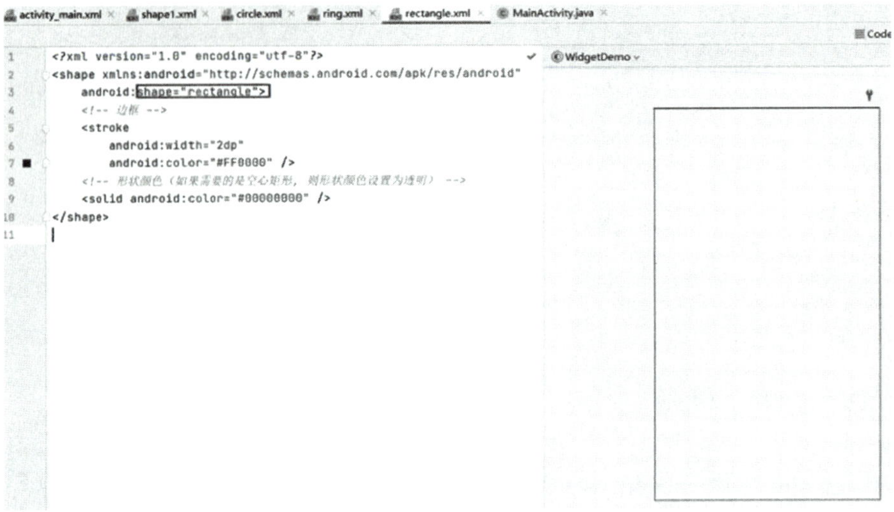

图 1.17　空心矩形的效果

3）圆角矩形

圆角矩形：

```
<?xml version="1.0" encoding="utf-8"?>
<shape xmlns:android="http://schemas.android.com/apk/res/android"
android:shape="rectangle">
<solid android:color="#FF0000" />
<corners android:radius="10dp" />
</shape>
```

圆角矩形的效果如图 1.18 所示。

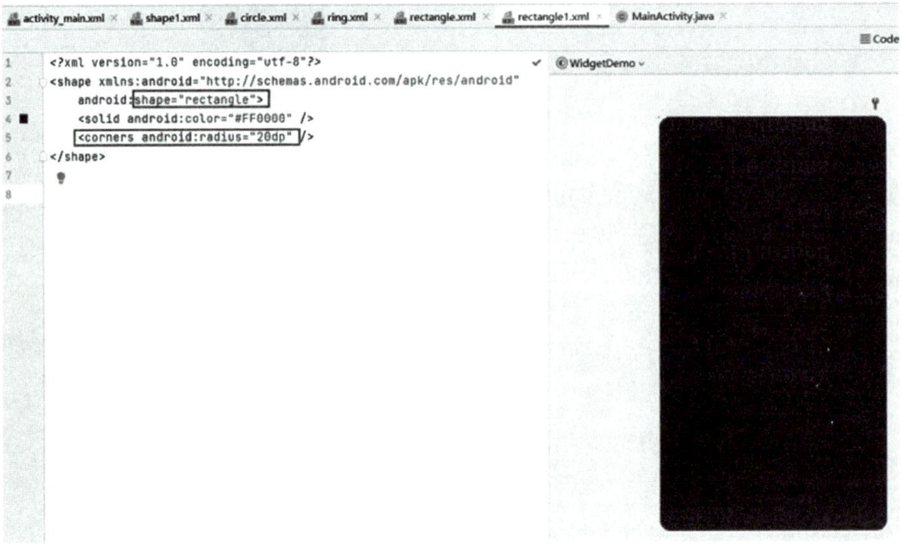

图 1.18　圆角矩形的效果

圆角空心：

```
<?xml version="1.0" encoding="utf-8"?>
<shape xmlns:android="http://schemas.android.com/apk/res/android"
android:shape="rectangle">
<!-- 边框 -->
<stroke
        android:width="2dp"
        android:color="#FF0000" />
<!-- 形状颜色（如果需要的是空心矩形，则形状颜色设置为透明） -->
<solid android:color="#00000000" />
<corners android:radius="10dp" />
</shape>
```

圆角空心的效果如图 1.19 所示。

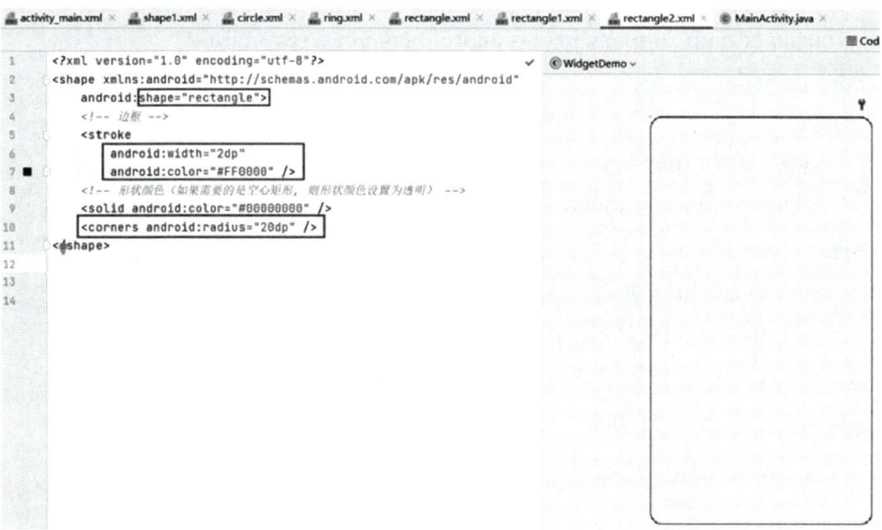

图 1.19　圆角空心矩形的效果

4）椭圆

实心椭圆：

```
<?xml version="1.0" encoding="utf-8"?>
<shape xmlns:android="http://schemas.android.com/apk/res/android"
    android:shape="oval">
    <solid android:color="#FF0000" />
    <size
        android:width="90dp"
        android:height="50dp"></size>
</shape>
```

实心椭圆的效果如图 1.20 所示。

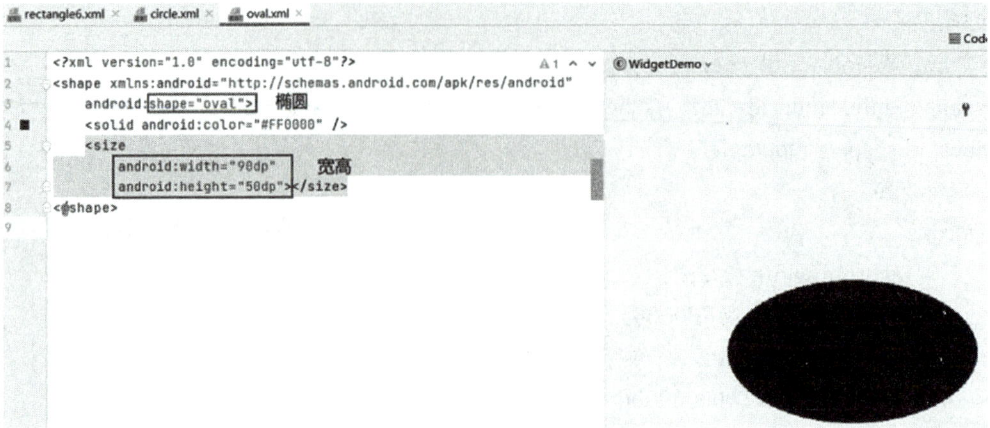

图 1.20 实心椭圆的效果

空心椭圆：

```
<?xml version="1.0" encoding="utf-8"?>
<shape xmlns:android="http://schemas.android.com/apk/res/android"
      android:shape="oval">
      <stroke
            android:width="2dp"
            android:color="#ff0000"/>
      <size
            android:width="90dp"
            android:height="50dp"></size>
</shape>
```

空心椭圆的效果如图 1.21 所示。

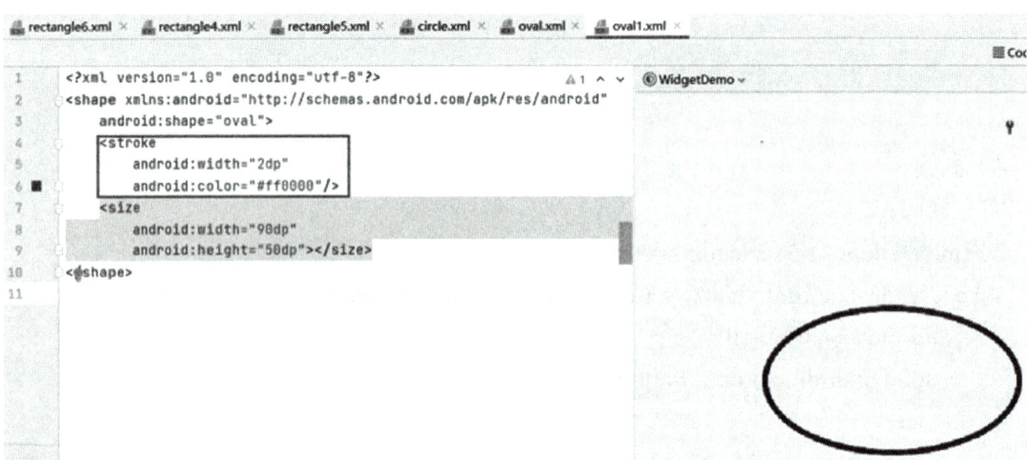

图 1.21 空心椭圆的效果

5）变色背景

变色背景：

```
<?xml version="1.0" encoding="utf-8"?>
<shape xmlns:android="http://schemas.android.com/apk/res/android"
android:shape="rectangle">
<solid android:color="@#FF00FF" />
<corners android:radius="50dp" />
<gradient
        android:angle="0"
        android:centerColor="#FF0000"
        android:endColor="#00FF00"
        android:startColor="#0000FF"></gradient>
</shape>
```

变色背景的效果如图 1.22 所示。

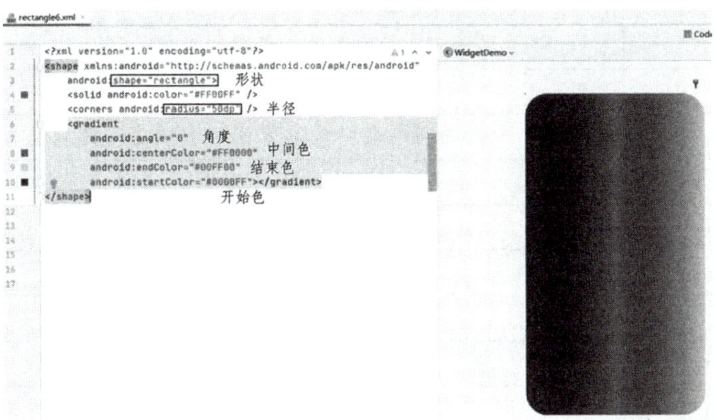

图 1.22 变色背景的效果

1.2.3 布局

1. 主流布局

当前六大主流布局：线性布局（LinearLayout）、相对布局（RelativeLayout）、帧布局（FrameLayout）、表格布局（TableLayout）、网格布局（GridLayout）、约束布局（ConstraintLayout）。各种布局的通用属性见表 1-3。

表 1-3 布局的通用属性

属性名称	功能描述
android:id	设置布局的标识
android:layout_width	设置布局的宽度
android: layout_height	设置布局的宽度
android:background	设置布局的背景
android:layout_margin	设置当前布局与屏幕边界或与周围控件的距离
android:padding	设置当前布局与该布局中控件的距离

2. 线性布局（LinearLayout）

线性布局主要以水平或垂直方式来显示界面中的控件。当控件水平排列时，显示顺序依次为从左到右，当控件垂直排列时，显示顺序依次为从上到下。

主要属性：

（1）orientation 设置布局管理器内组件的排列方式，可以设置 horizontal（横向）、vertical（纵向）两者之一。

（2）gravity 设置布局管理器内组件的对齐方式，layout_gravity 控制在父元素的位置。

（3）layout_weight 设置权重，推荐 layout_width="0dp"或 layout_height="0dp"。

其他属性见表 1-4。

表 1-4　线性布局的属性

属性名称	功能描述
Top	将对象放在其容器的顶部，不改变其大小
Bottom	将对象放在其容器的底部，不改变其大小
Left	将对象放在其容器的左侧，不改变其大小
Right	将对象放在其容器的右侧，不改变其大小
Start	是为了兼容从左到右和从右到左的不同书写顺序
End	是为了兼容从左到右和从右到左的不同书写顺序
Center_vertical	将对象纵向居中，不改变其大小
Fill_vertical	如果需要时，将对象纵向填充
Center_horzontal	将对象横向居中，不改变其大小
Fill_horizontal	如果需要时，将对象横向填充
Center	将对象居中，不改变其大小
fill	将对象横向和纵向填充

线性布局的代码如下：

```
<?xml version="1.0" encoding="utf-8"?>
<LinearLayout xmlns:android="http://schemas.android.com/apk/res/android"
    xmlns:app="http://schemas.android.com/apk/res-auto"
    xmlns:tools="http://schemas.android.com/tools"
    android:layout_width="match_parent"
    android:layout_height="match_parent"
    android:orientation="vertical"（android:orientation=" horizontal"）
    android:gravity="center"
    tools:context=".MainActivity">

    <Button
        android:id="@+id/btn1"
        android:layout_width="wrap_content"
```

```
            android:layout_height="wrap_content"
            android:layout_marginLeft="5dp"
            (android:layout_weight="1")
            android:text="按钮一"/>
        <Button
            android:id="@+id/btn2"
            android:layout_width="wrap_content"
            android:layout_height="wrap_content"
            android:layout_marginLeft="5dp"
            (android:layout_weight="1")
            android:text="按钮二"/>

        <Button
            android:id="@+id/btn3"
            android:layout_width="wrap_content"
            android:layout_height="wrap_content"
            android:layout_marginLeft="5dp"
            (android:layout_weight="2")
            android:text="按钮三" />
</LinearLayout>
```

线性布局的效果如图 1.23 所示。

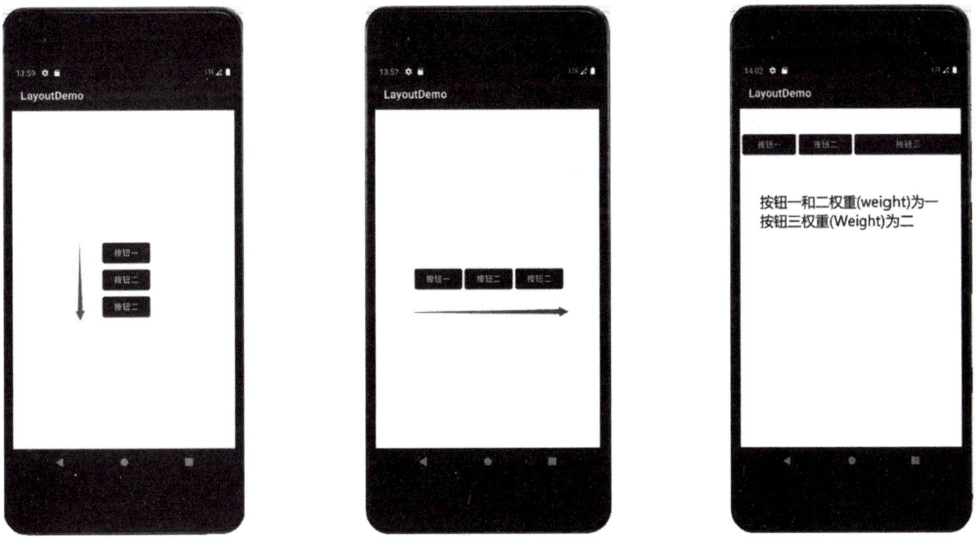

（a）纵向　　（b）横向　　（c）添加权重

图 1.23　线性布局的效果

3. 相对布局（RelativeLayout）

相对布局通过相对定位的方式指定子控件位置，即以其他控件或父容器为参照物，摆放控件位置。其相关属性见表 1-5。

表 1-5　相对布局的属性

控件属性	功能描述
android:layout_centerInParent	设置当前控件位于父布局的中央位置
android:layout_centerVertical	设置当前控件位于父布局的垂直居中位置
android:layout_centerHorizontal	设置当前控件位于父控件的水平居中位置
android:layout_above	设置当前控件位于某控件上方
android:layout_below	设置当前控件位于某控件下方
android:layout_toLeftOf	设置当前控件位于某控件左侧
android:layout_toRightOf	设置当前控件位于某控件右侧
android:layout_alignParentTop	设置当前控件是否与父控件顶端对齐
android:layout_alignParentLeft	设置当前控件是否与父控件左对齐
android:layout_alignParentRight	设置当前控件是否与父控件右对齐
android:layout_alignParentBottom	设置当前控件是否与父控件底端对齐
android:layout_alignTop	设置当前控件的上边界与某控件的上边界对齐
android:layout_alignBottom	设置当前控件的下边界与某控件的下边界对齐
android:layout_alignLeft	设置当前控件的左边界与某控件的左边界对齐
android:layout_alignRight	设置当前控件的右边界与某控件的右边界对齐

相对布局案例的代码如下：

```
<?xml version="1.0" encoding="utf-8"?>
<RelativeLayout xmlns:android="http://schemas.android.com/apk/res/android"
    xmlns:app="http://schemas.android.com/apk/res-auto"
    xmlns:tools="http://schemas.android.com/tools"
    android:layout_width="match_parent"
    android:layout_height="match_parent"
    android:orientation="horizontal"
    android:paddingTop="40dp"
    tools:context=".MainActivity">

    <Button
        android:id="@+id/btn1"
        android:layout_width="wrap_content"
        android:layout_height="wrap_content"
        android:layout_marginLeft="5dp"
        android:layout_alignParentBottom="true"
```

```
        android:layout_marginBottom="20dp"
        android:text="按钮一"/>
    <Button
        android:id="@+id/btn2"
        android:layout_width="wrap_content"
        android:layout_height="wrap_content"
        android:layout_centerHorizontal="true"
        android:layout_marginTop="260dp"
        android:text="按钮二"/>

    <Button
        android:id="@+id/btn3"
        android:layout_width="wrap_content"
        android:layout_height="wrap_content"
        android:layout_alignBottom="@id/btn2"
        android:layout_marginBottom="100dp"
        android:layout_toRightOf="@id/btn2"
        android:text="按钮三" />
</RelativeLayout>
```

相对布局的效果如图 1.24 所示。

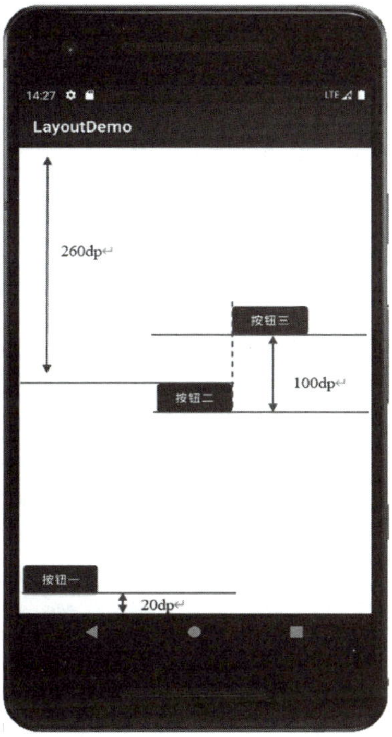

图 1.24　相对布局的效果

4. 帧布局（FrameLayout）

帧布局用于在屏幕上创建一块空白区域，添加到该区域中的每个子控件占一帧，这些帧会一个一个叠加在一起，后加入的控件会叠加在上一个控件上层，所有控件都默认显示在屏幕左上角。帧布局的属性与布局的通用属性相同，帧布局案例的代码如下：

```
<?xml version="1.0" encoding="utf-8"?>
<FrameLayout xmlns:android="http://schemas.android.com/apk/res/android"
    xmlns:app="http://schemas.android.com/apk/res-auto"
    xmlns:tools="http://schemas.android.com/tools"
    android:layout_width="match_parent"
    android:layout_height="match_parent"
    android:orientation="horizontal"
    tools:context=".MainActivity">

    <Button
        android:id="@+id/btn1"
        android:layout_width="match_parent"
        android:layout_height="match_parent"
        android:background="#abcdef"
        android:text="按钮一"/>
    <Button
        android:id="@+id/btn2"
        android:layout_width="200dp"
        android:layout_height="200dp"
        android:background="@color/white"
        android:text="按钮二"/>

    <Button
        android:id="@+id/btn3"
        android:layout_width="wrap_content"
        android:layout_height="wrap_content"
        android:background="#FF0000"
        android:text="按钮三" />
</FrameLayout>
```

帧布局的效果如图 1.25 所示。

图 1.25　帧布局的效果

5. 表格布局（TableLayout）

表格布局采用行、列的形式来管理控件，它不需要明确声明包含多少行、多少列，而是通过在 TableLayout 布局中添加 TableRow 布局来控制表格的行数，通过在 TableRow 布局中添加控件来控制表格的列数。表格布局的属性分为：布局属性与控件属性两大类，布局属性见表 1-6，控件属性见表 1-7。

表 1-6　表格布局的布局属性

布局属性	功能描述
android:stretchColumns	设置该列被拉伸
android:shrinkColumns	设置该列被收缩
android:collapseColumns	设置该列被隐藏

表 1-7　表格布局的控件属性

控件属性	功能描述
android:layout_column	设置该单元显示位置
android:layout_span	设置该单元格占据几行，默认为 1 行

表格布局的代码如下：

```
<?xml version="1.0" encoding="utf-8"?>
<TableLayout xmlns:android="http://schemas.android.com/apk/res/android"
```

```
    xmlns:app="http://schemas.android.com/apk/res-auto"
    xmlns:tools="http://schemas.android.com/tools"
    android:layout_width="wrap_content"
    android:layout_height="wrap_content"
    android:stretchColumns="2"
    tools:context=".MainActivity">

    <TableRow>
        <Button
            android:layout_width="wrap_content"
            android:layout_height="wrap_content"
            android:background="#abcdef"
            android:layout_column="0"
            android:text="按钮一"/>
        <Button
            android:layout_width="wrap_content"
            android:layout_height="wrap_content"
            android:background="#0A64BD"
            android:layout_column="1"
            android:text="按钮二"/>
    </TableRow>

    <TableRow>
        <Button
            android:layout_width="wrap_content"
            android:layout_height="wrap_content"
            android:background="#ABEFC2"
            android:layout_column="1"
            android:text="按钮三"/>
        <Button
            android:layout_width="wrap_content"
            android:layout_height="wrap_content"
            android:background="#0ABD1C"
            android:layout_column="2"
            android:text="按钮四"/>
    </TableRow>
    <TableRow>
        <Button
            android:layout_width="wrap_content"
```

```
            android:layout_height="wrap_content"
            android:background="#D5ABEF"
            android:layout_column="0"
            android:text="按钮五"/>
        <Button
            android:layout_width="wrap_content"
            android:layout_height="wrap_content"
            android:background="#7E0ABD"
            android:layout_column="2"
            android:text="按钮六"/>
    </TableRow>
</TableLayout>
```

表格布局的效果如图 1.26 所示。

图 1.26　表格布局的效果

6. 网格布局（GridLayout）

Android4.0 新引入了网格矩阵形式布局控件。网格布局的特点如下：

（1）使容器中的各组件呈 M 行×N 列的网格状分布。

（2）网格每列宽度相同，等于容器的宽度除以网格的列数。

（3）网格每行高度相同，等于容器的高度除以网格的行数。

（4）各组件的排列方式为：从上到下，从左到右。

（5）组件放入容器的次序决定了它在容器中的位置。

（6）容器大小改变时，组件的相对位置不变，大小会改变。

（7）设置网格布局行数和列数时，行数或者列数可以有一个为 0。若 rows 为 0，cols 为 3，则列数固定为 3，行数不限，每行只能放 3 个控件或容器。若 cols 为 0，rows 为 3，则行数固定为 3，列数不限，且每行必定有控件，若组件个数不能整除行数，则除去最后一行外的所有行组件个数为：Math.ceil(组件个数/rows)。

网格布局的属性分为布局属性和 Item 属性两大类，其中 GridLayout 属性见表 1-8，Item 属性见表 1-9。

表 1-8　GridLayout 属性

GridLayout 属性	功能描述
columnCount	最大列数
rowCount	最大行数
orientation	子元素中的布局方向
alignmentMode	alignBounds:对齐子视图边界/alignMargins:对齐子视距内容
columnOrderPreserved	使列边界显示的顺序和列索引的顺序相同，默认 true
rowOrderPreserved	使行边界显示的顺序和行索引的顺序相同，默认是 true
useDefaultMargins	没有指定视图的布局参数时使用默认的边距，默认值是 false

表 1-9　网格布局的 item 属性

Item 属性	功能描述
layout_column	指定该单元格在第几列显示
layout_row	指定该单元格在第几行显示
layout_columnSpan	指定该单元格占据的列数
layout_rowSpan	指定该单元格占据的行数
layout_gravity	指定该单元格在容器中的位置
layout_columnWeight	（API21 新增）列权重
layout_rowWeight	（API21 新增）行权重

网格布局案例的代码如下：

```
<?xml version="1.0" encoding="utf-8"?>
<GridLayout xmlns:android="http://schemas.android.com/apk/res/android"
    android:layout_height="wrap_content"
    android:layout_width="wrap_content"
    android:layout_gravity="center"
    android:columnCount="4"
    android:orientation="horizontal">

    <EditText
```

```
        android:layout_width="wrap_content"
        android:layout_height="55dp"
        android:layout_gravity="fill"
        android:layout_row="0"
        android:text="0"
        android:textSize="40sp"
        android:background="#FDEAFF"
        android:layout_columnSpan="4"/>

    <Button
        android:layout_width="wrap_content"
        android:layout_height="wrap_content"
        android:layout_row="1"
        android:layout_column="0"
        android:layout_columnSpan="2"
        android:layout_gravity="fill"
        android:textStyle="bold"
        android:textSize="18sp"
        android:text="清空" />

    <Button
        android:layout_width="wrap_content"
        android:layout_height="wrap_content"
        android:layout_gravity="fill"
        android:layout_row="1"
        android:textStyle="bold"
        android:textSize="18sp"
        android:text="回退"
        android:layout_columnSpan="2"/>
    <Button
        android:layout_width="wrap_content"
        android:layout_height="wrap_content"
        android:layout_row="2"
        android:text="/"
        android:textStyle="bold"
        android:textSize="18sp"/>

    <Button
        android:layout_width="wrap_content"
```

```
        android:layout_height="wrap_content"
        android:textStyle="bold"
        android:textSize="18sp"
        android:text="1" />

    <Button
        android:layout_width="wrap_content"
        android:layout_height="wrap_content"
        android:textStyle="bold"
        android:textSize="18sp"
        android:text="2"/>

    <Button
        android:layout_width="wrap_content"
        android:layout_height="wrap_content"
        android:textStyle="bold"
        android:textSize="18sp"
        android:text="3" />

    <Button
        android:layout_width="wrap_content"
        android:layout_height="wrap_content"
        android:textStyle="bold"
        android:textSize="18sp"
        android:text="*"/>

    <Button
        android:layout_width="wrap_content"
        android:layout_height="wrap_content"
        android:textStyle="bold"
        android:textSize="18sp"
        android:text="4"/>

    <Button
        android:layout_width="wrap_content"
        android:layout_height="wrap_content"
        android:textStyle="bold"
        android:textSize="18sp"
        android:text="5"/>
```

```
<Button
    android:layout_width="wrap_content"
    android:layout_height="wrap_content"
    android:textStyle="bold"
    android:textSize="18sp"
    android:text="6"/>

<Button
    android:layout_width="wrap_content"
    android:layout_height="wrap_content"
    android:textStyle="bold"
    android:textSize="18sp"
    android:text="-"/>

<Button
    android:layout_width="wrap_content"
    android:layout_height="wrap_content"
    android:textStyle="bold"
    android:textSize="18sp"
    android:text="7"/>

<Button
    android:layout_width="wrap_content"
    android:layout_height="wrap_content"
    android:textStyle="bold"
    android:textSize="18sp"
    android:text="8"/>

<Button
    android:layout_width="wrap_content"
    android:layout_height="wrap_content"
    android:textStyle="bold"
    android:textSize="18sp"
    android:text="9"/>

<Button
    android:layout_width="wrap_content"
```

```
        android:layout_height="wrap_content"
        android:textStyle="bold"
        android:textSize="18sp"
        android:text="+"
        android:layout_gravity="fill"
        android:layout_rowSpan="3"/>

    <Button
        android:layout_width="wrap_content"
        android:layout_height="wrap_content"
        android:textStyle="bold"
        android:textSize="18sp"
        android:text="0"/>

    <Button
        android:layout_width="wrap_content"
        android:layout_height="wrap_content"
        android:textStyle="bold"
        android:textSize="18sp"
        android:text="."/>

    <Button
        android:layout_width="wrap_content"
        android:layout_height="wrap_content"
        android:textStyle="bold"
        android:textSize="18sp"
        android:text="00"/>

    <Button
        android:layout_width="wrap_content"
        android:layout_height="wrap_content"
        android:textStyle="bold"
        android:textSize="18sp"
        android:text="="
        android:layout_gravity="fill"
        android:layout_columnSpan="3"/>
</GridLayout>
```

网格布局的效果如图 1.27 所示。

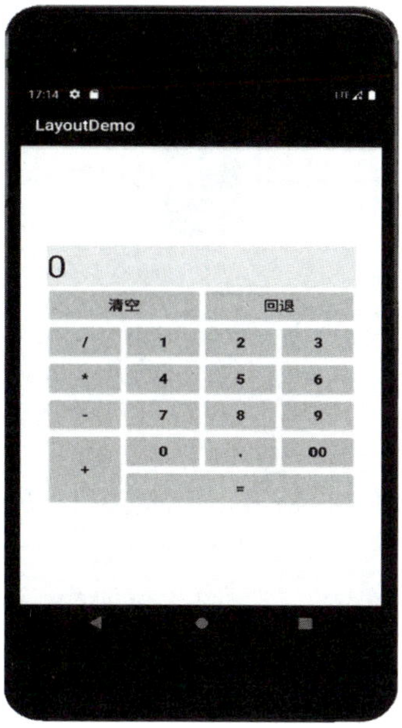

图 1.27　网格布局的效果

注意：layout_columnSpan、layout_rowSpan 在使用时需要加上 layout_gravity 属性，否则没有效果。另外，item 在边缘时宽、高会计算错误，需要手动设置宽、高。

7. 约束布局（ConstraintLayout）

约束布局可以解决复杂的布局，嵌套过多布局问题。ConstraintLayout 使用起来比 RelativeLayout 更灵活，性能更出色，可以按照比例约束控件位置和尺寸，更好适配屏幕大小的不同机型。它是现在的默认布局。约束布局的属性见表 1-10。

表 1-10　约束布局的属性

属性名称	功能描述
layout_constraintLeft_toLeftOf	控件的左边与另外一个控件的左边对齐
layout_constraintLeft_toRightOf	控件的左边与另外一个控件的右边对齐
layout_constraintRight_toLeftOf	控件的右边与另外一个控件的左边对齐
layout_constraintRight_toRightOf	控件的右边与另外一个控件的右边对齐
layout_constraintTop_toTopOf	控件的上边与另外一个控件的上边对齐
layout_constraintTop_toBottomOf	控件的上边与另外一个控件的底部对齐
layout_constraintBaseline_toBaselineOf	控件间的文本内容基准线对齐
layout_constraintStart_toEndOf	控件的起始边与另外一个控件的尾部对齐
layout_constraintStart_toStartOf	控件的起始边与另外一个控件的起始边对齐
layout_constraintEnd_toStartOf	控件的尾部与另外一个控件的起始边对齐
layout_constraintEnd_toEndOf	控件的尾部与另外一个控件的尾部对齐

本项目的登录界面使用的就是约束布局，约束布局的效果如图 1.28 所示。

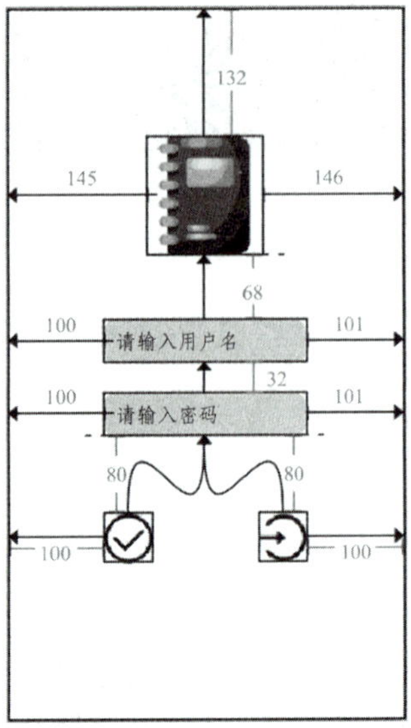

图 1.28　约束布局的效果

1.2.4　控件

控件是界面组成的主要元素，用户直接与控件进行交互。登录界面中使用的是一些简单控件，简单控件主要有如图 1.29 所示的控件。

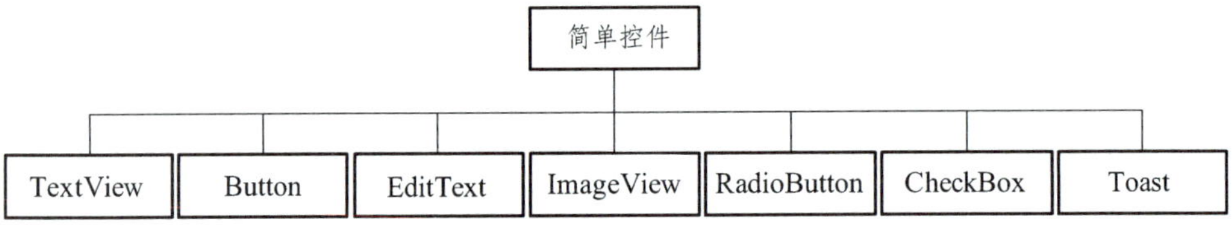

图 1.29　简单控件

Android 中所有控件都有 android:layout_width 和 android:layout_height 这两个属性。这两个属性的可选值有 3 个：match_parent、fill_parent 和 wrap_parent。其中，match_parent 和 fill_parent 意义相同，官方更推荐使用 match_parent。当然也可以根据需要设置控件宽和高的值。

1. TextView 控件

TextView 控件用于显示文本信息。其主要的属性见表 1-11。

表 1-11　TextView 控件的属性

布局属性	功能描述
android:layout_width	设置 TextView 控件的宽度
android:layout_height	设置 TextView 控件的高度
android:id	设置 TextView 控件的唯一标识
android:background	设置 TextView 控件的背景
android:layout_margin	设置当前控件与屏幕边界或周围控件、布局的距离
android:padding	设置 TextView 控件与该控件中内容的距离

续表

布局属性	功能描述
android:text	设置文本内容
android:textColor	设置文字显示的颜色
android:textSize	设置文字大小，推荐单位为 sp
android:gravity	设置文本内容的位置
android:maxLength	设置文本最大长度，超出此长度的文本不显示
android:lines	设置文本的行数，超出此行数的文本不显示
android:maxLines	设置文本的最大行数，超出此行数的文本不显示
android:ellipsize	设置当文本超出 TextView 规定的范围的显示方式
android:drawableTop	在文本的顶部显示图像
android:lineSpacingExtra	设置文本的行间距
android:textStyle	设置文本样式，如 bold（粗体）、italic（斜体）、normal（正常）

2. Button 控件—— 表示按钮

它继承自 TextView 控件，既可以显示文本，又可以显示图片，同时也允许用户通过点击来执行操作，当 Button 控件被点击时，被按下与弹起的背景会有一个动态的切换效果，这个效果就是点击效果。

点击事件实现的三种方式：

（1）在布局文件中指定 Button 控件的 onClick 属性方式。

①在 layout 文件中指定 onClick 属性。

②在 Activity 中实现这个 click 方法。

例如，登录界面中的保存用户名与密码的控件的 onClick 属性，如图 1.30 所示。

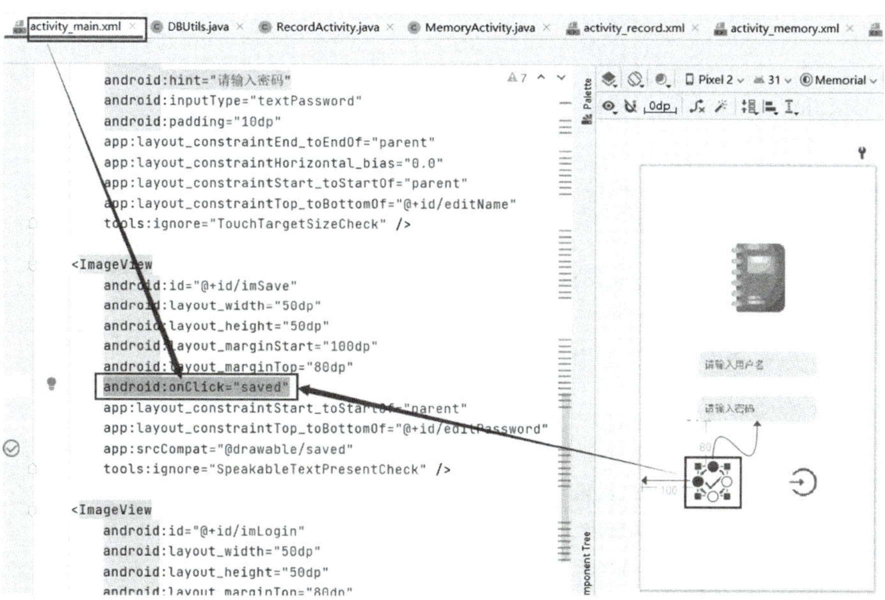

图 1.30　控件的 onClick 属性设置

注意： Activity 中实现的方法名称要与 onClick 属性设置的名称一致。

（2）匿名内部类方式。在 Activity 中添加匿名内部类，如图 1.31 所示。

```
imBack.setOnClickListener(new View.OnClickListener() {
    @Override
    public void onClick(View v) {
        finish();//关闭当前Activity
    }
});
add.setOnClickListener(new View.OnClickListener() {
    @Override
    public void onClick(View v) {
        //通过显式意图实现从当前活动跳转到RecordActivity
        Intent intent = new Intent( packageContext: MemoryActivity.this,RecordActivity.class);
        //启动带数据回传功能的Activity
        startActivityForResult(intent, requestCode: 1);
    }
});
```

图 1.31　匿名内部类实现点击事件

（3）接口方式。

设置 Button 控件的点击监听事件，如图 1.32 所示。

```
imBack.setOnClickListener(this);
imDelete.setOnClickListener(this);
imSave.setOnClickListener(this);
```

图 1.32　设置控件点击监听事件

在当前 Activity 实现 OnClickListener 接口，如图 1.33 所示。

```
public class RecordActivity extends AppCompatActivity implements View.OnClickListener
```

图 1.33　实现点击事件的接口

实现 OnClickListener 接口中的方法，如图 1.34 所示。

```
RecordActivity.java

    @Override
    public void onClick(View v) {
        //由于有三个控件，通过控件的Id来判断点击的是哪一个
        int rid = v.getId();
        if (rid == R.id.im_back){//点击的是返回控件，实现返回到主界面的功能
            finish();//关闭当前Activity
        } else if (rid == R.id.im_delete){//点击的是清空控件，实现清空记录内容
            etTitle.setText("");
            etContent.setText("");
        }else if (rid == R.id.im_save){//点击的是保存控件，实现将添加或修改的记录插
```

图 1.34　重写接口的点击事件方法

3. EditText 控件

EditText 控件表示编辑框是 TextView 的子类，用户可在此控件中输入信息。其属性见表 1-12。

表 1-12　EditText 控件属性

属性名称	功能描述
android:hint	控件中内容为空时显示的提示文本信息
android:textColorHint	控件中内容为空时显示的提示文本信息的颜色
android:password	输入文本框中的内容显示为“.”
android:phoneNumber	设置输入文本框中的内容只能是数字
android:minLines	设置文本的最小行数
android:scrollHorizontally	设置文本信息超出 EditText 的宽度情况下，是否出现水平滚动条
android:editable	设置是否可编辑

4. ImageView 控件——表示图片

它继承自 View，可以加载各种图片资源。ImageView 控件的主要属性见表 1-13。

表 1-13　ImageView 控件的属性

属性名称	功能描述
android:layout_width	设置 ImageView 控件的宽度
android:layout_height	设置 ImageView 控件的高度
android:id	设置 ImageView 控件的唯一标识
android:background	设置 ImageView 控件的背景
android:layout_margin	设置当前控件与屏幕边界或周围控件的距离
android:src	设置 ImageView 控件需要显示的图片资源
android:scaleType	将图片资源缩放或移动，以适应 ImageView 控件的宽、高
android:tint	将图片渲染成指定的颜色

5. RadioButton 控件——单选按钮

android:checked 属性指定是否选中的状态。RadioGroup 是单选组合框，可容纳多个 RadioButton，并把它们组合在一起，实现单选状态。

6. CheckBox 控件——表示复选框

CheckBox 控件是 Button 的子类，用于实现多选功能，通过 android:checked 属性指定 CheckBox 控件是否选中的状态。

RadioButton 和 CheckBox 控件的案例效果如图 1.35 所示。

图 1.35　单选按钮和复选框效果

7. Toast

Toast 是 Android 系统提供的轻量级信息提醒机制，用于向用户提示即时消息，它显示在应用程序界面的最上层，显示一段时间后自动消失不会打断当前操作，也不获得焦点。

Toast 的代码如下：

```
Toast.makeText(Context context, String message, Toast.LENGTH_SHORT).show();
```

1.3　登录功能实现

登录功能实现逻辑：

（1）在两个 EditText 控件中分别输入用户名和密码。

（2）判断用户名和密码是否为空，若为空，则通过 Toast 控件提醒用户输入用户名和密码。

（3）点击保存按钮，将用户名和密码保存到 App 中。

（4）登录时输入用户名和密码，点击登录按钮同时从 App 中读取存入的用户名和密码，进行比较，如果一致，则登录成功，否则提示用户名或密码不正确，需要重新输入；登录成功则跳转到备忘录列表界面。

1.3.1　保存用户信息

保存用户信息的实现步骤：

（1）在 MainActivity 类中定义两个 EditText 类的控件变量。

（2）在 MainActivity 类的 onCreate()方法中实现控件的初始化，即将变量与控件进行绑定。

（3）在 saved(View view)方法中获取输入的用户名和密码，调用 MD5Utils.md5(“pw1”)，对密码进行加密。

（4）判断输入的用户名和密码是否为空，若为空，则提示输入用户名和密码；若不为空，则调用存储用户名和密码的方法 SPSaveUserInfo.saveUserInfo (this, name, psw)，实现用户名和密码的保存功能，保存成功后给用户提示信息。

（5）点击保存按钮，实现保存功能。

保存用户信息的代码如下：

```
    public void saved(View view) {
        //保存用户信息到 data.xml 文件中
        //1.获取用户输入的用户名和密码
        String name = userName.getText().toString().trim();
        String psw1 = passWord.getText().toString().trim();
        //对用户输入的密码进行加密
        String psw = MD5Utils.md5(psw1);
        if (name.equals("") || name == ""){
            //给出提示，没有输入用户名
            Toast.makeText(MainActivity.this, "请输入用户名", Toast.LENGTH_SHORT).
show();
        }else if (psw.equals("") || psw == ""){
            //给出提示，没有输入用户名
            Toast.makeText(MainActivity.this, "请输入密码",Toast.LENGTH_SHORT). show();
        }else {
            //调用 SPSaveUserInfo 中的 saveUserInfo()方法保存用户信息
            boolean isSaveSuccess = SPSaveUserInfo.saveUserInfo(this,name,psw);
            if (isSaveSuccess){
                Toast.makeText(MainActivity.this, "保存成功", Toast.LENGTH_SHORT).
show();
            }else {
                Toast.makeText(MainActivity.this, "保存失败", Toast.LENGTH_SHORT).
show();
            }
        }
        //保存后清空用户名或密码
        userName.setText("");
        passWord.setText("");
    }
```

1.3.2 MD5 对用户密码加密

1. MD5 加密算法原理

MD5 算法的原理为：MD5 码以 512 位分组来处理输入的信息，且每一分组又被划分为 16 个 32 位子分组，经过了一系列的处理后，算法的输出由四个 32 位分组组成，将这四个 32 位分组级联后将生成一个 128 位散列值。

总体流程如图 1.36 所示，每次的运算都由前一轮的 128 位结果值和当前的 512 bit 值进行运算。

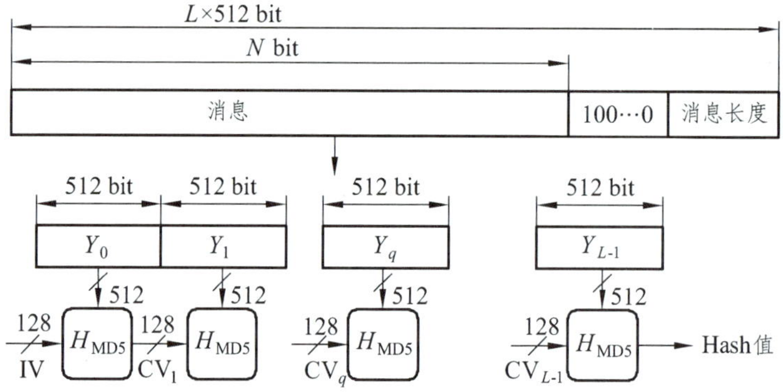

图 1.36　MD5 算法流程

2. MD5 加密工具类的封装

在 utils 工具包中创建 MD5Utils 类，在类中封装加密方法 md5(String text)，具体代码如下：

```
Package edu.cdivtc.memorial.utils;

import java.security.MessageDigest;
import java.security.NoSuchAlgorithmException;

public class MD5Utils {
    public static String md5(String password) {
        try {
            //获取 MD5 实例
            MessageDigest md = MessageDigest.getInstance("MD5");
            //将待加密的字符串转换成字节数组，并调用`digest`方法进行加密
            byte[] messageDigest = md.digest(password.getBytes());
            StringBuilder hexString = new StringBuilder();
            //将加密结果转换成十六进制字符串形式返回
            for (byte b: messageDigest) {
                String hex = Integer.toHexString(0xFF & b);
                if (hex.length() == 1) {
                    hexString.append('0');
```

```
                }
                hexString.append(hex);
            }
            return hexString.toString();
        }catch (NoSuchAlgorithmException e) {
            e.printStackTrace();
            return "";
        }
    }
}
```

1.3.3　数据存储方式

目前 Android 中主要有 5 种数据存储方式：文件存储、SharePreferences、SQLite 数据库、ContertProvider、网络存储，详细的存储方式介绍如图 1.37 所示。

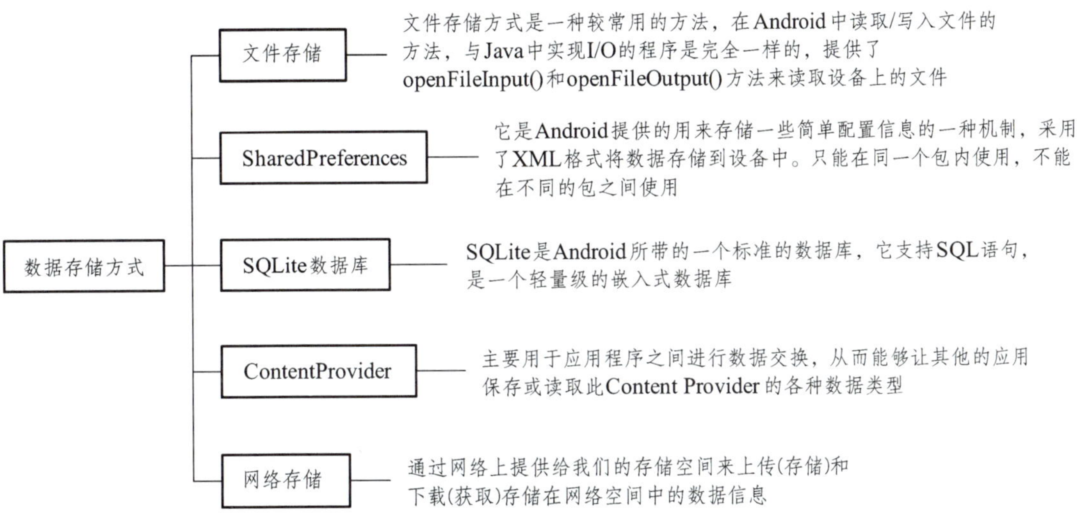

图 1.37　数据存储方式

Android 系统提供了 4 种存储数据方式，分别为 SharedPreferences、SQLite、ContentProvider 和 File。但由于 Android 系统中，数据基本是私有的，都是存放于“data/data”程序包名目录下，所以要实现数据共享，正确的方式是使用 ContentProvider。

（1）File：即常说的文件（I/O）存储方法，常用于存储大数量的数据，但是缺点是更新数据将是一件困难的事情。

（2）SharedPreferences：除 SQLite 数据库外，另一种常用的数据存储方式，其本质就是一个 xml 文件，常用于存储较简单的参数设置。

（3）SQLite：SQLite 是一个轻量级的数据库，支持基本的 SQL 语法，是常被采用的一种数据存储方式。Android 为此数据库提供了一个名为 SQLiteDatabase 的类，封装了一些操作数据库的 API。

（4）ContentProvider：Android 系统中能实现所有应用程序共享的一种数据存储方式，由于数据通常在各应用间的是互相私密的，此存储方式较少使用，但是其又是必不可少的一种存储方式。例如音频、视频、图片和通讯录，一般都可以采用此种方式进行存储。每个 ContentProvider 都会对外提供一个公共的 URI（包装成 URI 对象），如果应用程序有数据需要共享时，就需要使用 Content Provider 为这些数据定义一个 URI，然后其他的应用程序就通过 Content Provider 传入这个 URI 来对数据进行操作。URI 由 3 个部分组成："content://"、数据的路径、标识 ID（可选）。

网络存储：Android 提供了通过网络来实现数据的存储和获取的方法。我们可以调用 WebService 返回的数据或是解析 HTTP 协议实现网络数据交互。

小贴士：

（1）简单数据和配置信息，SharedPreference 是首选。

（2）如果 SharedPreferences 不够用，则可以创建一个数据库。

（3）结构化数据一定要创建数据库，虽然这稍显烦琐，但是有诸多好处。

（4）文件就是用来存储文件（即非配置信息或结构化数据），如文本文件、二进制文件、PC 文件、多媒体文件、下载的文件等。

（5）尽量不要创建文件。

（6）如果创建文件，如果是私密文件或是重要文件，就存储在内部存储，否则放到外部存储。

1.3.4 SharedPreferences

由于本项目登录功能只需要存储用户名和密码，属于少量数据存储，根据 1.3.2 节对数据存储方式的介绍，本项目中登录界面用户信息存取采取的是 SharedPreferences 数据存储方式。SharedPreferences 是一种轻型的数据存储方式，它的本质是基于 XML 文件存储 key-value 键值对数据，通常用来存储一些简单的配置信息。其存储位置在/data/data/<包名>/shared_prefs 目录下。SharedPreferences 对象本身只能获取数据而不支持存储和修改，存储修改是通过 Editor 对象实现。

实现 SharedPreferences 存储的步骤如下：

（1）根据 Context 获取 SharedPreferences 对象。

（2）利用 edit()方法获取 Editor 对象。

（3）通过 Editor 对象存储 key-value 键值对数据。

（4）通过 commit()方法提交数据。

项目中存储用户名和密码的工具类中分为两个方法，分别是数据的存和取。

数据存储方法的代码如下：

```
package edu.cdivtc.memorial.utils;
import android.content.Context;
import android.content.SharedPreferences;
```

```
import java.util.HashMap;
import java.util.Map;
/**
 * 用 SharedPreference 保存用户名和密码
 * 此类中也要建立两个方法，分别是存方法和取方法
 */
public class SPSaveUserInfo{
    //保存 User 账号和密码到 data.xml 文件中
    public static boolean saveUserInfo(Context context,String account,String password){
    //获得 SharedPreferences 对象
    SharedPreferences sp = context.getSharedPreferences("data",Context.MODE_PRIVATE);
    //获取编辑器
    SharedPreferences.Editor editor = sp.edit();
    //将传递过来的用户名和密码写入编辑器
    editor.putString("account",account);
    editor.putString("password",password);
    editor.commit();//提交编辑器
    return true;
}
```

数据读取方法的代码如下：

```
//从 data.xml 文件中取出账号和密码
public static Map<String,String > getUserInfo(Context context){
    //获得 SharedPreferences 对象
    SharedPreferences sp = context.getSharedPreferences("data",Context.MODE_PRIVATE);
    //从 SharedPreferences 对象中取出账号和密码
    String account = sp.getString("account","");
    String password = sp.getString("password","");
    //实例化一个 Map 集合对象
    Map<String,String> userMap = new HashMap<String, String>();
    userMap.put("account",account);
    userMap.put("password",password);
    return userMap;
}
```

SharedPreferences 是使用 xml 文件保存数据，getSharedPreferences(String name,int mode) 方法的第一个参数用于指定该文件的名称，名称不用带后缀，后缀会由 Android 自动加上。方法的第二个参数指定文件的操作模式，共有四种操作模式。

name 为用于指定该文件的文件名（自己定义，是一个文件名），当这个文件不存在时，直接创建，如果已经存在，则直接使用。

mode 为操作模式，默认的模式为 0 或 MODE_PRIVATE，还可以使用 MODE_WORLD_READABLE 和 MODE_WORLD_WRITEABLE。

（1）mode 指定为 MODE_PRIVATE，则该配置文件只能被自己的应用程序访问。

（2）mode 指定为 MODE_WORLD_READABLE，则该配置文件除了自己访问外还可以被其他应该程序读取。

（3）mode 指定为 MODE_WORLD_WRITEABLE，则该配置文件除了自己访问外还可以被其他应该程序读取和写入。

查看保存的用户信息：为了验证用户信息是否成功保存到 SharedPreferences 中，可以在 DeviceFileExplorer 视图中找到该程序的 shred_prefs 目录，然后找到 data.xml 文件。data.xml 文件目录如图 1.38 所示。

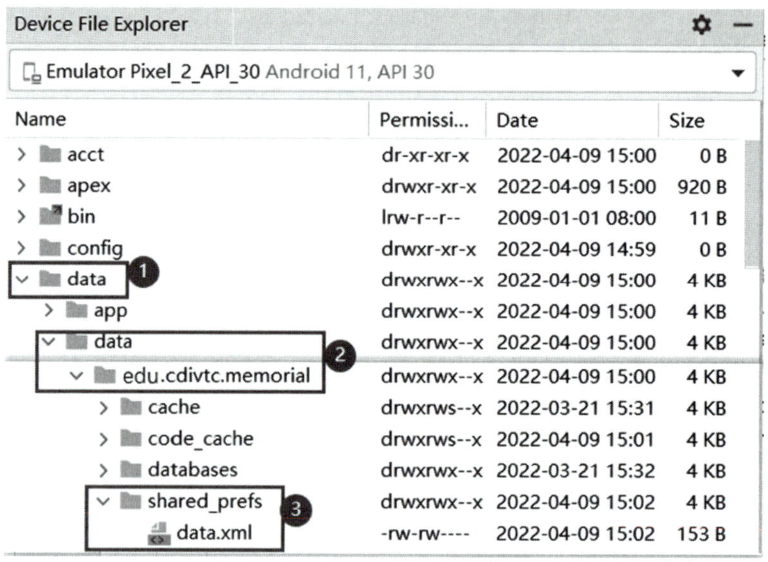

图 1.38　data.xml 文件

双击 data.xml 文件，可以看到 data.xml 的具体代码如下：

```
<?xml version='1.0' encoding='utf-8' standalone='yes' ?>
<map>
    <string name="password">202cb962ac59075b964b07152d234b70</string>
    <string name="account">ABC</string>
</map>
```

1.3.5　文件存储

除了使用 SharedPreferences 存储登录界面用户信息外，文件存储也可以实现用户登录信息的存储。本项目中可以将用户信息存储在 data.txt 文件中。其存储位置在/data/data/<包名>/files 目录下，通过 fileList()可以获取该文件夹下全部文件的文件名，openFileInput()和 openFileOutput()方法也是在该目录下读写文件。

实现文件存取的步骤如下：

（1）定义一个 FileOutputStream 类的输出流对象 fos。

（2）通过 Context 调用 openFileOutput()获取文件的输出流对象 fos。

（3）通过 write()方法将数据转换为字节码的形式写入 data.txt 文件中。

（4）定义一个 String 类型的对象 content，用来存放获取的用户信息的字符串。

（5）FileInputStream 类的输入流对象 fis。

（6）通过 Context 调用 openFileInput()获取文件的输入流对象 fis。

（7）将输入流对象中的数据转换为字节码的形式，并存储在 byte[]类 buffer 缓冲区中。

（8）输入流 fis 对象通过 read()读取字节码中的数据。

（9）将获取的字节码转换为字符串，并赋给 content。

（10）实例化一个 Map 集合对象 userMap。

（11）将获取的字符串存储在字符串类型的 infos 数组，数组中的第一个元素即为用户名，第二个元素为密码。

（12）将数组中的两个元素分别放入 userMap 集合中。

项目中存储用户名和密码的工具类中分为两个方法，分别是数据的存和取。

数据存储方法的代码如下：

```
public class FileSave {
    //保存用户账号和密码到 data.txt 文件中，使用的是内部存储
    public static boolean saveUserInfo(Context context,String account,String password){
        //定义一个输出流对象
        FileOutputStream fos = null;
        try {
            //获取文件的输出流对象 fos
            fos = context.openFileOutput("data.txt",Context.MODE_PRIVATE);
            //将数据转换为字节码的形式写入 data.txt 文件中
            fos.write((account+"-"+password).getBytes());
            return true;
        } catch (Exception e) {
            e.printStackTrace();
            return false;
        }finally {
            if (fos != null){
                try {
                    fos.close();//关闭输出流
                } catch (IOException e) {
                    e.printStackTrace();
                }
            }
        }
    }
```

数据读取方法的代码如下：

```
//从 data.txt 文件中取出存储的用户账号和密码
public static Map<String,String> getUserInfo(Context context){
    //定义一个 String 类型的对象，用来存放获取的用户信息的字符串
    String content = "";
    //定义一个一输入流对象
    FileInputStream fis = null;
    try {
        //获取文件输入流对象
        fis = context.openFileInput("data.txt");
        //将输入流对象中的数据转换为字节码的形式，并存储在缓冲区中
        byte[] buffer = new byte[fis.available()];
        //通过 read()读取字节码中的数据
        fis.read(buffer);
        //将获取的字节码转换为字符串
        content = new String(buffer);
        //实例化一个 Map 集合对象
        Map<String,String> userMap = new HashMap<String, String>();
        //将获取的字符串以“:”分隔后形成一个字符串类型的数组，数组中的第一个元
素即为用户名，第二个元素为密码
        String[] infos = content.split("-");
        //将数组中的两个元素分别放入 userMap 集合中
        userMap.put("account",infos[0]);
        userMap.put("password",infos[1]);
        return userMap;
    } catch (Exception e) {
        e.printStackTrace();
        return null;
    }finally {
        if (fis != null){
            try {
                fis.close();
            } catch (IOException e) {
                e.printStackTrace();
            }
        }
    }
}
```

查看保存的用户信息：为了验证用户信息是否成功保存到 files 中，可以在 DeviceFile Explorer 视图中找到该程序的 files 目录，然后找到 data.txt 文件。data.txt 文件目录如图 1.39 所示。

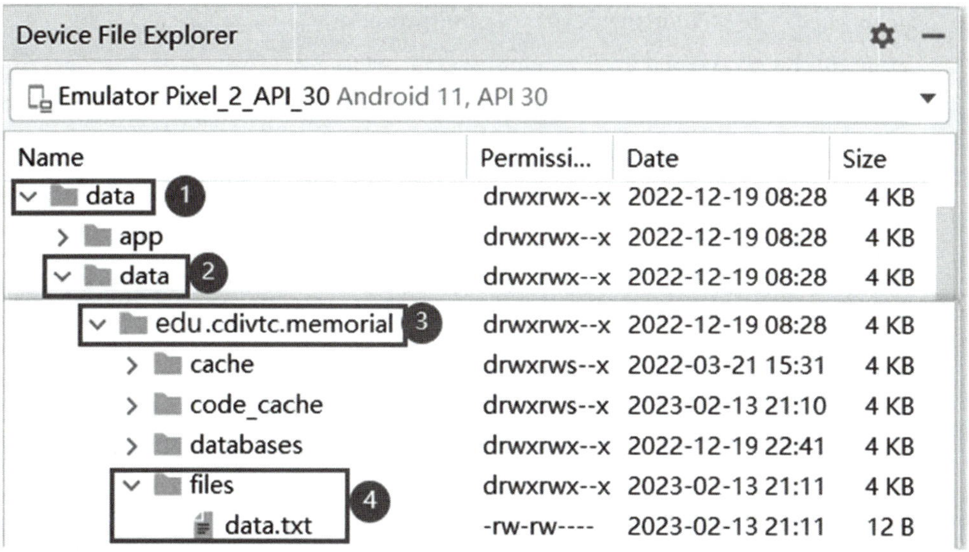

图 1.39　data.txt 文件

双击 data.txt 文件，可以看到 data.txt 的文件内容如下：

```
admin-123456
```

1.3.6　登录跳转功能

保存用户信息后，就可以登录，点击登录按钮，从 App 中取出保存的用户信息，与用户输入的信息进行比较，如果一致，则跳转到备忘录列表界面，否则提示用户名或密码错误。

登录功能的代码如下：

```
public class LoginActivity extends AppCompatActivity {
    //1.定义控件,定义的是布局文件中对应的类型的控件
    private EditText userName, passWord;
    @Override
    protected void onCreate(Bundle savedInstanceState) {
        super.onCreate(savedInstanceState);
        setContentView(R.layout.activity_main);
        //2.到布局文件中进行绑定控件
        userName = findViewById(R.id.editName);
        passWord = findViewById(R.id.editPassword);
    }
    //通过控件的 onClick 属性来创建点击事件          ctrl+/单行注释快捷键
  public void login(View view) {
```

```
        //获取保存的账号和密码
        Map<String,String> userInfo = SPSaveUserInfo.getUserInfo(MainActivity.this);
        //获取用户输入的账号和密码
        String name = userName.getText().toString().trim();
        String psw1 = passWord.getText().toString().trim();
        //对用户输入的密码进行加密
        String psw = MD5Utils.md5(psw1);
        if (name.equals("") || name == ""){
            //给出提示
            Toast.makeText(MainActivity.this,"用户名不能为空",Toast.LENGTH_SHORT).
show();
        } else if (psw.equals("") || psw == ""){
            //给出提示
            Toast.makeText(MainActivity.this,"密码不能为空",Toast.LENGTH_SHORT).
show();
        }else if (name.equals(userInfo.get("account")) && psw.equals(userInfo.get ("password"))){
            //给出提示
            Toast.makeText(MainActivity.this,"登录成功",Toast.LENGTH_SHORT).show();
            //定义一个显式意图
            Intent intent = new Intent(MainActivity.this, MemoryActivity.class);
            //启动 Activity
            startActivity(intent);
        }else {
            //给出提示
            Toast.makeText(MainActivity.this,"账号或密码不正确",Toast.LENGTH_SHORT).
show();
        }
    }
```

上述代码的逻辑功能实现如下：

（1）在 LoginActivity 类中定义两个 EditText 类型的控件变量。

（2）在 onCreate()方法中初始化 activity_login.xml 中的两个 EditText 控件，绑定控件与定义的变量，用来获取输入的用户名和密码。

（3）在 login()方法中取出保存的用户信息，获取用户输入的信息，对输入的密码通过 MD5Utils.md5()进行加密。

（4）判断用户输入的信息是否为空，为空则提示用户输入，不为空则比较输入的用户名、密码是否与存储的用户信息是否一致，一致则登录成功，否则提示用户输入信息不正确。

（5）登录成功后，跳转到备忘录列表界面。

Intent 被称为意图，是程序中各组件进行交互的一种重要方式，不仅可以指定当前组件要执行的动作，还可以在不同组件之间进行数据传递。它一般用于启动 Activity、Service 以及发送广播等。根据开启目标组件的方式不同，Intent 被分为两种类型显式意图和隐式意图。

（1）显式意图可以直接通过名称开启指定的目标组件。

本项目中显式意图的代码如下：

```
Intent intent = new Intent(LoginActivity.this, MemoryActivity.class); //实例化一个 Intent
对象
startActivity(intent); //开启 Activity
```

其中，第 1 行代码：创建一个 Intent 对象，其中第 1 个参数为 Context 表示当前的 Activity 对象，第 2 个参数表示要启动的目标 Activity。第 2 行代码：调用 Activity 的 startActivity()方法启动目标组件。

（2）隐式意图通过指定 action 和 category 等属性，系统根据这些信息进行分析后寻找目标 Activity。

隐式意图的代码如下：

```
Intent intent = new Intent();
//设置动作为 android.intent.action.VIEW
intent.setAction("android.intent.action.VIEW");
//设置要打开的网址
intent.setData(Uri.parse("https://www.baidu.com"));
startActivity(intent);
```

其中，第 1 行代码：创建一个 Intent 对象。第 2 行代码：设置动作 action，表示 Intent 对象要完成的动作。第 2 行代码：设置数据 data，表示 Intent 对象中要传递的数据。第 4 行代码：调用 Activity 的 startActivity()方法启动目标组件。

注意：如果要打开对应的网址，还需要打开网络访问权限。打开网络访问权限的设置方式如图 1.40 所示。

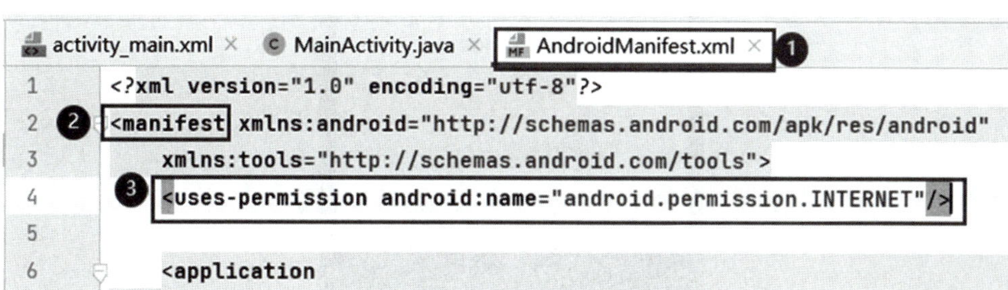

图 1.40　设置网络访问权限

运行效果如图 1.41 所示。

图 1.41　隐式意图运行效果

1.3.7　运行效果

完成登录跳转功能后，登录界面运行效果如图 1.42 所示。

图 1.42　登录运行效果

1.4　备忘录列表界面 UI 设计

登录成功后，进入备忘录列表界面，此界面分条显示添加的备忘内容，界面效果见图 1.3。

1.4.1　搭建备忘录列表界面布局

搭建备忘录列表界面布局的具体步骤如下：

（1）在包 edu.cdivtc.memorial.activity 上右击，选择“New”，选择“Activity”，选择“Empty Activity”，具体操作如图 1.43 所示。

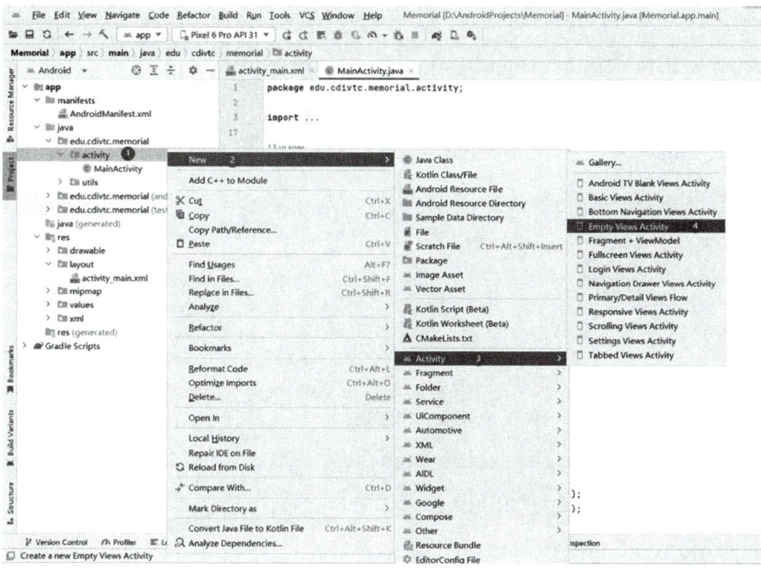

图 1.43　创建 Activity

（2）打开创建 Activity 的信息输入界面，根据如图 1.44 所示的步骤完成 Activity 的创建。

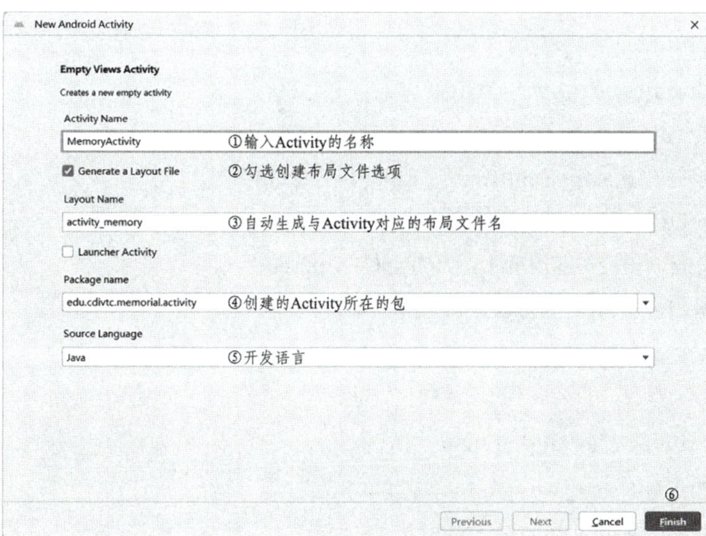

图 1.44　创建 Activity 的信息界面

（3）导入界面图片。将准备好的素材图片 add.png、back.png，添加到 res 文件夹中的 drawable 文件夹中，在 drawable 文件夹中创建一个名为 shape_rectangle1.xml 的背景形状文件。

（4）放置界面控件。在 activity_memory.xml 布局文件中，放置一个 TextView 控件用于显示界面标题，在标题左侧放置一个 ImageView 控件用于实现返回到登录界面，在标题下方放置一个 ListView 控件用于显示备忘录列表，在界面的右下角添加一个 FrameLayout 布局，在 FrameLayout 布局中放置一个 ImageView 控件用于显示添加按钮的图片。完整的布局代码如下：

```
<?xml version="1.0" encoding="utf-8"?>
<androidx.constraintlayout.widget.ConstraintLayout
xmlns:android="http://schemas.android.com/apk/res/android"
    xmlns:app="http://schemas.android.com/apk/res-auto"
    xmlns:tools="http://schemas.android.com/tools"
    android:layout_width="match_parent"
    android:layout_height="match_parent"
    tools:context=".activity.MemoryActivity">

    <TextView
        android:id="@+id/textView"
        android:layout_width="match_parent"
        android:layout_height="wrap_content"
        android:background="#006EE4"
        android:fontFamily="sans-serif-black"
        android:gravity="center"
        android:paddingTop="10dp"
        android:paddingBottom="10dp"
        android:text="备忘录"
        android:textColor="#ffffff"
        android:textSize="24sp"
        app:layout_constraintEnd_toEndOf="parent"
        app:layout_constraintStart_toStartOf="parent"
        app:layout_constraintTop_toTopOf="parent"
        tools:ignore="TextContrastCheck" />

    <ListView
        android:id="@+id/listview"
        android:layout_width="match_parent"
        android:layout_height="match_parent"
        android:paddingTop="55dp"
```

```
        app:layout_constraintBottom_toBottomOf="parent"
        app:layout_constraintEnd_toEndOf="parent"
        app:layout_constraintStart_toStartOf="parent"
        app:layout_constraintTop_toBottomOf="@+id/textView" >

    </ListView>

    <ImageView
        android:id="@+id/im_back"
        android:layout_width="30dp"
        android:layout_height="30dp"
        android:layout_marginStart="16dp"
        android:layout_marginTop="8dp"
        app:layout_constraintStart_toStartOf="parent"
        app:layout_constraintTop_toTopOf="parent"
        app:srcCompat="@drawable/back" />

    <FrameLayout
        android:layout_width="wrap_content"
        android:layout_height="wrap_content"
        android:layout_marginEnd="60dp"
        android:layout_marginBottom="60dp"
        app:layout_constraintBottom_toBottomOf="parent"
        app:layout_constraintEnd_toEndOf="parent">

        <ImageView
            android:id="@+id/add"
            android:layout_width="wrap_content"
            android:layout_height="wrap_content"
            android:src="@drawable/add" />
    </FrameLayout>

</androidx.constraintlayout.widget.ConstraintLayout>
```

（5）ListView 控件：Listview 是一个很重要的组件，它以列表的形式根据数据的长自适应展示具体内容，用户可以自由地定义 listview 每一列的布局。由于屏幕尺寸的限制，不能一次性展现所有条目，用户需要上下滚动查看所有条目。

一个 ListView 通常有两个职责，一是将数据填充到特定布局，二是处理用户的选择点击事件。创建一个 ListView 需要创建 3 个元素：

①ListView 中的每一列的 View 布局。

②填入 View 数据或者图片。

③连接 View 与 ListView 的适配器。

（6）创建 Activity。创建 Activity 有两种方法：①包名处单击右键选择“New”→“Activity”→“Empty Activity”选项，填写 Activity 信息，完成创建；②包名处单击右键选择“New”→“Java Class”→输入类名。

上述两种创建 Activity 的方法，第一种方法会自动在清单配置文件 AndroidManifest.xml 文件中注册新创建的 Activity。第二种方法创建的 Activity，需要继承 AppCompatActivity，并要手动在清单配置文件中配置 Activity。

1.4.2 搭建备忘录界面 Item 布局

由于备忘录界面使用了 ListView 控件展示记录列表，需要创建一个该列表的 Item 界面，在 Item 界面中需要展示记录的部分内容与记录保存的时间，界面效果如图 1.45 所示。

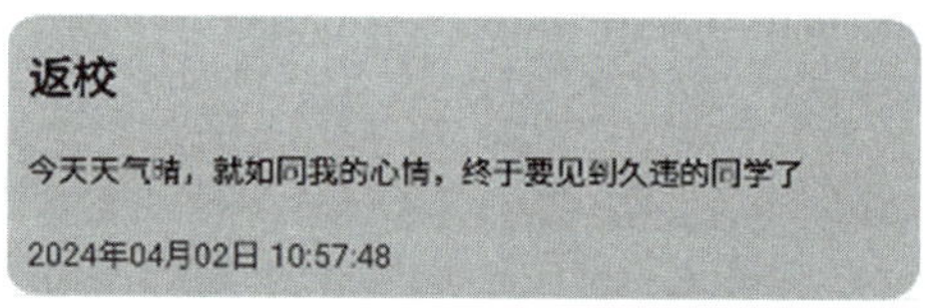

图 1.45　备忘录 Item 界面效果

搭建备忘录 Item 界面的具体步骤如下：

1. 创建备忘录 Item 界面的布局文件

（1）在 res/layout 文件夹上右击，选择“New”，选择“Layout Resource File”，操作步骤如图 1.46 所示。

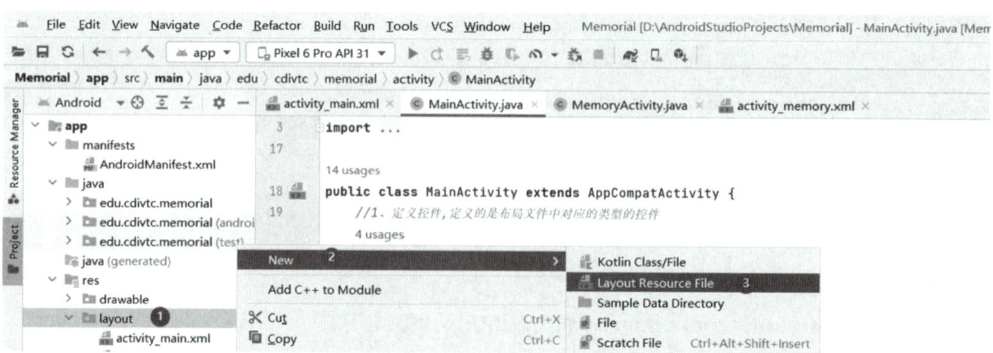

图 1.46　创建布局文件

（2）在打开的创建界面，输入布局文件名：memory_item_layout，输入布局的根元素：LinearLayout，点击“OK”按钮，具体的步骤如图 1.47 所示。

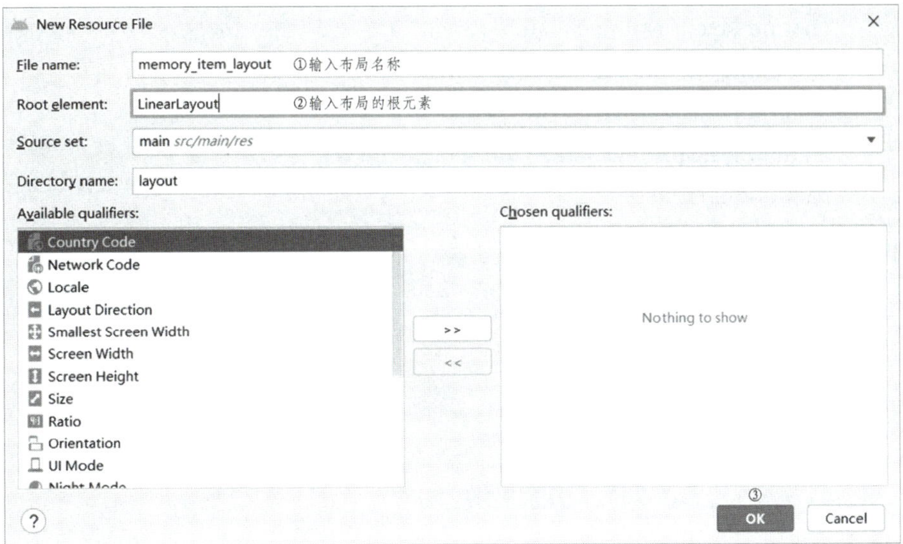

图 1.47　创建布局信息输入界面

2. 放置控件

在布局文件 memory_item_layout.xml 中，放置 3 个 TextView 控件，分别用于显示记录的标题、记录的部分内容和记录的保存时间。压缩包中的 memory_item_layout.xml 文件的内容：

```
<?xml version="1.0" encoding="utf-8"?>
<LinearLayout xmlns:android="http://schemas.android.com/apk/res/android"
    android:layout_width="match_parent"
    android:layout_height="match_parent"
    android:background="@drawable/shape_rectangle1"
    android:gravity="center_vertical"
    android:orientation="vertical"
    android:layout_marginLeft="8dp"
    android:layout_marginTop="8dp"
    android:layout_marginRight="8dp">
    <TextView
        android:id="@+id/item_content"
        android:layout_width="match_parent"
        android:layout_height="wrap_content"
        android:ellipsize="end"
        android:lineSpacingExtra="3dp"
        android:maxLines="2"
        android:padding="10dp"
        android:textColor="@color/black" />
    <TextView
        android:id="@+id/item_time"
```

```
            android:layout_width="match_parent"
            android:layout_height="wrap_content"
            android:ellipsize="end"
            android:lineSpacingExtra="3dp"
            android:maxLines="2"
            android:padding="10dp"
            android:paddingTop="5dp"
            android:paddingBottom="7dp"
            android:textColor="#0133AF" />
</LinearLayout>
```

1.5 ListView 备忘录列表功能实现

备忘录列表用来展示每条记录的部分内容和存储的时间，本项目中是通过 ListView 来展示每条记录，由于备忘录中的每条记录都有记录内容和保存记录的时间属性，那么这些记录要存放在哪里呢？通过 1.3.3 节的分析，可以通过 Android 的内部数据库来存储数据，为了与数据库进行关联操作，因此需要创建一个实体类来存放这些属性，这些属性需要跟数据库表中的字段一致。

1.5.1 创建实体类 MemoryBean

1. 创建实体类 MemoryBean 的具体步骤

（1）在 edu.cdivtc.memorial 包右击，选择“New”，选择“Package”，创建一个 bean 包，具体操作过程如图 1.48 和图 1.49 所示。

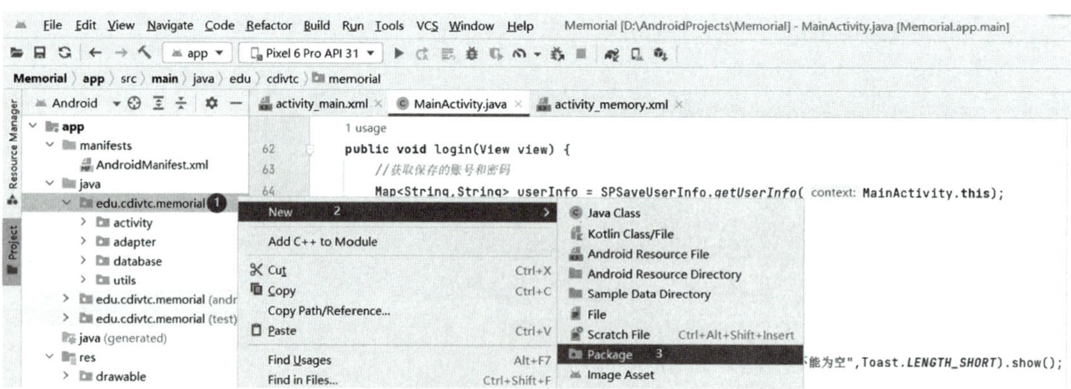

图 1.48 创建 bean 包 1

图 1.49 创建 bean 包 2

（2）在 bean 包上右击，选择“New”，选择“Java Class”，打开输入类型的对话框，输入类名 MemoryBean，类的创建操作过程如图 1.50 和图 1.51 所示。

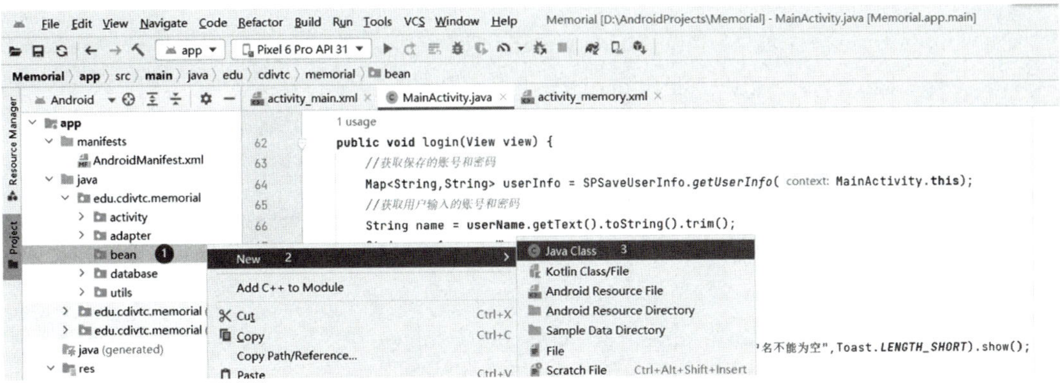

图 1.50　创建 MemoryBean 类 1

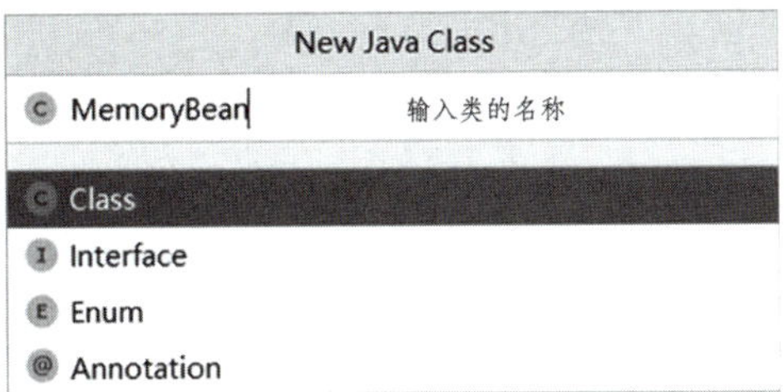

图 1.51　创建 MemoryBean 类 2

2. 实体类 MemoryBean 的代码

该类中定义记录信息的相关属性，具体代码如下：

```
package edu.cdivtc.memorial.bean;
/**
 * 存放备忘信息的实体类
 */
public class MemoryBean {
    private String id;//备忘录的 id
    private String memoryTitle;//备忘录的标题
    private String memoryContent;//备忘录的内容
    private String memoryTime;//保存的时间
    public String getId() {
        return id;
    }
    public void setId(String id) {
        this.id = id;
    }
```

```
        public String getMemoryTitle() {
            return memoryTitle;
        }
        public void setMemoryTitle(String memoryTitle) {
            this. memoryTitle = memoryTitle;
        }

        public String getMemoryContent() {
            return memoryContent;
        }
        public void setMemoryContent(String memoryContent) {
            this.memoryContent = memoryContent;
        }
        public String getMemoryTime() {
            return memoryTime;
        }
        public void setMemoryTime(String memoryTime) {
            this.memoryTime = memoryTime;
        }
    }
```

1.5.2 编写备忘录界面列表适配器

由于备忘录界面的记录列表是通过 ListView 控件展示的，ListView 控件不能直接展示数据，需要通过 ListView 的 Item 来显示，那么数据的加载就需要通过数据适配器对 ListView 控件进行数据适配。

1. 创建 MemoryAdapter 适配器

（1）在 edu.cdivtc.memorial 包上右击，选择“New”，选择“Package”，打开创建包的对话框，输入包名 adapter。

（2）在 adapter 包上右击，选择“New”，选择“Java Class”，输入类名 MemoryAdapter，并继承 BaseAdapter 类。

（3）BaseAdapter 类是抽象类，需要重写 4 个方法：getCount()用于获取 Item 总数，即记录数；getItem()用于获取 Item 对象，即要显示的每条记录；getItemId()用于获取对应 Item 对象的 Id，即记录的编号；getView()用于获取对应的 Item 的视图，即将对应记录内容显示到对应的 Item 上。

2. 创建 ViewHolder 类

在 MemoryAdapter 类中创建一个内部类 ViewHolder，在该类中初始化 Item 界面中的控件。

3. MemoryAdapter 类的代码

```
package edu.cdivtc.memorial.adapter;
import android.content.Context;
import android.view.LayoutInflater;
import android.view.View;
import android.view.ViewGroup;
import android.widget.BaseAdapter;
import android.widget.TextView;
import edu.cdivtc.memorial.R;
import edu.cdivtc.memorial.bean.MemoryBean;
import java.util.List;
public class MemoryAdapter extends BaseAdapter {
    private LayoutInflater layoutInflater;//加载布局
    private List<MemoryBean> list;//数据集合
    public MemoryAdapter(Context context, List<MemoryBean> list) {
        this.layoutInflater = LayoutInflater.from(context);
        this.list = list;
    }
    @Override
    public int getCount() {//获取数据表中记录的数量
        return list == null ? 0 : list.size();
    }
    @Override
    public Object getItem(int position) {//获取数据库表中的某条记录
        return list.get(position);
    }
    @Override
    public long getItemId(int position) {//获取记录的 id
        return position;
    }
    @Override
    public View getView(int position, View convertView, ViewGroup parent) {//加载子布局
文件 memory_item_layout
        ViewHolder viewHolder;//定义一个 ViewHolder 类的对象
        //判断是否是第一次运行
        if (convertView == null){//表示第一次运行（加载）
            //加载 Item 布局文件
            convertView = layoutInflater.inflate(R.layout.memory_item_layout,null);
```

```
                viewHolder = new ViewHolder(convertView);//初始化了控件
                convertView.setTag(viewHolder);//设置标记，将 viewHolder 对象添加到
convertView 中进行缓存
            }else {
              viewHolder = (ViewHolder) convertView.getTag();//获取缓存的 ViewHolder 对象
            }
            //获取数据，并将数据加载到对应的控件上
            MemoryBean memoryBean = (MemoryBean) getItem(position);
            viewHolder.item_Title.setText(memoryBean.getMemoryTitle());
            viewHolder.item_Content.setText(memoryBean.getMemoryContent());
            viewHolder.item_Time.setText(memoryBean.getMemoryTime());
            return convertView;
        }
        //创建一个内部类，用来装 Item 布局中的两个 TextView 控件，并初始化这两个控件
        class ViewHolder{
            TextView item_Title,item_Content,item_Time;
            public ViewHolder(View view){
                //初始化这两个控件，即绑定控件与变量
                item_Title = view.findViewById(R.id.item_title);
                item_Content = view.findViewById(R.id.item_content);
                item_Time = view.findViewById(R.id.item_time);
            }
        }
    }
```

4. 适配器

适配器(Adapter)是一个连接数据与 AdapterView(ListView 就是一个典型的 AdapterView)的桥梁，实现数据与 AdapterView 的分离设置，使得 AdapterView 与数据的绑定更加方便。下面是 Android 提供的几个常见的 Adapter。

（1）ArrayAdapter（数组适配器）一般用于显示一行文本信息，因此更多是指向一个简单的 TextView。由于 ArrayAdapter 是继承自 BaseAdapter 的，它会复写 getView(int position, @Nullable View convertView,@NonNull ViewGroup parent)方法

（2）BaseAdapter：使用 ListView，最终都离不开 BaseAdapter。使用 BaseAdapter 的一般步骤：

①定义主界面（包含 ListView）的 xml 布局。

②根据需要定义 ListView 每行（ItemView）所实现的 xml 布局。

③定义一个 Adapter 类继承 BaseAdapter，重写里面的方法。

④构造一个继承自 BaseAdpater 的 Adpater 对象，设置适配器。

⑤将 Adapter 绑定到上 ListView 上（通过 setAdpater 方法）。

5. 3 种重写 getView()的方法

第一种重写 getView()的方法：

```
public View getView(int position, View convertView, ViewGroup parent) {
        Fruit fruit = getItem(position);//获取当前两项的 Fruit 实例
        View view = LayoutInflater.from(getContext()).inflate(resourceId,parent,false);
        ImageView fruitImage = view.findViewById(R.id.fruitImage);
        TextView fruitName = view.findViewById(R.id.fruitName);
        fruitImage.setImageResource(fruit.getImageId());
        fruitName.setText(fruit.getName());
        return view;
    }
```

这种方法 getView()每次都要调用 findViewById()方法初始化控件和重新绘制一个 View，当列表项数据量很大的时候会严重影响性能，造成下拉很慢。

第二种重写 getView()的方法，使用 convertView 作为缓存进行优化。

```
public View getView(int position, View convertView, ViewGroup parent) {
        if(convertView == null){
            convertView = mInflater.inflate(R.layout.item, null);
        }//检测有没有可以重用的 View，没有就重新绘制
        Fruit fruit = getItem(position);//获取当前两项的 Fruit 实例
        ImageView fruitImage = view.findViewById(R.id.fruitImage);
        TextView fruitName = view.findViewById(R.id.fruitName);
        fruitImage.setImageResource(fruit.getImageId());
        fruitName.setText(fruit.getName());
        return convertView;
    }
```

在方法 getView(int position, View convertView, ViewGroup parent)中，第 2 个参数 convertView 的含义是代表系统最近回收的 View。若整屏能显示 9 个 Item，第一次打开带 ListView 的控件时，因为并没有回收的 View，调用 getView 时，参数 convertView 的值会为 null；当滑动 ListView 时，由于有 ItemView 划出了屏幕而被回收，此时 convertView 将不是 null，而是最近回收的 View（刚划出屏幕的那个 Item 的 View）的引用。

第三种重写 getView()的方法，通过 convertView+ViewHolder 来实现缓存进而进行优化。

本项目使用的就是第三种重写 getView()的方法，convertView 缓存了 View，ViewHolder 相当于更加具体的缓存：View 里的组件，即把 View 和 View 的组件一并进行缓存，那么重用 View 时就不用再重绘 View 和 View 的组件（findViewById）。这种方法就既减少了重绘 View，又减少了 findViewById 的次数，所以这种方法最能节省资源。

1.5.3 创建数据库

由于备忘录的记录内容不再是简单的用户信息，所以需要通过数据库来存储。此项目中需要创建数据库类 MemoryHelper，由于要实现备忘录中记录的增、删、改、查操作，要多次调用数据库表的字段，故还需要创建一个数据库的工具类 DBUtils。

1. 创建 DBUtils 类

（1）在 edu.cdivtc.memorial 包上右击，选择“New”，选择“Package”，创建一个 utils 包。

（2）在 utils 包上右击，选择“New”，选择“Java Class”，在打开的对话框中输入类名称 DBUtils。

（3）该类中定义数据库的名称、表名、数据库版本、数据库表的字段名及获取当前日期等信息。具体的代码如下：

```
package edu.cdivtc.memorial.utils;
import java.text.SimpleDateFormat;
import java.util.Date;
public class DBUtils {
    public static final String DATABASE_NAME = "Memory";//数据库名
    public static final String DATABASE_TABLE = "Note";//表名
    public static final int DATABASE_VERSION = 1;//数据库的版本号
    //数据库表的字段名
    public static final String NOTE_ID = "id";
    public static final String NOTE_TITLE = "title";
    public static final String NOTE_CONTENT = "content";
    public static final String NOTE_TIME = "savetime";
    //获取系统当前日期，并且格式化为要的输出格式
    public static final String getTime(){
        //格式化要输出的日期
        SimpleDateFormat simpleDateFormat = new SimpleDateFormat("yyyy 年 MM 月 dd 日 HH:mm:ss");
        //获取系统当前日期
        Date date = new Date(System.currentTimeMillis());
        //返回格式化的日期
        return simpleDateFormat.format(date);
    }
}
```

2. 创建 MemoryHelper 类

（1）在 edu.cdivtc.memorial 包右击，选择“New”，选择“Package”，创建一个 database 包。

（2）在 database 包上右击，选择“New”，选择“Java Class”，在打开的对话框中输入类名称 MemoryHelper。

（3）该类中创建了数据库，数据表及对应表的增、删、改、查操作，具体代码如下：

```
package edu.cdivtc.memorial.database;
import android.annotation.SuppressLint;
import android.content.ContentValues;
import android.content.Context;
import android.database.Cursor;
import android.database.sqlite.SQLiteDatabase;
import android.database.sqlite.SQLiteOpenHelper;
import edu.cdivtc.memorial.bean.MemoryBean;
import edu.cdivtc.memorial.utils.DBUtils;
import java.util.ArrayList;
import java.util.List;
public class MemoryHelper extends SQLiteOpenHelper {
    //定义一个数据库类的对象
    private SQLiteDatabase sqLiteDatabase;
    //创建数据库
    public MemoryHelper(Context context) {
        super(context, DBUtils.DATABASE_NAME, null, DBUtils.DATABASE_VERSION);
        //设置数据库的可写
        sqLiteDatabase = this.getWritableDatabase();
    }
    //实现数据表的创建
    @Override
    public void onCreate(SQLiteDatabase db) {
        //通过执行 sql 语句来创建数据表
        db.execSQL("create table "+DBUtils.DATABASE_TABLE+"("+DBUtils.NOTE_ID+
                " integer primary key autoincrement,"+DBUtils.NOTE_TITLE+
                " text," +DBUtils.NOTE_CONTENT+
                " text,"+DBUtils.NOTE_TIME+" text)");
    }
    @Override
    public void onUpgrade(SQLiteDatabase db, int oldVersion, int newVersion) {
    }
    //添加记录的操作，即向数据库表中插入记录
    public boolean insertRecord (String noteTitle,String noteContent,String noteTime){
        //通过键值对的方式来实现数据的添加
```

```
            ContentValues contentValues = new ContentValues();//键只能是 String 数据类型，
值可以是任意的基本数据类型
    contentValues.put(DBUtils.NOTE_TITLE,noteTitle);
    contentValues.put(DBUtils.NOTE_CONTENT,noteContent);
            contentValues.put(DBUtils.NOTE_TIME,noteTime);
            //执行 SQL 语句并返回结果
            return sqLiteDatabase.insert(DBUtils.DATABASE_TABLE,null,contentValues)>0;
        }
        //删除记录的操作，即从数据库表中删除记录
        public boolean deleteRecord (String id){
            //写出删除操作的 SQL 语句
            String sql = DBUtils.NOTE_ID+"=?";
            String[] contentValuesArray = new String[]{String.valueOf(id)};
            //执行 SQL 语句并返回结果
            return
sqLiteDatabase.delete(DBUtils.DATABASE_TABLE,sql,contentValuesArray)>0;
        }
        //修改记录的操作，即修改数据库表中的内容或保存时间
        public boolean updateRecord(String id, String noteTitle,String noteContent,String
noteTime){
            //通过 ContentValues 实现数据的持久化，通过 parcelable
            ContentValues contentValues = new ContentValues();//键只能是 String 数据类型，
值可以是任意的基本数据类型
            contentValues.put(DBUtils.NOTE_TITLE,noteTitle);
            contentValues.put(DBUtils.NOTE_CONTENT,noteContent);
            contentValues.put(DBUtils.NOTE_TIME,noteTime);
            //SQL 条件语句
            String sql = DBUtils.NOTE_ID+"=?";//通过主键来判断要修改哪一条记录
            //准备条件值
            String[] strings = new String[]{id};
            //执行 SQl 语句并返回结果
            return
sqLiteDatabase.update(DBUtils.DATABASE_TABLE,contentValues,sql,strings)>0;
        }
        //查询记录的操作，即从数据库表中查询记录，直接查询所有记录，返回结果为 list
集合
        @SuppressLint("Range")
        public List<MemoryBean> queryRecord (){
```

```
            //准备一个用来存储查询结果的 List 集合对象
            List<MemoryBean> list = new ArrayList<MemoryBean>();
            //执行查询操作
            Cursor cursor = sqLiteDatabase.query(DBUtils.DATABASE_TABLE,null,null,null,
                    null,null,DBUtils.NOTE_ID+" desc");
           //处理查询结果
            if (cursor != null){
                while (cursor.moveToNext()){
                    //实例化一个 MemoryBean 类的对象，用来获取每一条记录
                    MemoryBean memoryBean = new MemoryBean();
                    //获取每个字段值
                    String id = String.valueOf(cursor.getInt(cursor.getColumnIndex(DBUtils.
NOTE_ID)));
                    String  title  =  cursor.getString(cursor.getColumnIndex(DBUtils.NOTE_
TITLE));
                    String  content  =  cursor.getString(cursor.getColumnIndex(DBUtils.NOT
E_CONTENT));
                    String  time  =  cursor.getString(cursor.getColumnIndex(DBUtils.NOTE_
TIME));
                    //将字段值添加到 memoryBean 对象中
                    memoryBean.setId(id);
                    memoryBean.setMemoryTitle(title);
                    memoryBean.setMemoryContent(content);
                    memoryBean.setMemoryTime(time);
                    //把这条记录添加到 list 集合中
                    list.add(memoryBean);
                }
                cursor.close();
            }
            return list;
        }
    }
```

小提示：在创建数据库及数据库表时特别要注意标点符号，如“空格”“逗号”“括号”“分号”等，这些是学生最容易忽略的，需要培养学生一丝不苟的做事态度。

1.5.4　SQLite 数据库

SQLite 是一款轻量型的数据库，包含在一个相对小的 C 库中。它的设计目标是嵌入式的，占用资源非常的低，在嵌入式设备中，可能只需要几百字节的内存就够了。它能

支持 Windows/Linux/Unix 等主流的操作系统，相比于 MySQL、PostgreSQL，它的处理速度更快。

1. SQLite 数据库的创建

在 Android 系统中，创建 SQLite 数据库类的过程如下：

（1）创建一个类继承 SQLiteOpenHelper 类。

（2）通过类中构造方法的 super()方法创建数据库。

（3）重写 onCreate()方法和 onUpgrade()方法。

（4）通过 onCreate()方法创建数据库表。

2. 数据类型

text:文本是字符数据。

integer：整型，如枚举值。

real: 实数的十进制数值。

boolean：布尔型。

varchar：字符型。

NULL：表示没有值。

3. SQLite 的可视化工具

在 Android 系统中，数据库创建完成后是无法直接对数据进行查看的，要想查看数据需要使用可视化工具。SQLite 的可视化工具主要有以下几种：SQLite Expert Personal、SQLite Studio、Navicat 15 for SQLite、SQLite Developer。

通过 SQLite Developer 查看本项目的数据库如图 1.52 所示。

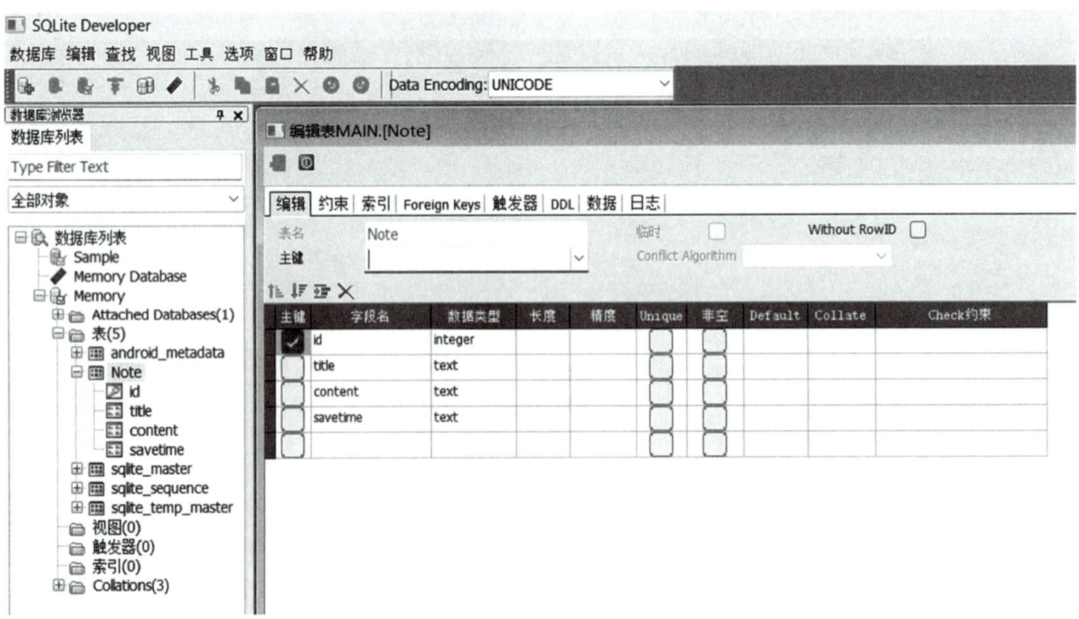

图 1.52　SQLite 可视化工具查看数据库

4. SQLite 数据库事务

SQLite 事务机制：

（1）提高对数据操作的速率，因为这可以减少频繁对数据库的写入或读取（相当于提供了一个缓冲区）。

（2）启动事务后未提交的操作都是在内存中进行的，并不会真正影响到库中的数据。

（3）只有提交后的操作才会去修改库中的数据（注意：提交后将无法回滚），因为在提交或者回滚后，在内存中的操作已经被提交或者回滚到初始状态了。

（4）提交或者回滚后，需要重新开启事务。

SQLite 事务机制具有的属性（ACID）：

（1）原子性（Atomicity）：确保工作单位内的所有操作都成功完成，否则，事务会在出现故障时终止，之前的操作也会回滚到以前的状态。

（2）一致性（Consistency）：确保数据库在成功提交的事务上正确地改变状态。

（3）隔离性（Isolation）：使事务操作相互独立和透明。

（4）持久性（Durability）：确保已提交事务的结果或效果在系统发生故障的情况下仍然存在。

5. 查看项目中的数据库文件

点击窗口右侧的 Device File Explorer，打开 data 下的 data，找到项目所在的包 edu.cdivtc.memorial，打开包下面的 databases，可以看到项目中的数据库 Memory。具体操作步骤如图 1.53 所示。

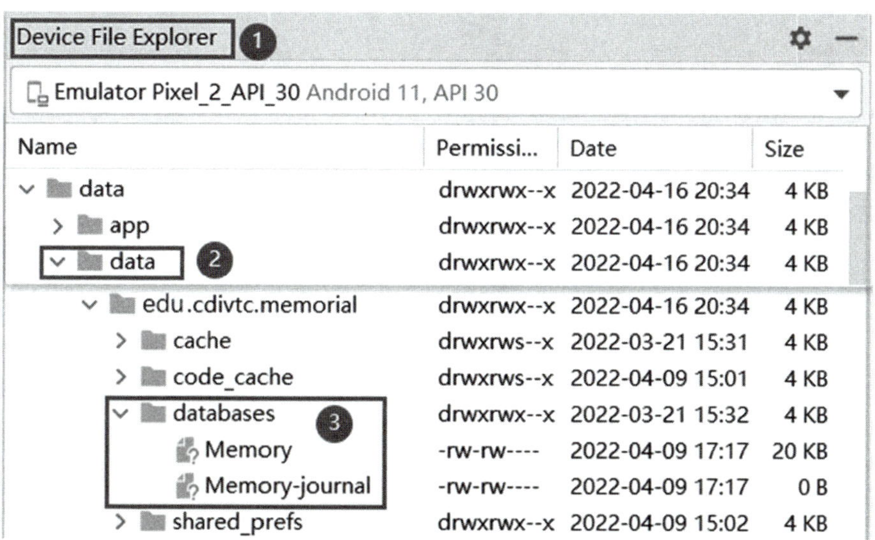

图 1.53　查看项目数据库文件

1.5.5　实现备忘录列表显示功能

在 MemoryActivity 类中抽取显示查询结果的方法 showQueryData()，此方法查询数据库中存放的记录信息，并将记录显示到列表中，同时在 MemoryActivity 中还实现了添加按钮的点击事件。具体代码如下：

```
package edu.cdivtc.memorial;
import androidx.annotation.Nullable;
import androidx.appcompat.app.AppCompatActivity;
import android.app.AlertDialog;
import android.content.DialogInterface;
import android.content.Intent;
import android.os.Bundle;
import android.view.View;
import android.widget.AdapterView;
import android.widget.ImageView;
import android.widget.ListView;
import android.widget.Toast;
import edu.cdivtc.memorial.adapter.MemoryAdapter;
import edu.cdivtc.memorial.bean.MemoryBean;
import edu.cdivtc.memorial.database.MemoryHelper;
import java.util.List;
public class MemoryActivity extends AppCompatActivity {
    //第 1 步：定义相关的变量
    ListView listView;
    List<MemoryBean> list;
    MemoryHelper memoryHelper;
    MemoryAdapter adapter;
    ImageView imBack,add;
    @Override
    protected void onCreate(Bundle savedInstanceState) {
        super.onCreate(savedInstanceState);
        setContentView(R.layout.activity_memory);
        //第 2 步：初始化控件
        //用于显示记录的列表
        listView = findViewById(R.id.listview);
        imBack = findViewById(R.id.im_back);
        add = findViewById(R.id.add);//初始化两个控件
        imBack.setOnClickListener(new View.OnClickListener() {
            @Override
            public void onClick(View v) {
                finish();//关闭当前 Activity
            }
        });
        add.setOnClickListener(new View.OnClickListener() {
```

```
            @Override
            public void onClick(View v) {
                //通过显式意图实现从当前活动跳转到 RecordActivity
                Intent intent = new Intent(MemoryActivity.this,RecordActivity.class);
                //启动带数据回传功能的 Activity
                startActivityForResult(intent,1);
            }
        });
        //第 3 步：初始化数据
        initData();
    }
    private void initData() {
        //创建数据库
        memoryHelper = new MemoryHelper(this);
        //第 4 步：显示数据
        showQueryData();//第一次没有数据，显示为空


    }
    private void showQueryData() {
        //判断查询结果是否为空，如果是第一次查询，则为空
        if (list != null){
            list.clear();
        }
        //从数据库表中查询数据（通过界面添加的记录）
        list = memoryHelper.query();
        adapter = new MemoryAdapter(this,list);
        //将适配器添加到 listview 控件中
        listView.setAdapter(adapter);
    }
    //重写数据回调方法，关闭添加记录界面时，程序会回调该方法，并在该方法中调用
showQueryData()方法重新获取数据库中保存的记录数据并显示到记录列表中
    @Override
    protected void onActivityResult(int requestCode, int resultCode, @Nullable Intent data) {
        super.onActivityResult(requestCode, resultCode, data);
        if (requestCode == 1 && resultCode == 2){
            showQueryData();
        }
    }
}
```

1.5.6 运行效果

第一次运行，备忘录列表没有数据。具体运行效果如图 1.54 所示。

图 1.54 备忘录列表界面运行效果

1.6 备忘录添加记录功能

当点击备忘录列表界面的“添加”按钮时，会跳转到添加记录界面，当点击列表中的 Item 时，会跳转到修改记录界面。这两个界面上的控件与功能基本相同，因此可以使用同一个 Activity 和同一个布局文件显示这两个界面。添加记录界面和修改记录界面的效果如图 1.55 所示。

图 1.55 添加记录和修改记录界面

1.6.1　搭建添加和修改记录的界面

要创建添加和修改记录的界面，需要先创建 RecordActivity，并同时勾选创建布局文件的选项，具体的操作步骤如下：

1. 创建布局界面

在 edu.cdivtc.memorial.activity 包中创建一个名为 RecordActivity 的 Activity，并勾选创建布局文件的选项，自动生成 activity_record.xml 的布局文件。

2. 放置界面控件

在 activity_record.xml 布局文件中，放置 2 个 TextView 控件，分别用于显示界面标题和记录时间，1 个 EditText 控件用于显示输入框，3 个 ImageView 控件分别用于显示后退键图标、删除按钮图标及保存按钮图标。具体布局代码如下：

```
<?xml version="1.0" encoding="utf-8"?>
<androidx.constraintlayout.widget.ConstraintLayout
    xmlns:android="http://schemas.android.com/apk/res/android"
    xmlns:app="http://schemas.android.com/apk/res-auto"
    xmlns:tools="http://schemas.android.com/tools"
    android:layout_width="match_parent"
    android:layout_height="match_parent"
    tools:context=".activity.RecordActivity">

    <TextView
        android:id="@+id/text_title"
        android:layout_width="match_parent"
        android:layout_height="wrap_content"
        android:background="#006EE4"
        android:gravity="center"
        android:paddingTop="10dp"
        android:paddingBottom="10dp"
        android:text="添加记录"
        android:textColor="#ffffff"
        android:textSize="24sp"
        android:textStyle="bold"
        app:layout_constraintEnd_toEndOf="parent"
        app:layout_constraintStart_toStartOf="parent"
        app:layout_constraintTop_toTopOf="parent" />

    <TextView
```

```
        android:id="@+id/text_time"
        android:layout_width="match_parent"
        android:layout_height="wrap_content"
        android:gravity="center"
        android:paddingTop="10dp"
        android:paddingBottom="10dp"
        android:text="TextView"
        android:textColor="@android:color/holo_blue_dark"
        android:textSize="18sp"
        android:visibility="gone"
        app:layout_constraintEnd_toEndOf="parent"
        app:layout_constraintStart_toStartOf="parent"
        app:layout_constraintTop_toBottomOf="@+id/text_title" />

    <EditText
        android:id="@+id/edit_content"
        android:layout_width="match_parent"
        android:layout_height="match_parent"
        android:background="@null"
        android:ems="10"
        android:gravity="top"
        android:hint="请输入记录内容"
        android:inputType="text"
        android:paddingLeft="10dp"
        android:paddingTop="100dp"
        android:textColor="#000000"
        app:layout_constraintBottom_toBottomOf="parent"
        app:layout_constraintEnd_toEndOf="parent"
        app:layout_constraintHorizontal_bias="0.0"
        app:layout_constraintStart_toStartOf="parent"
        app:layout_constraintTop_toTopOf="parent"
        app:layout_constraintVertical_bias="0.0" />

    <ImageView
        android:id="@+id/im_back"
        android:layout_width="30dp"
        android:layout_height="30dp"
        android:layout_marginStart="16dp"
        android:layout_marginTop="8dp"
```

```
            app:layout_constraintStart_toStartOf="parent"
            app:layout_constraintTop_toTopOf="parent"
            app:srcCompat="@drawable/back" />

        <View
            android:id="@+id/view"
            android:layout_width="match_parent"
            android:layout_height="1dp"
            android:layout_marginBottom="70dp"
            android:background="#144901"
            app:layout_constraintBottom_toBottomOf="parent"
            app:layout_constraintEnd_toEndOf="parent"
            app:layout_constraintStart_toStartOf="parent" />

        <ImageView
            android:id="@+id/im_delete"
            android:layout_width="60dp"
            android:layout_height="60dp"
            android:layout_marginStart="84dp"
            android:layout_marginBottom="8dp"
            app:layout_constraintBottom_toBottomOf="parent"
            app:layout_constraintStart_toStartOf="parent"
            app:srcCompat="@drawable/delete" />

        <ImageView
            android:id="@+id/im_save"
            android:layout_width="50dp"
            android:layout_height="50dp"
            android:layout_marginEnd="88dp"
            android:layout_marginBottom="8dp"
            app:layout_constraintBottom_toBottomOf="parent"
            app:layout_constraintEnd_toEndOf="parent"
            app:srcCompat="@drawable/save" />
</androidx.constraintlayout.widget.ConstraintLayout>
```

1.6.2　实现添加记录的功能

添加记录界面有三个需要实现点击事件的控件，一个是“返回”按钮，一个是“清除”按钮，还有一个是“保存”按钮。由于多个按钮要实现点击事件，根据实现点击事件的三种方式，针对同一布局文件有多个要实现点击事件的控件，可以通过 View.OnClickListener 接口并重写

onClick()方法，在该方法中实现将编写的记录添加到数据库中的功能。实现添加记录的功能代码如下：

```
package edu.cdivtc.memorial.activity;
import androidx.appcompat.app.AppCompatActivity;
import android.content.Intent;
import android.os.Bundle;
import android.view.View;
import android.widget.EditText;
import android.widget.ImageView;
import android.widget.TextView;
import android.widget.Toast;
import edu.cdivtc.memorial.database.MemoryHelper;
import edu.cdivtc.memorial.utils.DBUtils;
public class RecordActivity extends AppCompatActivity implements View.OnClickListener {
    //第 1 步：定义变量，控件变量和其他的数据变量
    ImageView imBack,imDelete,imSave;
    TextView tvTitle,tvTime;
    EditText etContent;
    MemoryHelper memoryHelper;
    String id;

    @Override
    protected void onCreate(Bundle savedInstanceState) {
        super.onCreate(savedInstanceState);
        setContentView(R.layout.activity_record);
        //第 2 步：绑定控件与变量，实现通过变量对控件的操作
        imBack = findViewById(R.id.im_back);
        imDelete = findViewById(R.id.im_delete);
        imSave = findViewById(R.id.im_save);
        tvTitle = findViewById(R.id.text_title);
        tvTime = findViewById(R.id.text_time);
        etContent = findViewById(R.id.edit_content);
        //第 3 步：实现三个 ImageView 的点击事件，由于有多个控件的点击事件，可以
通过实现接口的方式来实现
        imBack.setOnClickListener(this);
        imDelete.setOnClickListener(this);
        imSave.setOnClickListener(this);
        //第 4 步：初始化数据
```

```
            initData();
        }

        private void initData() {
            memoryHelper = new MemoryHelper(this);
            tvTitle.setText("添加记录");
        }

        @Override
        public void onClick(View v) {
            //由于有三个控件，通过控件的 Id 来判断点击的是哪一个
    int rid = v.getId();
    if (rid == R.id.im_back){//点击的是返回控件，实现返回到主界面的功能
                finish();//关闭当前 Activity
    } else if (rid == R.id.im_delete){//点击的是清空控件，实现清空记录内容
                etTitle.setText("");
                etContent.setText("");
    }else if (rid == R.id.im_save){//点击的是保存控件，实现将添加或修改的记录插入数据库
表中，同时还要将数据结果返回（回传）给主界面
                //获取输入的内容
                String noteTitle = etTitle.getText().toString().trim();
                String noteContent = etContent.getText().toString().trim();
                //向数据库中添加数据
                if (noteContent.length()>0){//表示有记录内容
                    if (memoryHelper.insertData(noteTitle,noteContent, DBUtils.getTime())){
                        showToast("保存成功");
                        setResult(2);//设置结果码
                        finish();//关闭当前 Activity
                    }else {
                        showToast("保存失败");
                    }
                }else {
                    showToast("记录内容不能为空");
                }
        }
    }
        public void showToast(String message) {
            Toast.makeText(RecordActivity.this, message, Toast.LENGTH_SHORT).show();
        }
    }
```

上述代码中由于要多次用到 Toast 控件显示提示信息，对于多次重复使用的内容，可以抽取出一个方法，实现 Java 代码的封装性特点，同时减少代码冗余。抽取的方法名为 showToast(String message)，由于提示信息不同，故此方法中的参数为 String 类型的提示信息。

分析：点击事件有三种方式，请分析各种方式的应用情况。

1.6.3 运行效果

点击备忘录界面的添加按钮后，跳转到添加记录的界面，可以看到“请输入记录内容”的提示信息，输入记录内容，然后点击“保存”按钮就可以完成记录的添加。添加记录功能的效果如图 1.56 所示。

图 1.56 添加记录运行效果

1.7 备忘录修改记录功能

由于备忘录修改记录和添加记录的界面是相同的，此处不再创建界面。修改记录与添加记录的不同之处是添加记录点击的是添加按钮，添加记录的界面是无记录内容的，修改记录点击的是列表的某一个 Item 项，且修改记录的界面是有记录内容的，即修改记录界面中已实现查看完整记录内容和修改记录内容的功能。

1.7.1 实现查看记录的功能

由于备忘录列表的数量有限，故每个 Item 最多只显示 2 行记录信息，在设置显示记录内容的控件属性时，设置了 android:maxLines="2"，即为最多显示两行，android:ellipsize="end"，即为显示不完的内容以省略号在尾部显示。

1. 实现 Item 的点击功能

Item 的点击功能，即是实现 ListView 的 Item 的点击功能，ListView 控件在 MemoryActivity 中，故 Item 的点击功能，需要到 MemoryActivity 中去实现。具体实现步骤如下：

（1）实现 listView.setOnItemClickListener 的点击监听事件。

（2）点击事件需要将 Item 中的信息 id、信息标题 title、信息内容 content 及信息保存时间 time 传递到查看信息界面。

（3）在 MemoryActivity 中的 initData()方法中实现查看记录的功能，具体代码如下：

```
private void initData() {
    //创建数据库
    memoryHelper = new MemoryHelper(this);
    //第 4 步：显示数据
    showQueryData();//第一次没有数据，显示为空
    //实现 listView 控件中每一个条目的点击事件
    listView.setOnItemClickListener(new AdapterView.OnItemClickListener() {
        @Override
        public void onItemClick(AdapterView<?> parent, View view, int position, long id) {
            //点击后获取当前记录，此记录的类型为 MemoryBean 类
            MemoryBean memoryBean = list.get(position);
            //跳转到修改记录的页面，并且将记录数据传递到修改记录页面
            Intent intent = new Intent(MemoryActivity.this,RecordActivity.class);
            intent.putExtra("id",memoryBean.getId());//记录的 id
            intent.putExtra("title",memoryBean.getMemoryTitle());//记录标题
            intent.putExtra("content",memoryBean.getMemoryContent());//记录内容
            intent.putExtra("time",memoryBean.getMemoryTime());//记录保存时间
            //启动带数据回传的 Activity
            startActivityForResult(intent,1);
        }
    });
```

（4）在 RecordActivity 中的 initData()方法中接收列表界面点击 Item 项的记录数据，并将数据显示到界面上，具体代码如下：

```
private void initData() {
    memoryHelper = new MemoryHelper(this);
    tvTitle.setText("添加记录");
    Intent intent = getIntent();//获取传递的 Intent 对象
    Bundle bundle = intent.getExtras();//获取 Bundle 对象
```

```
        if (intent != null){
            id = bundle.getString("id");//获取传递的 id
            if (id != null) {//表示是修改记录
                tvTitle.setText("修改记录");//设置标题为修改记录
                //显示内容和时间
                etTitle.setText(bundle.getString("title"));
                etContent.setText(bundle.getString("content"));
                tvTime.setText(bundle.getString("time"));
                tvTime.setVisibility(View.VISIBLE);
            }
        }
    }
```

2. Activity 之间传递数据

数据传递就是在不同的 Activity 等对象之间传递信息，Android 提供的 Intent 可以在界面跳转时传递数据。使用 Intent 传递数据有两种方式，具体如下：

1）使用 Intent 的 putExtra()方法传递数据

Android 系统提供了多个重载的 putExtra()方法，具体方法见图 1.57。putExtra()方法都包含两个参数，以键值对的方式来传递数据。这两个参数中，String 类型的 name 表示传递的数据名称，即键；value 表示传递的数据信息，数据类型为任意数据类型，即值。

数据接收方在收到数据后，需要从 Intent 对象中取出数据，通过 getXxxExtra()方法来实现。其中 Xxx 表示要取出的数据的数据类型，如果要取出 String 数据类型的数据，此方法为 getStringExtra()；如果要取出 int 类型的数据，此方法就为 getIntExtra()。

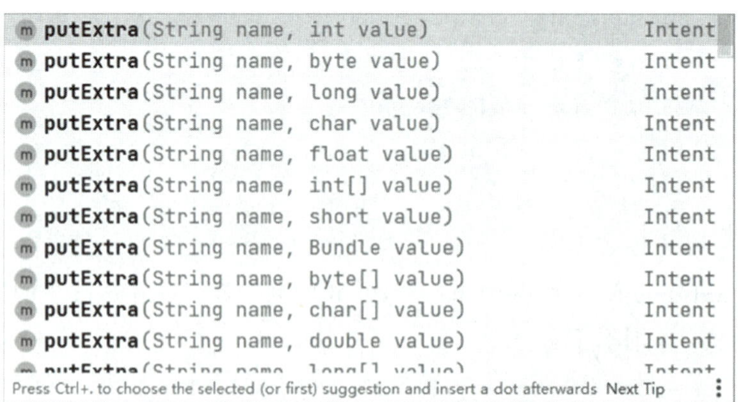

图 1.57 putExtra()方法

本项目中的数据传递代码如下：

传数据：

```
intent.putExtra("id",memoryBean.getId());//记录的 id
```

```
intent.putExtra("title",memoryBean.getMemoryTitle());//记录标题
intent.putExtra("content",memoryBean.getMemoryContent());//记录内容
intent.putExtra("time",memoryBean.getMemoryTime());//记录保存时间
```

取数据：

```
id = intent.getStringExtra("id");//获取传递的 id
etTitle.setText(intent.getStringExtra("title"));//获取传递的信息内容
etContent.setText(intent.getStringExtra("content"));//获取传递的信息内容
tvTime.setText(intent.getStringExtra("time"));//获取传递的时间
```

2）使用 Bundle 类传递数据

Bundle 类与 Map 接口类似，也是通过键值对的形式来传递数据。使用 Bundle 类传递数据的步骤如下：

①创建 Bundle 类对象。

②将要传递的信息封装到 Bundle 对象中。

③将 Bundle 对象封装到 Intent 对象中。

④获取 Intent 对象和 Bundle 对象。

⑤从 Bundle 对象中取出传递的信息。

本项目中的数据传递代码如下：

传数据：

```
Bundle bundle = new Bundle();//创建 Bundle 类对象
bundle.putString("id",memoryBean.getId());//将记录 id 封装至 Bundle 对象中
bundle.putString("title",memoryBean.getMemoryTitle());//将记录标题封装至 Bundle 对象中
bundle.putString("content",memoryBean.getMemoryContent());//将记录内容封装至 Bundle 对象中
bundle.putString("time",memoryBean.getMemoryTime());//将记录保存时间封装至Bundle对象中
intent.putExtras(bundle);//将 Bundle 对象封装到 Intent 对象中
```

取数据：

```
Intent intent = getIntent();//获取 Intent 对象
Bundle bundle = intent.getExtras();//获取 Bundle 对象
id = bundle.getString("id");//获取 id
etTitle.setText(bundle.getString("title"));//获取记录内容
etContent.setText(bundle.getString("content"));//获取记录内容
tvTime.setText(bundle.getString("time"));//获取记录保存时间
```

3. Activity 之间的数据回传

在很多应用中都存在数据的传递与回传，如本项目中修改记录，修改后的记录内容需要回传到记录列表中显示，Activity 之间进行数据回传时包含 3 种方法，具体如下：

1）startActivityForResult()方法

startActivityForResult(Intent intent,int requestCode) 方法用于开启一个带数据回传的 Activity，当开启的 Activity 销毁时，希望从中返回数据，该方法中的两个参数，参数 intent 表示意图，参数 requestCode 表示请求码，用于标识请求的来源。

本项目中的代码如下：

```
startActivityForResult(intent,1);
```

2）setResult()方法

setResult(int resultCode,Intent intent)方法用于携带回传的数据。该方法中的两个参数，参数 resultCode 表示返回码，用于标识返回的数据来源，参数 intent 表示用于携带数据并回传到上一个界面，此参数为可选。

本项目中的代码如下：

```
setResult(2);
```

3）onActivityResult()方法

onActivityResult(int requestCode, int resultCode,Intent data)方法用于接收回传的数据，其中 requestCode 与 resultCode 分别用于判断数据的来源，data 用于回传的数据。

本项目中的代码如下：

```
//重写数据回调方法
@Override
protected void onActivityResult(int requestCode, int resultCode, @Nullable Intent data) {
    super.onActivityResult(requestCode, resultCode, data);
    if (requestCode == 1 && resultCode == 2){
        showQueryData();
    }
}
```

1.7.2 实现修改记录的功能

在修改记录界面，修改完记录内容后点击保存按钮，执行 RecordActivity 中的 onClick()方法中“保存”按钮的点击事件，在该事件中通过判断传递的数据 id 是否为空，如果为空，则为添加记录，实现添加记录功能；如果不为空，则为修改记录，实现修改记录功能。具体代码如下：

```
else if (rid == R.id.im_save){//点击的是保存控件，实现将添加或修改的记录插入数据库表
中，同时还要将数据结果返回（回传）给主界面
```

```
        //获取输入的内容
        String noteTitle = etTitle.getText().toString().trim();
        String noteContent = etContent.getText().toString().trim();
        //判断 id 是否为空，不为空则为修改记录的操作
        if (id != null){//表示有数据传递过来，那么为修改记录
            if (noteContent.length()>0){
                //调用数据库中的修改记录的方法
                if (memoryHelper.updateData(id,noteTitle,noteContent, DBUtils.getTime())){
                    showToast("修改成功");
                    setResult(2);//设置结果码
                    finish();//关闭当前 Activity
                }else {
                    showToast("修改失败");
                }
            }else {
                showToast("记录内容不能为空");
            }
        }else {
            ……
    }
```

1.7.3　运行效果

当要查看或修改某条记录时，点击备忘录列表中的某个 Item 项，跳转到修改与查看记录的界面。修改记录内容，点击“保存”按钮会修改本地数据库中对应的记录内容并提示“修改成功”，运行效果如图 1.58 所示。

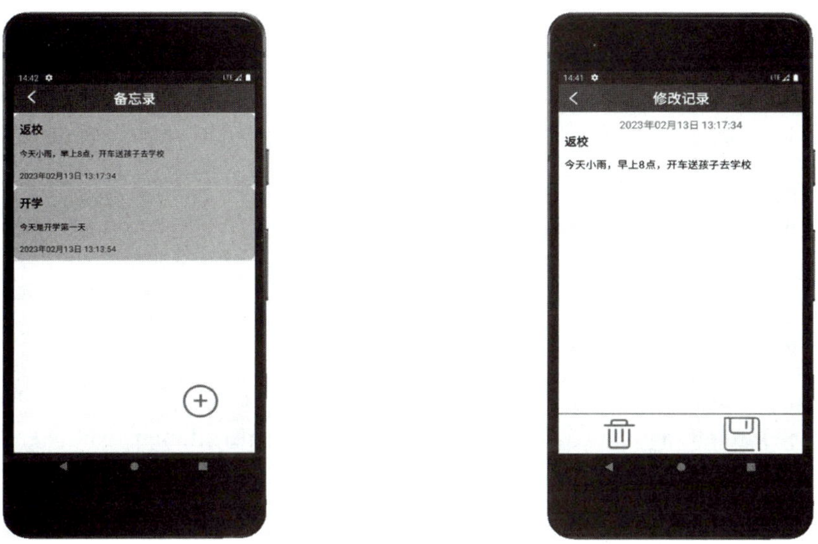

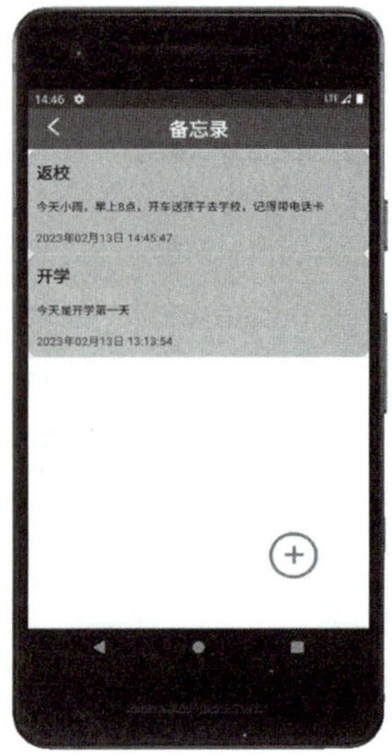

图 1.58　查看修改记录运行效果

1.8　备忘录删除记录功能

备忘录中的事情完成后，可以删除相应的备忘事项，从而释放出存储空间，达到节约和循环利用的环保理念。

根据备忘录记录列表，要删除某条记录，需要对记录列表的 Item 进行操作，前面查看和修记录是对 Item 的点击事件，那么删除可以实现 Item 的长按事件。当长按列表中的某个 Item 时，会弹出一个对话框提示是否删除此 Item 对应的记录。

1.8.1　实现删除功能

要删除备忘录列表中的记录，具体实现方式是在 MemoryActivity 类的 initData()方法中添加删除记录的逻辑代码。

1. 删除功能代码

```
private void initData() {
        //创建数据库
        memoryHelper = new MemoryHelper(this);
        showQueryData();//第一次没有数据，显示为空
        //长按 ListView 的 item 弹出一个对话框，提示是否删除此记录，是就调用删除记录
的操作并关闭对话框，否就关闭对话框
        ……
listView.setOnItemLongClickListener(new AdapterView.OnItemLongClickListener() {
            @Override
            public boolean onItemLongClick(AdapterView<?> parent, View view, int position,
```

```
long id) {
                AlertDialog dialog; //定义一个对话框对象
                //通过构建者模式来创建对话框
                //第 1 步：绘出对话框的结构
                AlertDialog.Builder builder = new AlertDialog.Builder(MemoryActivity.this)
                        .setMessage("是否删除此记录？")
                        .setPositiveButton("确定", new DialogInterface.OnClickListener() {
                            @Override
                            public void onClick(DialogInterface dialog, int which) {
                                //把要删除的记录封装到 MemoryBean 类对象中
                                MemoryBean memoryBean = list.get(position);
                                //实现删除操作
                                if (memoryHelper.deleteData(memoryBean.getId())){
                                    list.remove(position);//从列表中移除此记录
                                    adapter.notifyDataSetChanged();//更新备忘录列表
的显示记录
                                    Toast.makeText(MemoryActivity.this," 删 除 成 功
",Toast.LENGTH_SHORT).show();
                                }
                            }
                        })
                        .setNegativeButton("取消", new DialogInterface.OnClickListener() {
                            @Override
                            public void onClick(DialogInterface dialog, int which) {
                                dialog.dismiss();//关闭对话框
                            }
                        });
                //第 2 步：创建对话框
                dialog = builder.create();
                dialog.show();//显示对话框
                return true;
            }
        });
    }
```

2. 对话框

在 Android 中，AlertDialog 对话框用于提示一些重要信息或显示一些需要交互的内容，它一般以小窗口的形式展示在界面上，对话框的类型有以下几种。

1）普通对话框 commonDialog();

普通对话框的代码如下：

```
private void commonDialog() {
    //声明对象
    AlertDialog dialog;
    //绑定当前界面窗口，设置标题
    dialog = new AlertDialog.Builder(MainActivity.this).setTitle("Dialog 对话框")
            .setTitle("普通对话框")
            .setMessage("是否确定退出？ ")//设置提示信息
            .setIcon(R.mipmap.ic_launcher)//设置图标
            .setPositiveButton("确定",null)//添加“确定”按钮
            .setNegativeButton("取消",null)//添加“取消”按钮
            .create();//创建对话框
    dialog.show();//显示对话框
}
```

运行效果如图 1.59 所示。

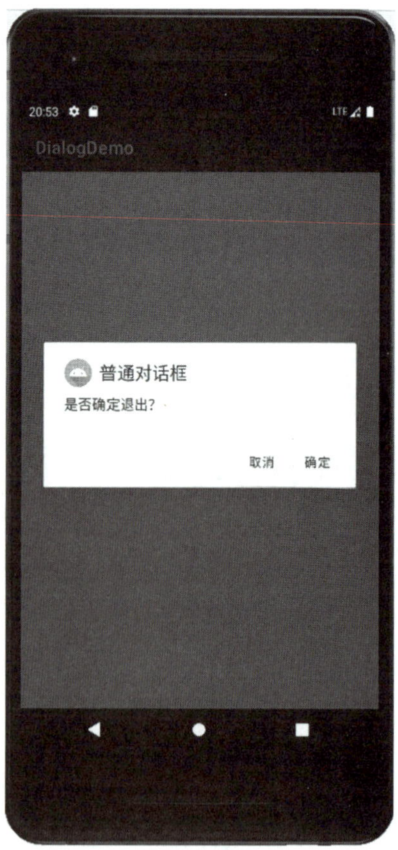

图 1.59　普通对话框运行效果

2）单选对话框 RadioDialog();

单选对话框的代码如下：

```
private void RadioDialog() {
    new AlertDialog.Builder(MainActivity.this)
            .setTitle("单选对话框")//设置标题
            .setIcon(R.mipmap.ic_launcher)//设置图标
            .setSingleChoiceItems(new String[]{"男", "女"}, 0,
                    new DialogInterface.OnClickListener() {
                        @Override
                        public void onClick(DialogInterface dialog, int which) {
                        }
                    })
            .setPositiveButton("确定",null)
            .show();
}
```

运行效果如图 1.60 所示。

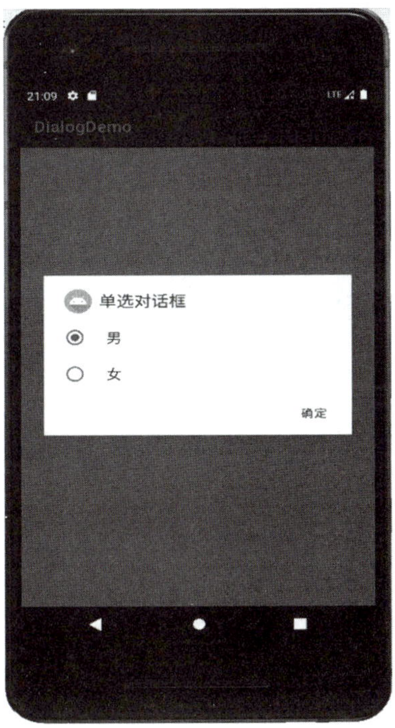

图 1.60　单选对话框运行效果

3）多选对话框 MultiDialog();

多选对话框的代码如下：

```
private void MultiDialog() {
    new AlertDialog.Builder(MainActivity.this)
```

```
                .setTitle("多选对话框")//设置标题
                .setIcon(R.mipmap.ic_launcher)//设置图标
                .setMultiChoiceItems(new String[] {"旅游","美食","汽车","宠物"},null,null)
                .setPositiveButton("确定",null)
                .show();
}
```

运行效果如图 1.61 所示。

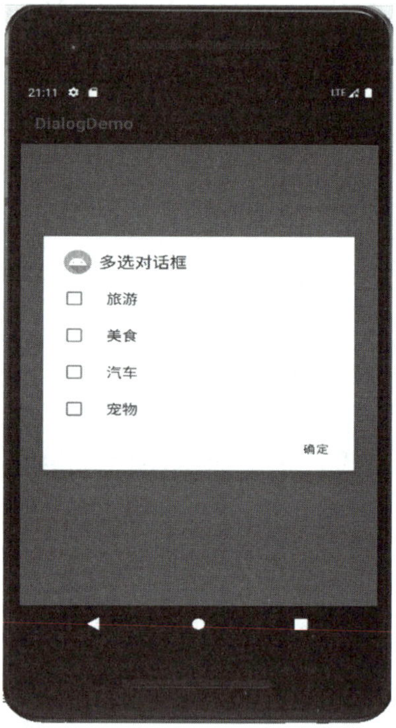

图 1.61　多选对话框运行效果

4）进度条对话框 ProDialog();

进度条对话框的代码如下：

```
private void ProDialog() {
    ProgressDialog proDialog;//声明对话框
    proDialog = new ProgressDialog(MainActivity.this);//构建对话框
    proDialog.setTitle("进度条对话框");//设置标题
    proDialog.setIcon(R.mipmap.ic_launcher);//设置图标
    proDialog.setMessage("正在下载请稍候...");
    //设置水平进度条，进度条有两种类型，一种是水平，一种是圆形（默认）
    proDialog.setProgressStyle(ProgressDialog.STYLE_HORIZONTAL);
    proDialog.show();
    /* 模拟进度增加的过程
```

```
         * 新开一个线程，每个 100ms，进度增加 1
         */
        new Thread(new Runnable() {
            @Override
            public void run() {
                int progress = 0   ;
                while (progress < 100){
                    try    {
                        Thread.sleep(100);
                        progress++;
                        proDialog.setProgress(progress);
                    } catch(InterruptedException e){
                        e.printStackTrace();
                    }
                }
                // 进度达到最大值后，窗口消失
                proDialog.cancel();
            }
        }).start();
}
```

运行效果如图 1.62 所示。

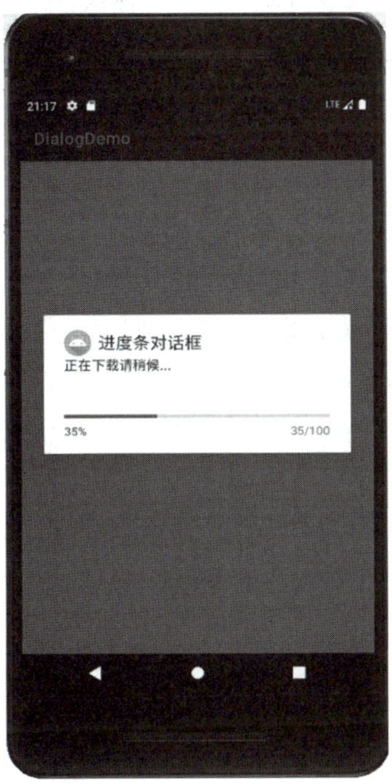

图 1.62　进度条对话框运行效果

1.8.2 运行效果

要删除某条记录，长按备忘录列表中要删除的记录的 Item，会弹出一个提示是否删除此记录的对话框，在该对话框中点击“确定”按钮，会删除对应的 Item 并提示“删除成功”，运行结果如图 1.63 所示。

图 1.63　删除记录的运行效果

1.9 Activity

Activity 是整个应用的基础，是 Android 的四大组件之一，也是运用最多的组件。用户可与其提供的屏幕进行交互，以执行拨打电话、拍摄照片、发送电子邮件或查看地图等操作。每个 Activity 都会获得一个用于绘制其用户界面的窗口。窗口通常会充满屏幕，但也可小于屏幕并浮动在其他窗口之上。

1.9.1 Activity 的生命周期

1. Activity 生命周期模型

Activity 生命周期模型如图 1.64 所示。

2. 生命周期状态

启动状态：Activity 的启动状态很短暂，Activity 启动后便会进入运行状态。

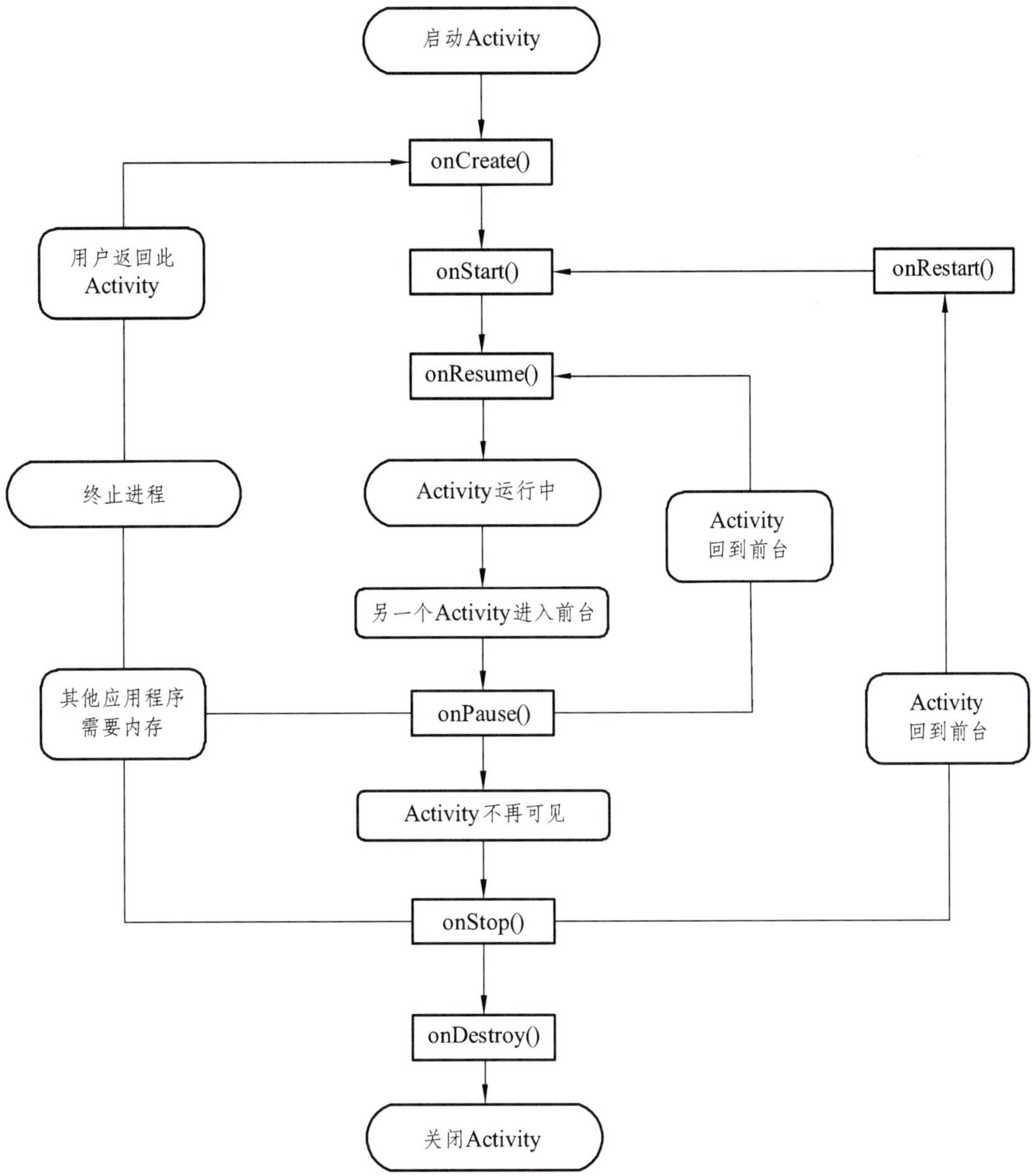

图 1.64　Activity 生命周期模型

运行状态：Activity 在此状态时处于屏幕最前端，它是可见、有焦点的，可以与用户进行交互，如单击、长按等事件。即使出现内存不足的情况，Android 也会先销毁栈底的 Activity，来确保当前的 Activity 正常运行。

暂停状态：在某些情况下，Activity 对用户来说仍然可见，但它无法获取焦点，用户对它操作没有响应，此时它处于暂停状态。

停止状态：当 Activity 完全不可见时，它处于停止状态，但仍然保留着当前的状态和成员信息。如果系统内存不足，那么这种状态下的 Activity 很容易被销毁。

销毁状态：当 Activity 处于销毁状态时，将被清理出内存。

3. 生命周期方法

1）onCreate()

首次创建 Activity 时调用，通过做一些初始化设置，后接 onStart()方法。

2）onRestart()

当前 Activity 已经创建，但是处于后台不可见状态（onStop()方法已经执行），再次启动时调用，后接 onStart()方法。与其他方法不同的是，onRestart()方法在整个生命周期中不是必定执行的方法。

3）onStart()

在 Activity 即将对用户可见之前调用。如果 Activity 转入前台，则后接 onResume()方法，如果 Activity 转入隐藏状态，则后接 onStop()方法。

4）onResume()

在 Activity 即将开始与用户进行交互之前调用。此时，Activity 处于 Activity 堆栈的顶层，并具有用户输入焦点。后接 onPause()方法。

5）onPause()

当系统即将开始继续另一个 Activity 时调用。此方法通常用于确认对持久性数据的未保存更改、停止动画以及其他可能消耗 CPU 的内容，诸如此类。它应该非常迅速地执行所需操作，因为它返回后，下一个 Activity 才能继续执行。如果 Activity 返回前台，则后接 onResume()方法，如果 Activity 转入对用户不可见状态，则后接 onStop()方法。

6）onStop()

在 Activity 彻底对用户不可见的时候调用。如果 Activity 恢复与用户的交互，则后接 onRestart()方法，如果 Activity 被销毁，则后接 onDestroy()方法。

7）onDestroy()

在 Activity 被销毁前调用。这是 Activity 将收到的最后调用。

4. 生命周期测试效果

生命周期测试效果如图 1.65 所示。

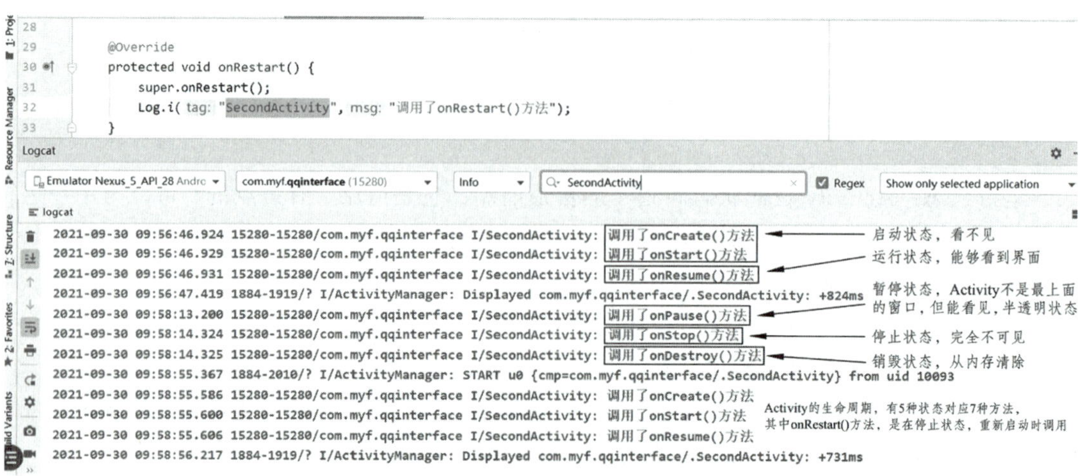

图 1.65 生命周期方法调用过程

1.9.2　Activity 的启动方式

Activity 的 4 种启动模式：standard、singleTop、singleTask、singleInstance。

standard 模式：standard 模式是 Android 的默认启动模式，即对应的 Activity 不用在配置文件中配置启动模式。Activity 就是 standard 模式，这种模式下，Activity 能够有多个实例，每次启动 Activity，不管任务栈中是否已经有这个 Activity 的实例，系统都会建立一个新的 Activity 实例。

singleTop 模式：singleTop 模式与 standard 模式类似，主要区别是当一个 singleTop 模式的 Activity 已经位于任务栈的栈顶，再去启动它时，不会再建立新的实例，若是不位于栈顶，就会建立新的实例。

singleTask 模式：singleTask 模式的 Activity 在同一个 Task 内只有一个实例，若是 Activity 已经位于栈顶，系统不会建立新的 Activity 实例，与 singleTop 模式相同。但 Activity 已经存在但不位于栈顶时，系统就会把该 Activity 移到栈顶，并把它上面的 activity 出栈。

singleInstance 模式：singleInstance 模式，即单例模式，但与 singleTask 不一样。singleTask 只是任务栈内单例，系统里可以有多个 singleTask Activity 实例，而 singleInstance Activity 在整个系统里只有一个实例，启动一个 singleInstanceActivity 时，系统会建立一个新的任务栈，而且这个任务栈只有一个启动模式为 singleInstance 的 Activity。

1.9.3　Activity 启动模式案例

创建 4 个 Activity，分别设置启动模式为以上 4 种，在每个 Acitivity 中通过 Log.d()方法打印分配的任务栈的地址及编号.以 MainActivity 为例，其代码如下：

```
Log.d("MainActivity",this.toString());//打印分配的任务栈的地址
Log.d("MainActivity","This task id is " +getTaskId());//获取任务栈的编号
```

运行项目，运行效果如图 1.66 所示，从图中可以看出每次进入登录页面，MainActivity 都会在编号为 225 的栈中实例化对象；进入欢迎页面和第三个页面，WelcomeActivity 和 ThirdActivity 只在第一次入栈，之后不再实例化；当进入第四个页面时，第一次会在栈中实例化 FourActivity，再次进入第四页面，如果 FourAcitivity 在栈顶，则不再实例化，否则重新实例化 FourAcitivity。

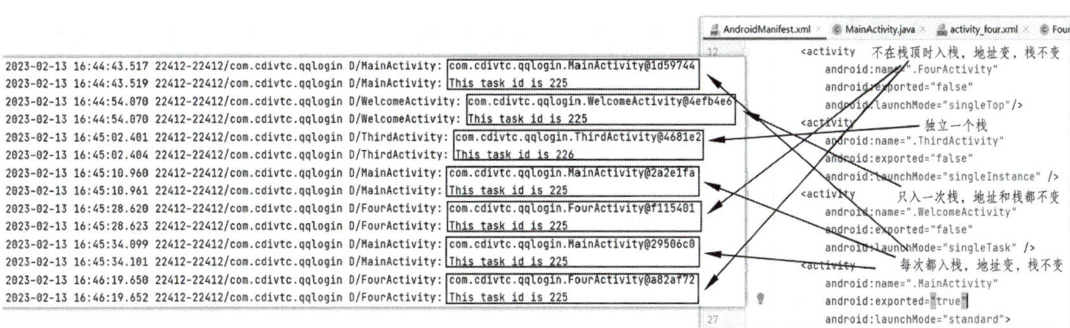

图 1.66　Activity 启动方式运行效果

1.10 项目小结

1.10.1 内容总结

本项目主要学习了用户登录界面 UI 的设计与登录功能的实现，备忘录列表界面设计及显示功能，备忘录的添加、修改、删除的界面设计及功能实现，通过本项目学生可以学习到界面设计的布局、控件、数据存储、SQLite、Activity 组件及相互跳转、点击事件、Intent、数据传递及回传、对话框、ListView、RecyclerView、适配器。

1.10.2 学习总结

（1）请统计本项目中使用了哪几种布局样式和哪几种控件。

布局：
控件：

（2）请分析三种点击事件分别用在什么情况。

OnClick 属性：
匿名内部类：
实现接口：

（3）请使用 XMind 思维导图对本项目的过程及知识进行总结。

项目二　英语学习助手设计制作

【学习目标】

（1）熟悉 Android 项目的开发流程。
（2）掌握 Android 的常见布局方式。
（3）掌握 RecyclerView、自定义对话框等控件的使用。
（4）熟练使用 Android 常见的网络访问和 JSON 数据解析。
（5）掌握数据库和轮播等第三方框架的使用。
（6）掌握数据库的增、删、查、改操作。
（7）掌握 Android 的 Service 服务。
（8）理解 Activity 引导页双击回退等功能实现。
（9）了解数据图表 AndroidMPchar 的使用。

项目 2 基于本地服务器，为主兼容网络版，用户可通过网络接口注册用户并登录，登录后密码可以设置，数据的持久化保存在 SharedPreferences 里。系统引用已生成的数据库 RailwaySystem.db，内含数据表，包括题目表、收藏表、错题集表、历史记录表等。

项目的主要功能模块有客观题型、模拟考试、历史成绩、我的收藏、我的错题、学习统计、使用说明、个人信息、通知通告等。

本项目涉及布局有：

（1）线性布局在 Android 开发过程中会经常使用，它使用<LinearLayout>标签表示。线性布局主要有两种形式，一种是水平线性布局，一种是垂直线性布局。

（2）相对布局是通过相对定位的方式指定控件位置，即以其他控件或父容器为参照物，摆放控件位置。在设计相对布局时要遵循控件之间的依赖关系，后放入控件的位置依赖于先放入的控件。

本项目涉及网络编程框架有：

（1）Okhttp 网络请求框架。OkHttp 是一个由 Square 开发的开源的 Java 库，它的功能是提供一个高效的 HTTP 客户端，它能够支持 HTTP/2 协议，以提高网络通信的效率。OkHttp 可以更有效地处理复杂的 HTTP 请求，如支持 POST、PUT 和 PATCH 请求，并且支持 GZIP 压缩等功能，使得它在安卓开发中变得更加受欢迎。

（2）Okgo 网络请求框架。OkGo 是一个基于 OkHttp 封装的网络请求框架，具有请求缓存、取消功能，支持文件和 JSON 请求，功能强大，使用简单，可以帮助开发者极大地提高网络请求的效率。

2.1　项目概述

本项目的目的是基于真实的 Android 项目开发流程，按照软件工程规范，完成项目的开发，引导学生在项目中加深对 Android 的 UI 进行设计的理解和运用，在项目中逐渐引入样式 Shape 设置、利用 include 引用布局文件、启动引导页、双击回退、Banner 图的运用、引导图的运用、网络请求、JSON 解析、数据库的常见操作等技能点，结合需求分析说明书完成业务模块的实现。

实训的具体内容涵盖 Android 应用程序的创建、应用程序的调试、应用程序界面的设计和编程、数据存储、网络编程、多媒体编程、多线程编程等，让学生在实践中应用所学知识和技能，更好地理解和掌握 Android 开发的基本原理和技术。通过参与项目实训，学生能够从理论到实践的过程中，逐步掌握 Android 开发的流程和方法，培养解决问题和合作的能力。

此外，项目实训还可以帮助学生了解和应用最新的 Android 开发工具和技术，能够跟上快速发展的移动应用行业的步伐。通过实际操作和项目实践，学生能够更好地理解软件开发的整个过程，在项目实训中，还能够学习到如何进行需求分析、项目规划和管理，以及如何进行测试和调试等实际应用技能。总之，项目实训的目的是帮助学生将所学知识应用于实际项目中，提升他们的实践能力和综合素质。

2.2　项目结构

在 Android 项目中，工程结构通常包括以下几个主要组成部分。

（1）src 文件夹：用于存放项目的源代码文件，包括 Java 文件和资源文件。

（2）res 文件夹：用于存放项目的资源文件，包括布局文件、图片文件、字符串文件等。

（3）AndroidManifest.xml 文件：用于配置项目的基本信息，包括应用程序的名称、图标、权限等。

（4）build.gradle 文件：用于配置项目的构建信息，包括依赖库、编译版本等。这些组成部分共同构成了 Android 项目的工程结构，通过合理组织和管理这些文件，可以提高项目的可维护性和可扩展性，从而更好地实现项目的开发目标。

本项目工程结构如图 2.1 所示。

2.3　项目准备工作

在进行 Android 英语学习助手项目开发之前，有一些重要的准备工作需要完成。

确保已经安装了 Java Development Kit（JDK），计算机上已经安装了 JDK1.8，并且已经正确地设置了 JAVA_HOME 环境变量。另外，需要安装好软件 Android Studio，这是一个官方的集成开发环境（IDE），它提供了开发 Android 应用程序所需的工具和资源。在安装 Android Studio 之前，确保计算机满足最低系统要求，并且已经下载了 4.2 版本的 Android Studio 安装程序。接下来需要创建一个新的 Android 项目。在 Android Studio 中，选择“File”菜单，然后选择“New”→“New Project”。在项目设置中，需要指定应用程序的名称、包名和最低支持的 Android 版本等信息。完成这些设置后，便可以开始编写代码并构建 Android 应用程序。

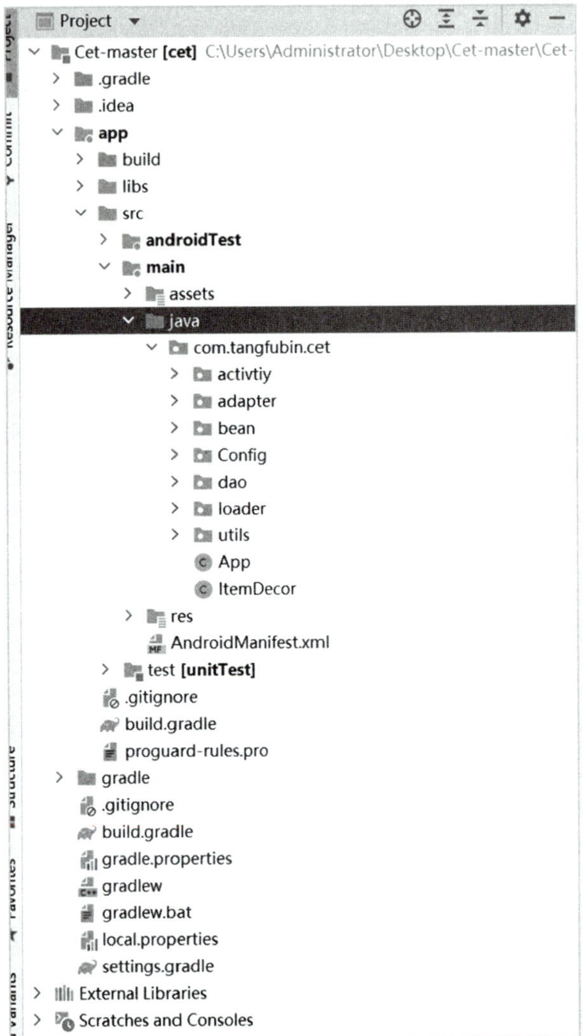

图 2.1　项目结构

在开发项目前期还要做一些准备工作，如设置项目属性，包括项目类型、目标 SDK、目标设备、Minimum SDK；设置添加包名，指定 android 项目应用的唯一标识符；设置并添加应用图标资源；配置 Activity 文件，包括配置布局文件；设置虚拟机，使用 Android 虚拟机运行应用；设置调试，调试应用以及解决 Bug 等，这些设置可以提高项目的开发效率。

当把以上的工作做好后，需要导入图片，在资源 res 文件夹中，新建文件夹 drawable-xxhdpi 文件夹，复制项目所需要的所有的图片资源到此文件夹中，如图 2.2 所示。

在 values 文件夹中新建 dimens.xml，去定义间距标准，通过在 dimens.xml 文件中设置不同的间距数值，可以使得整个应用程序的布局更加统一和规范。这样做不仅可以提高开发效率，还可以确保在不同屏幕尺寸和设备上都能够获得一致的用户体验。

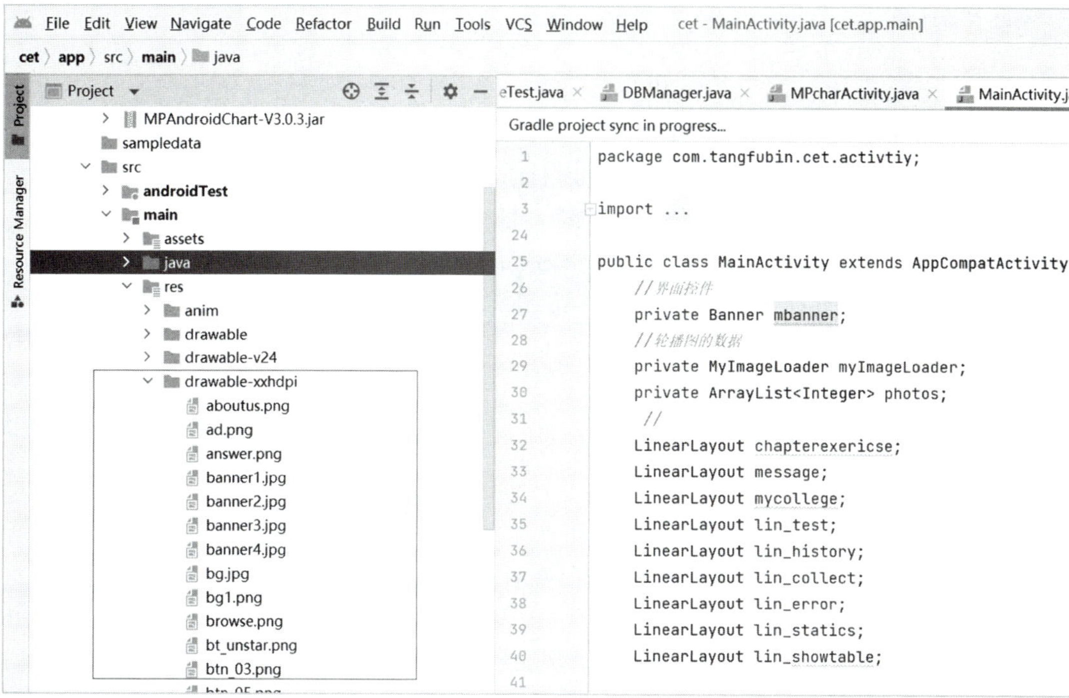

图 2.2　资源文件导入图片

关键代码如下：

```
<dimen name="dimension_f122_dp">-122dp</dimen>
    <dimen name="dimension_f74_dp">-74dp</dimen>
    <dimen name="dimension_f40_dp">-40dp</dimen>
    <dimen name="dimension_f24_dp">-24dp</dimen>
    <dimen name="dimension_f16_dp">-16dp</dimen>
    <dimen name="dimension_f14_dp">-14dp</dimen>
    <dimen name="dimension_f4_dp">-4dp</dimen>
    <dimen name="dimension_f1_dp">-1dp</dimen>
    <dimen name="dimension_0_dp">0dp</dimen>
    <dimen name="dimension_1_dp">1dp</dimen>
    <dimen name="dimension_2_dp">2dp</dimen>
    <dimen name="dimension_3_dp">3dp</dimen>
    <dimen name="dimension_4_dp">4dp</dimen>
    <dimen name="dimension_5_dp">5dp</dimen>
    <dimen name="dimension_6_dp">6dp</dimen>
```

在 values 文件夹中的 color.xml 中定义需要的颜色，目的是更加方便直观在项目中使用颜色。通过在 color.xml 文件中统一管理和命名颜色，开发人员可以更轻松地在整个项目中使用这些颜色，而无须重复定义或查找颜色数值。

关键代码如下：

```
<color name="purple_200">#FFBB86FC</color>
<color name="purple_500">#FF6200EE</color>
<color name="purple_700">#FF3700B3</color>
<color name="teal_200">#FF03DAC5</color>
<color name="teal_700">#FF018786</color>
<color name="black">#FF000000</color>
<color name="white">#FFFFFFFF</color>
```

2.4 项目实现步骤

在实现 Android 应用项目时，首先需要明确项目的需求和目标，这包括功能需求、用户界面设计以及预期的用户体验。开发阶段，需要使用 Android Studio 等开发工具，编写代码并进行单元测试，确保代码质量。在应用开发完成后，进行用户测试以收集反馈，根据反馈进行必要的调整和优化。

要做一个项目，首先要确定项目开发需求，包括功能模块、用户需求、硬件环境和系统架构等。然后编写 Android 开发文档，明确项目的功能模块、用户流程和数据库结构等。接着进行功能模块的开发，包括用户流程、数据库结构、界面布局和接口对接等工作。最后进行 Android 应用程序的测试，修复程序中的 Bug，完善程序功能，才能将应用程序发布上线。

2.4.1 系统登录功能实现

在实现 Android 登录功能模块之前，需要明确一些步骤和要点。Android 登录功能是许多应用程序的基本功能之一，它允许用户通过输入用户名和密码来访问其个人账户，目前主要技术体系分为客户端验证和服务器端验证，本项目采用服务器端验证。

实现登录功能模块的主要思路：

创建用户界面：首先，需要创建一个用户界面，其中包含用户名和密码输入框以及登录按钮。可以使用 XML 布局文件来定义用户界面，并使用 Android 的布局管理器来放置和格式化这些界面元素。然后是处理用户输入数据，需要编写代码来处理用户输入。当用户点击登录按钮时，需要获取用户名和密码输入框中的文本，并将其传递给后续步骤。

验证用户输入：在进行登录之前，需要对用户输入进行验证。这可以包括检查用户名和密码是否为空，以及检查用户名和密码是否与存储在后台服务器上的用户凭据匹配。可以使用正则表达式或其他验证方法来确保输入的有效性。

连接到后台服务器：一旦用户输入通过验证，需要建立与后台服务器的连接。这可以通过使用 Android 的网络访问来实现。可以使用 HTTP 请求将用户输入的用户名和密码发送到服务器，并等待服务器的响应。处理服务器响应，服务器将返回一个响应，包含有关用户登录状态的信息。需要解析服务器响应，并根据其内容来确定用户是否成功登录。如果登录成功，可以将用户重定向到应用程序的主页面或其他相关页面。如果用户输入无效或服务器返回错误响应，需要相应地处理错误。可以显示适当的错误消息，以帮助用户理解问题所在，并提供解决方案。

保存用户会话：一旦用户成功登录，需要保存用户会话以便在应用程序的其他部分使用。这可以通过使用 Android 的共享首选项或数据库来实现。可以将用户的身份验证令牌或其他相关信息保存在本地存储中，以便将来使用。在实现 Android 登录功能时，还需要考虑安全性问题。这包括使用加密算法对用户密码进行加密，确保数据传输过程中的安全性，并防止恶意用户对应用程序进行攻击。

实现 Android 登录功能涉及多个步骤，包括创建用户界面、处理用户输入、验证用户输入、连接到后台服务器、处理服务器响应、错误处理、保存用户会话以及安全性考虑。通过遵循这些步骤，可以实现一个安全可靠的 Android 登录功能，为用户提供良好的登录体验。

本项目登录功能是软件的使用者输入用户名和密码后，在服务器端验证用户的身份信息的功能模块，因此采用了网络请求方式，利用服务器认证方式去验证用户的信息。

具体实现步骤如下：

（1）创建登录 LoginActivity 类，使用软件创建 Activity 更加简单、方便。如果使用编程方式创建 Activity 类，需要在清单文件注册。在 drawable 中新建形状文件 login_lin.xml 文件，定义登录界面需要的形状。

关键代码如下所示：

```
<?xml version="1.0" encoding="utf-8"?>
<shape xmlns:android="http://schemas.android.com/apk/res/android">
<!--圆角-->
<corners android:radius="@dimen/dimension_6_dp"/>
<!--背景颜色-->
<solid android:color="@color/white"/>
</shape>
```

（2）创建登录界面布局文件，注意密码输入需进行 inputType 设置与单行设置。首先需要为密码输入框指定 inputType 属性为"password"，这样用户输入的内容将会被隐藏显示为圆点，保护用户的隐私信息。其次还需要将密码输入框的单行设置为 true，这样用户在输入密码时只能输入单行文本，避免出现换行或者多行输入的情况。通过合理设置密码输入框的 inputType 和单行属性，可以提升用户体验，确保用户能够方便、安全地输入密码信息。

关键代码如下：

```
<EditText
android:layout_width="match_parent"
android:layout_height="match_parent"
android:background="@null"
android:gravity="start|center_vertical"
android:hint="请输入密码..."
android:inputType="textPassword"
android:paddingLeft="@dimen/dimension_10_dp"
```

```
    android:singleLine="true"
    android:textSize="@dimen/dimension_16_dp"/>
```

（3）布局文件的效果如图 2.3 所示。

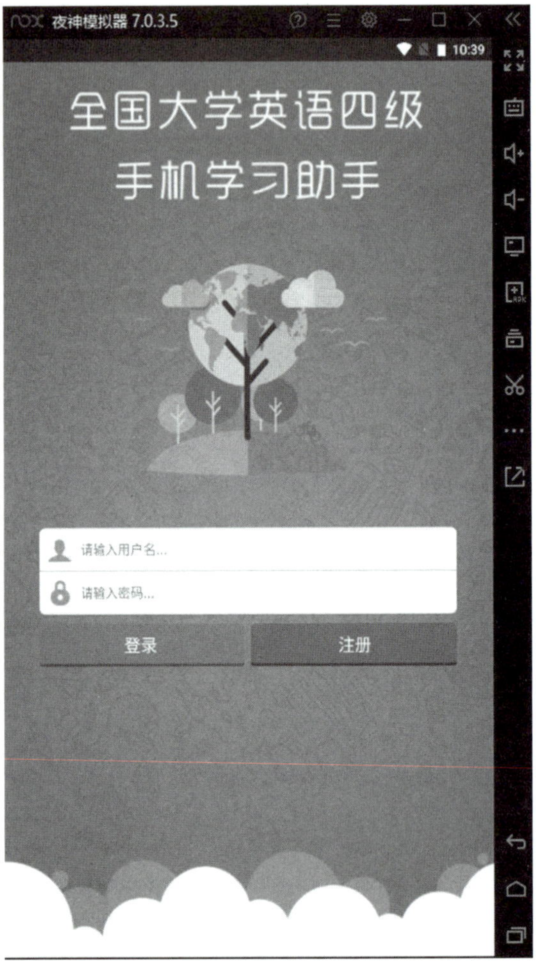

图 2.3　登录模块效果

（4）实现跳转登录：在项目中，确保用户访问网络的流畅性与高效性是每个项目成功的关键。为了达到这一目标并进行高效的开发，在项目中采用了 OKHTTP 网络框架来进行网络访问，通过调取网络接口来完成用户是否已注册的判断。这一过程不仅涉及网络请求的发送与响应数据的获取，还包括在用户点击登录按钮之前的前置验证步骤。

具体而言，系统会首先检查用户是否已输入用户名和密码。这一步骤是在本地进行的，目的是确保在发起网络请求之前，必要的信息已经被填写，从而避免了因信息缺失导致的无效请求，不仅可以提升用户体验，减少用户等待时间，同时也能有效减轻服务器端的压力。这种本地验证的策略，不仅展现了对用户体验细节的关注，也体现了对服务器资源合理利用的考虑，是现代网络应用设计中的一种常见而有效的实践。通过这样的设计，能够确保系统的高效运行，同时也保障了用户体验。

客户端验证的关键代码如下：

```
if (EmptyUtils.isEmpty(mEtUsername.getText().toString().trim())) {
    ToastUtils.showShort("请输入用户名");
    return;
}
if (EmptyUtils.isEmpty(mEtPwd.getText().toString().trim())) {
    ToastUtils.showShort("请输入密码");
    return;
}
```

在判断用户名和密码的过程中，使用了 ToastUtils 工具类。ToastUtils 工具类是一个用于简化 Toast 消息显示的工具类，提供了一系列方便易用的方法，其中包括 showShortToast 和 showLongToast 方法，分别用于显示短暂和长时间的 Toast 消息。另外，该工具类还提供了很多快捷的方法，如 showCustomToast 方法，允许用户自定义 Toast 的显示样式和内容。

ToastUtils 工具类的设计旨在提高开发效率，减少重复代码的编写，使 Toast 消息的显示更加简便和灵活。

ToastUtils 工具类的方法如下：

```
addActivityLifecycleCallbacks: 增加 Activity 生命周期监听
removeActivityLifecycleCallbacks: 移除 Activity 生命周期监听
getAliveActivityByContext: 根据上下文获取存活的 Activity
getActivityByContext: 根据上下文获取 Activity
isActivityExists: 判断 Activity 是否存在
startActivity: 启动 Activity
startActivityForResult: 启动 Activity 为返回结果
startActivities: 启动多个 Activity
startHomeActivity: 回到桌面
getActivityList: 获取 Activity 栈链表
getLauncherActivity: 获取启动项 Activity
getMainActivities: 获取主的 Activity 们
getTopActivity: 获取栈顶 Activity
isActivityAlive : 判断 Activity 是否存活
isActivityExistsInStack: 判断 Activity 是否存在栈中
finishActivity: 结束 Activity
finishToActivity: 结束到指定 Activity
finishOtherActivities: 结束所有其他类型的 Activity
finishAllActivities: 结束所有 Activity
finishAllActivitiesExceptNewest : 结束除最新之外的所有 Activity
```

```
isEmpty: 判断字符串是否为 null 或长度为 0
isTrimEmpty: 判断字符串是否为 null 或全为空格
isSpace: 判断字符串是否为 null 或全为空白字符
equals: 判断两字符串是否相等
equalsIgnoreCase: 判断两字符串忽略大小写是否相等
null2Length0: null 转为长度为 0 的字符串
length: 返回字符串长度
upperFirstLetter: 首字母大写
lowerFirstLetter: 首字母小写
reverse : 反转字符串
toDBC: 转化为半角字符
toSBC: 转化为全角字符

setGravity : 设置吐司位置
setBgColor: 设置背景颜色
setBgResource : 设置背景资源
setMsgColor: 设置消息颜色
setMsgTextSize : 设置消息字体大小
```

在代码中运用到了一个第三方框架 blankj:utilcodex，依赖地址：implementation 'com. blankj: utilcodex:1.31.1'，这个框架可以很方便地把常见的 Android 工具类分别进行整合，例如以下是 Activity 相关的工具方法，用到的是字符串判断相关方法和消息显示相关方法：

```
showShort          : 显示短时吐司
showLong           : 显示长时吐司
showCustomShort: 显示短时自定义吐司
showCustomLong : 显示长时自定义吐司
cancel               : 取消吐司显示
```

本项目采用的网络接口为智慧城市的测试接口。接口地址是：124.93.196.45，需要检查远程服务器是否正确，通过利用网络测试工具，例如 postman 测试网络接口地址是否正确的，采用 post 请求方式构建出需要传入的参数信息，对请求成功后的 JSON 数据进行解析处理。

在项目中通过网络框架进行判断的关键代码如下：

```
    String account = mEtName.getText().toString().trim();
        String password = mEtPsd.getText().toString().trim();
        // new 一个 okhttp 客户端
        OkHttpClient httpClient = new OkHttpClient.Builder().build();
        // head content-type
        Map<String,String> map = new HashMap<>();
        // 放进参数 1
```

```
        map.put("username",account);
        // 放进参数 2
        map.put("password",password);
        //java 对象序列化成 JSON 对象
        String json = new Gson().toJson(map);
        // 创建请求体
        RequestBody body = FormBody.create(MediaType.parse("application/json"),json);
        // 创建请求
        Request request = new Request.Builder()
                // 放入 url
                .url("http://124.93.196.45:10001/prod-api/api/login")
                // 确定请求方法并放入请求体
                .method("POST",body)
                // 完成构建
                .build();
        // 载入请求 异步的回调
        Call call = httpClient.newCall(request);
        // 同步 阻塞当前的线程
        // 异步 创建一个线程去完成任务,主线程继续完成其他的事情
        call.enqueue(new Callback() {
            @Override
            public void onFailure(@NonNull Call call, @NonNull final IOException e) {
                // 子线程不能直接更新 UI 线程(主线程)
                runOnUiThread(new Runnable() {
                    @Override
                    public void run() {
                        // 这里的失败是客户端的问题，因为客户端无法连接服务器
(或者服务器的 ip 有变化)
                        // 产生网络连接失败的提示
                        Toast.makeText(LoginActivity.this," 网 络 连 接 失 败 :"+e.get
Message(),Toast.LENGTH_LONG).show();
                    }
                });

            }

            @Override
            public void onResponse(@NonNull Call call, @NonNull final Response
```

```
response) throws IOException {
                    // 子线程不能直接更新 UI 线程(主线程)
                    runOnUiThread(new Runnable() {
                        @Override
                        public void run() {
                            // 服务器成功响应
                            String result = null;
                            try {
                                result = response.body().string();
                            } catch (IOException e) {
                                e.printStackTrace();
                            }
                            // 为了程序的严谨性
                            if (result == null) {
                                Toast.makeText(LoginActivity.this,"响应错误！ ",Toast.
LENGTH_LONG).show();
                                return;
                            }
                            // 反序列化解析出来  json -> hashMap(java 对象)
                            HashMap hashMap = new Gson().fromJson(result, HashMap.
class);
                            // 将返回的结果进行打印
                           Toast.makeText(LoginActivity.this, (String) hashMap.get("msg"),
Toast.LENGTH_LONG).show();
                        }
                    });
                }
            });
        }
```

2.4.2 系统注册功能实现

为了确保用户体验的流畅性和数据安全性，项目采取了通过网络接口进行调试的策略，确保注册点击事件和获取验证码的过程既准确又高效。

该模块的开发遵循“先实现，后优化”的原则，旨在快速搭建起基础框架，再针对性地进行细节调整和性能提升。在用户操作方面，系统要求用户必须输入用户名、密码、电子邮箱地址以及验证码。若用户未能完成所有必填信息的输入，系统将提供清晰的提示信息，指导用户正确填写。当用户点击获取验证码时，系统将自动触发邮件验证事件，向用户的电子邮箱发送数字验证码，同时，也考虑到了短信认证作为备选方案，以适应不同用户的需求。

用户输入正确的验证码并点击注册按钮后，系统将与服务器进行通信，只有在网络状态良好且用户名未被占用的情况下，用户才能成功注册。否则，系统将返回用户名已被占用的错误信息，确保用户能够及时了解注册状态并作出相应的调整。整个过程中，特别注重对网络接口的调试和 JSON 数据的解析，以及逻辑判断的准确性，确保注册模块的稳定运行和用户数据的安全。

系统注册模块的实现步骤如下：

1. 注册点击事件的实现

该版块是系统注册模块，需要通过网络接口进行调试。在注册过程中，用户需要点击事件来完成相关操作，同时也需要获取验证码以确保安全性。这些操作都需要通过调用网络接口来实现。网络接口的调试是确保注册功能正常运行的重要步骤，需要仔细检查接口的连接和数据传输是否正常。同时，注册板块还需要考虑用户体验和数据安全性，确保用户信息的保护和注册流程的顺畅进行。因此，在开发注册模块时，需要注意网络接口的调试和优化，以提高注册功能的稳定性和用户体验。

关键代码如下：

```
@OnClick({R.id.tv_register, R.id.tv_back, R.id.tv_getcode})
public void onClick(View view){
    switch (view.getId()){
        //注册点击事件
        case R.id.tv_register:
            register();
            break;
        //返回上一级登录页面
        case R.id.tv_back:
            finish();
            break;
        //获取验证码
        case R.id.tv_getcode:
            getCode();
            break;
    }
}
```

2. 通过 OKGO 网络访问框架访问接口

在进行获取验证码的过程中，首先必须对用户输入的手机号进行判断，确保其格式正确且不为空。一旦手机号验证通过，网络会返回一个包含验证码信息的 JSON 字符串。在接收到

JSON 字符串后，需要对其进行解析，并根据其中的状态信息来判断验证码是否成功发送。通过这一系列的步骤，可以确保用户能够顺利接收到验证码，并且系统能够及时有效地处理验证码发送的状态。

关键代码如下：

```
/**
 * 获取验证码
 */
private void getCode(){
    if (!RegexUtils.isMobileExact(mEdPhone.getText().toString().trim())) {
        ToastUtils.showShort("请输入正确的电话号码");
        return;
    }
    String url = "http://wehang.net/lottery/" + "appservice/basic/verify";
    OkGo.post(url)
            .params("phone", mEdPhone.getText().toString().trim())
            .execute(new StringCallback() {
                @Override
                public void onSuccess(String s, Call call, Response response){
                    StringBean stringBean = new Gson().fromJson(s,StringBean.class);
                    if (stringBean.status == 0){
                        mTvGetcode.setText("已发送");
                        finish();
                    }else{
                        ToastUtils.showShort(stringBean.msg);
                    }
                }
            });
}
```

3. 用户注册实现

先判断是否输入验证码和用户名。验证码的输入可以有效地防止恶意注册和机器人注册，确保用户身份的真实性和安全性。作为用户在平台上的唯一标识，用户名需要在注册时进行唯一性检查，避免重复和混淆。

在移动端验证验证码和用户名的输入，可以提高用户注册过程的安全性和顺畅性，为后续的用户体验打下良好的基础，确保注册流程的顺利进行。通过传递参数“phone”“pwd”和“code”，并在成功响应时解析返回的 JSON 数据。如果返回的状态为 0，则显示“注册成功”的提示并结束当前活动；否则显示返回的错误信息。

关键代码如下：

```
/**
 * 注册
 */
private void register(){
    if (EmptyUtils.isEmpty(mEdPhone.getText().toString().trim())){
        ToastUtils.showShort("请输入正确的电话号码");
        return;
    }
    if (EmptyUtils.isEmpty(mEtPwd.getText().toString().trim())){
        ToastUtils.showShort("请输入密码");
        return;
    }
    if (EmptyUtils.isEmpty(mEdCode.getText().toString().trim())){
        ToastUtils.showShort("请输入验证码");
        return;
    }
    String url = "http://wehang.net/lottery/" + "appservice/basic/register";
    OkGo.post(url)
            .params("phone", mEdPhone.getText().toString().trim())
            .params("pwd", mEtPwd.getText().toString().trim())
            .params("code", mEdCode.getText().toString().trim())
            .execute(new StringCallback() {
                @Override
                public void onSuccess(String s, Call call, Response response){
                    StringBean stringBean = new Gson().fromJson(s,StringBean.class);
                    if (stringBean.status == 0){
                    ToastUtils.showShort("注册成功");
                    finish();
                    }else{
                    ToastUtils.showShort(stringBean.msg);
                    }
                }
            });
}
```

注册成功后点击“返回”，可以返回登录界面，实现效果如图 2.4 所示。

图 2.4　注册模块效果

2.4.3　系统主界面实现

在开发基于 Android App 的项目时，有一个具有吸引力的主界面对于每个使用者的第一感觉非常重要。顶部的轮播图设计旨在吸引用户的注意力，并提供一个直观的方式来展示应用的特色或最新资讯。要实现这一功能，可以通过使用 Android Studio 中的 ViewPager 配合 Adapter 来完成，确保图片能够自动滚动并允许用户手动滑动查看不同的图片。为了快捷开发，本项目采用第三方框架实现。

主界面中间区域采用九宫格的布局模式，这种布局不仅可以有效地利用空间，还能以直观的方式展示应用的主要功能模块。通过使用 GridLayout 或者自定义 GridView，可以轻松地实现这一布局，每个格子内可以放置图标和文字，用以表示不同的功能。

主界面底部的版权声明区是展示应用版权信息和其他法律信息的重要区域。这部分可以通过在布局文件中使用 TextView 来实现，确保在界面的底部恰当地展示必要的文本信息。

整个界面的设计和实现需要提前规划好，才能使用户界面既美观又实用。

1. 引入布局主界面的第三方控件

Banner（横幅）图的控件是引用第三方的控件。Banner 图是非常重要的元素之一，它可以吸引用户的注意力并传达重要信息。为了实现不同样式和功能的 Banner 图，通常会引用三方的控件。这些控件可以提供丰富的定制选项，如动画效果、自动播放、响应式设计等，帮助项目软件更好地展示产品或服务。通过使用第三方控件，可以节省开发时间，同时确保 Banner 图的质量和性能。

引用第三方控件的布局的关键代码如下：

```
<com.allure.lbanners.LMBanners
    android:id="@+id/banners"
    android:layout_width="match_parent"
    android:layout_height="@dimen/dimension_176_dp"
    app:canLoop="true"
    app:isVertical="false"
    app:auto_play="true"
    app:durtion="4000"
    app:scroll_duration="3000"
    app:indicator_select="@drawable/select"
    app:indicator_unselect="@drawable/unselect"
    app:horizontal_transitionEffect="zoom"
    app:indicator_position="bottom_mid">
</com.allure.lbanners.LMBanners>
```

2. 引用 include 的方法分层布局

通过使用 include，可以将重复的内容（如页眉、页脚、侧边栏等）单独存储在一个文件中，并在需要的页面中引用它们，从而实现代码的重用和维护的便利性，提高开发效率，使代码更加整洁和易于管理。使用 include 还有助于提高 App 的性能，减少页面加载时需要下载的文件数量，从而加快页面加载速度。

关键代码如下：

```
<include layout="@layout/main_content"/>
```

下边版块需要运用权重，并且给点击添加水波纹效果（水波纹效果是在 Android 5.0 以后才有的效果，模拟器没有效果，可能是因为模拟器一般是 5.0 以下的版本）。

关键代码如下：

```
<LinearLayout
        android:id="@+id/lin_chapterexericse"
        android:layout_width="@dimen/dimension_0_dp"
        android:layout_height="match_parent"
        android:layout_weight="1"
        android:clickable="true"
        android:foreground="?android:selectableItemBackground"
        android:gravity="center"
```

```
            android:orientation="vertical">
            <ImageView
                android:layout_width="@dimen/dimension_56_dp"
                android:layout_height="@dimen/dimension_56_dp"
                android:adjustViewBounds="true"
                android:src="@drawable/chapterexericse"/>
            <TextView
                android:layout_width="wrap_content"
                android:layout_height="wrap_content"
                android:layout_marginTop="@dimen/dimension_6_dp"
                android:text="客观题型"
                android:textColor="@color/black"
                android:textSize="@dimen/dimension_16_dp"/>
    </LinearLayout>
```

3. 双击返回实现

当用户按下返回键时，先判断是否已经设置 isExit 为 true，如果是，则直接调用 finish()方法关闭当前 Activity 并退出应用；如果不是，则显示一个短暂的 Toast 提示用户再次点击返回键即可退出应用，并设置 isExit 为 true，然后通过 Handler 延迟 2 s 发送一条空消息。

关键代码如下：

```
 @Override
public void onBackPressed() {
    if (isExit) {
        finish();
        System.exit(0);
    } else {
        ToastUtils.showShort("再点击一次就退出应用");
        isExit = true;
        mHandler.sendEmptyMessageDelayed(0,2000);
    }
}
```

在移动应用程序中，为了提高用户体验和便利性，通常会实现双击退出功能。用户可以通过快速双击返回按钮或者屏幕上的特定区域来退出应用程序，而不必多次按下返回按钮或者通过其他方式退出。这种功能的设计可以帮助用户更快速地退出应用程序，节省时间和精力。双击退出还可以减少用户因为误操作而导致的不必要的困扰和烦恼，提高用户对应用程序的满意度和忠诚度。

双击退出的关键代码如下：

```
//判断是否双击退出
    private boolean isExit;
    //双击退出的 handler
    Handler mHandler=new Handler(){
        @Override
        public void handleMessage(Message msg) {
            super.handleMessage(msg);
            isExit =true;
        }
    };
```

4. 设置适配器

在进行 Banner 图的初始化时，需要使用已经编写好的 adapter。因为在 Banner 图中使用了 handler 来处理事件，所以需要在生命周期的 onResume、onPause、onDestroy 中停止事件，以节省资源。在 onResume 中，会启动 handler 来处理事件，在 onPause 中暂停 handler 以避免资源浪费，而在 onDestroy 中则会释放 handler 的资源。

创建一个包含本地 banner 图片资源的列表，并设置相应的 adapter，实现了轮播功能。这种方法适用于引入本地图片，若需引入网络图片，则需要调整 adapter 的实现。在这个过程中，第一个参数是 adapter，第二个参数是包含图片资源的列表。

关键代码如下：

```
/**
     * 加载轮播图
     */
    private void initBanner() {
        List list = new ArrayList();
        list.add(R.drawable.banner2);
        list.add(R.drawable.banner3);
        list.add(R.drawable.banner4);
        //设置 adapter
        /**
         * 这种引进本地 banner 图片（引入网络图片--->adapter 就不一样了）
         * 第一参数是 adapter
         * 第二个参数是 list（装的是图片）
         */
        mLMBanners.setAdapter(new LocalImgAdapter(this), list);
    }
```

5. 创建 Banner 图的适配器

新建一个适配器类，其中包含一个用于设置图片的方法。通过 LayoutInflater 加载布局文件，然后为 ImageView 设置相应的图片资源。

在该类中重写了 getView 方法，该方法用于返回一个 View 对象，用于显示轮播图中的图片。在方法中，首先通过 LayoutInflater.from(mContext)获取一个布局文件 item 的 View 对象，然后通过 findViewById 方法找到其中的 ImageView 控件，并将传入的 Integer 类型数据设置为该 ImageView 的图片资源。最后，为 ImageView 控件设置了一个点击事件监听器。

通过自定义的适配器类 LocalImgAdapter 来为轮播图组件提供图片展示的功能，重写 getView 方法，可以实现对图片资源的设置和点击事件的监听。若需要进一步的功能扩展或修改，可以在 getView 方法中进行相应的操作。

关键代码如下：

```
public class LocalImgAdapter implements LBaseAdapter<Integer> {
    private Context mContext;
    public LocalImgAdapter(Context context) {
        mContext=context;
    }

    @Override
    public View getView(final LMBanners lBanners, final Context context, int position,
Integer data) {
        View view = LayoutInflater.from(mContext).inflate(R.layout.item, null);
        ImageView imageView = (ImageView) view.findViewById(R.id.id_image);
        imageView.setImageResource(data);
        imageView.setOnClickListener(new View.OnClickListener() {
            @Override
            public void onClick(View v) {
            }
        });
        return view;
    }
}
```

6. Banner 图的停止事件

在 Android 应用开发中如何在 Activity 生命周期方法中控制事件的执行，以节省资源和提高性能。在 onPause()方法中，通过调用 stopImageTimerTask()方法停止了图片轮播任务，这可以有效减少后台资源的占用。而在 onResume()方法中，调用 startImageTimerTask()方法重新启动了图片轮播任务，确保用户在返回应用时可以继续享受图片轮播功能。在 onDestroy()方法中，调用 clearImageTimerTask()方法清除了图片轮播任务，释放资源并避免内存泄漏问题的发生。

关键代码如下：

```
//停止事件,节省资源
@Override
protected void onPause() {
    super.onPause();
    mLMBanners.stopImageTimerTask();
}

@Override
protected void onResume() {
    super.onResume();
    mLMBanners.startImageTimerTask();
}

@Override
protected void onDestroy() {
    super.onDestroy();
    mLMBanners.clearImageTimerTask();
}
```

7. 功能的点击事件

点击图片按钮跳转到不同的页面，Android 应用程序中的点击事件处理逻辑：通过 @OnClick 注解标记了多个视图的点击事件，并在点击时根据视图的 ID 执行相应的操作。采用 switch 语句，根据不同视图的 ID 执行不同的 Intent 意图，如跳转到不同的 Activity 或展示对话框等。

设置不同的点击事件，实现了对应功能的跳转和处理。

关键代码如下：

```
    @OnClick({R.id.lin_error, R.id.lin_message, R.id.lin_statics, R.id.lin_history, R.id.lin_
chapterexericse, R.id.lin_collect, R.id.lin_updatapasswd, R.id.lin_test})
    public void onClick(View view) {
        switch (view.getId()) {
            //客观题型
            case R.id.lin_chapterexericse:
                Intent chapterexericseIntent = new Intent(this, SubjectiveActivity.class);
                startActivity(chapterexericseIntent);
                break;
            //个人信息
            case R.id.lin_updatapasswd:
```

```
                break;
            //我的收藏
            case R.id.lin_collect:
                if (DataSupport.findAll(Collect.class).size() > 0) {
                    Intent collectsIntent = new Intent(this, CollectsActivity.class);
                    startActivity(collectsIntent);
                } else {
                    ToastUtils.showShort("收藏列表为空");
                }
                break;
            //模拟考试
            case R.id.lin_test:
                new AlertDialog.Builder(this)
                    .setTitle("温馨提示")
                    .setMessage("考试是随机 25 题精选考试，满分 100 分，考试时间
是 20 分钟。\n\n 姓名:wuguoyou")
                    .setPositiveButton("确定", new DialogInterface.OnClick Listener() {
                        @Override
                        public void onClick(DialogInterface dialogInterface, int i) {
                                Intent testIntent = new Intent(MainActivity.this,
TestActivity.class);
                            startActivity(testIntent);
                        }
                    })
                    .setNegativeButton("取消", null)
                    .show();
                break;
            //历史成绩
            case R.id.lin_history:
                startActivity(new Intent(this, HistoryActivity.class));
                break;
            //学习统计
            case R.id.lin_statics:
                startActivity(new Intent(this, StaticsActivity.class));
                break;
            //我的错题
            case R.id.lin_error:
                if
(EmptyUtils.isNotEmpty(SPUtils.getInstance().getString(AppConfig.WRONG_JSON))) {
```

```
                startActivity(new Intent(this, MyWrongActivity.class));
            } else {
                ToastUtils.showShort("我的错题列表为空");
            }
            break;
        //通知\通告
        case R.id.lin_message:
            startActivity(new Intent(this, MessageActivity.class));
            break;
    }
}
```

系统主界面的效果如图 2.5 所示。

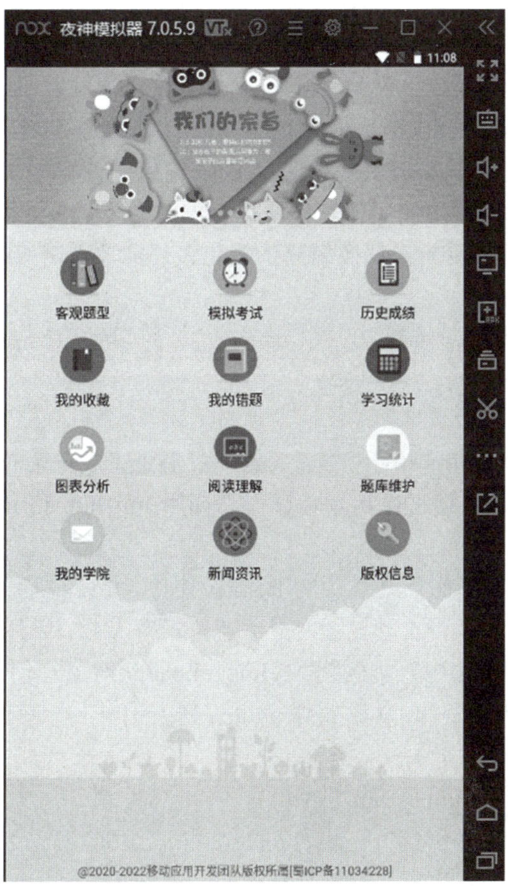

图 2.5 主界面的效果

2.4.4 主界面轮播图实现

Android 主界面轮播图的设计与实现已成为提升用户体验和界面美观度的重要手段之一。实现轮播图的思路主要涉及几个关键技术点，包括图片资源的管理、自动播放与手动滑动控制及页面指示器的同步更新等。

读者可以选择将图片资源存放在本地或通过网络请求动态获取，同时考虑到应用性能和用户体验，采用异步加载和缓存机制来优化图片的加载速度和减少内存的占用。轮播图的自动播放功能通常通过定时器（如 Handler 或 ScheduledExecutorService）来实现，定时器周期性地触发轮播事件，实现图片的自动切换，手动滑动控制则需要借助 ViewPager 或 RecyclerView 等组件，采用监听用户的滑动操作来实现图片的切换。为了增强用户交互体验，可以在轮播图下方添加页面指示器，指示器的更新需要与轮播图的页面切换同步，可以采用监听轮播图的页面状态变化来实现。总的说来，轮播图的实现需要综合运用 Android 开发中的多项技术。

本项目采用第三方框架可以更快捷地完成主界面轮播图的功能，具体步骤如下：

1. 引入第三方框架依赖

开发者需要明确自己所需引入的依赖包的具体功能与版本号，以确保依赖包能够满足开发需求且与应用的其他部分兼容。在项目的 build.gradle 文件中，开发者需按照 Gradle 的语法规范，将依赖包的坐标正确添加至 dependencies 节点下，格式通常为 implementation 'groupId:artifactId:version'。考虑到网络环境的不确定性，开发者还应当配置合适的仓库地址，如 jcenter()或 mavenCentral()，以确保依赖包能够被顺利下载。在依赖包引入后，还需要对项目进行同步，这一步骤将会触发 IDE 对新引入的依赖包进行解析和下载，只有在这一过程无误完成后，开发者才能在项目中使用依赖包所提供的类和方法。值得注意的是，随着项目的迭代与发展，开发者可能需要更新或替换部分依赖包，还需要及时维护和更新依赖包。

关键代码如下：

```
implementation 'io.github.youth5201314:banner:2.2.2' // banner 依赖
```

2. 新建 Activity 布局文件

对 Android 应用中的 MainActivity 类进行编写，主要完成一个轮播图功能。在 onCreate 方法中，获取传递的 Bundle 数据进行初始化操作，调用 initData 和 initView 方法进行数据和界面的初始化。

在 initView 方法中，找到布局文件中的 Banner 控件，并设置了轮播的样式、图片加载器、动画效果、轮播间隔时间、是否自动轮播、指示器位置等参数，采用设置要显示的图片地址并启动轮播图。在 initData 方法中，实例化 MyImageLoader 对象，创建了一个存放图片资源 ID 的 ArrayList，并将一些图片资源 ID 添加到 photos 列表中。

关键代码如下：

```
<?xml version="1.0" encoding="utf-8"?>
<LinearLayout xmlns:android="http://schemas.android.com/apk/res/android"
    xmlns:app="http://schemas.android.com/apk/res-auto"
    xmlns:tools="http://schemas.android.com/tools"
    android:layout_width="match_parent"
    android:layout_height="match_parent"
    tools:context=".MainActivity">
```

```
    <com.youth.banner.Banner
        android:id="@+id/banner"
        android:layout_width="match_parent"
        android:layout_height="200dp"
        app:layout_constraintBottom_toBottomOf="parent"
        app:layout_constraintTop_toTopOf="parent" />

</LinearLayout>
```

主界面逻辑文件

```
package com.example.myapplication34;

import android.os.Bundle;

import com.youth.banner.Banner;
import com.youth.banner.BannerConfig;
import com.youth.banner.Transformer;
import java.util.ArrayList;
import androidx.appcompat.app.AppCompatActivity;

public class MainActivity extends AppCompatActivity {
    //界面控件
    private Banner mbanner;
    //轮播图的数据
    private MyImageLoader myImageLoader;
    private ArrayList<Integer> photos;

    @Override
    protected void onCreate(Bundle savedInstanceState) {
        super.onCreate(savedInstanceState);
        setContentView(R.layout.activity_main);
        Bundle bundle = getIntent().getBundleExtra("bundle");
        initData();
        initView();
    }

    //界面初始化
    private void initView() {
        mbanner = (Banner) findViewById(R.id.banner);
        //设置轮播的样式
```

```
            mbanner.setBannerStyle(BannerConfig.CIRCLE_INDICATOR);
//CIRCLE_INDICATOR
            //设置图片加载器
            mbanner.setImageLoader(myImageLoader);
            //设置轮播的动画效果,里面有很多种特效,可以都看看效果
            mbanner.setBannerAnimation(Transformer.ZoomOutSlide);
            //设置轮播间隔时间
            mbanner.setDelayTime(3000);
            //设置是否为自动轮播，默认是 true
            mbanner.isAutoPlay(true);
            //设置指示器的位置，小点点，居中显示
            mbanner.setIndicatorGravity(BannerConfig.CENTER);
            //设置图片加载地址
            mbanner.setImages(photos)
                    //开始调用的方法，启动轮播图
                    .start();
        }

        //数据初始化
        private void initData() {
            myImageLoader = new MyImageLoader();
            //将轮播的图片放在 photos 那里
            photos = new ArrayList<Integer>();
            photos.add(R.mipmap.photo2);
            photos.add(R.mipmap.photo1);
            photos.add(R.mipmap.photo3);
            photos.add(R.mipmap.photo4);
            photos.add(R.mipmap.photo5);
            photos.add(R.mipmap.photo6);
        }
    }
```

3. 设置图片源数据

新建自定义的图片加载器（MyImageLoader），继承自 Banner 库中的 ImageLoader 类。采用 Glide 库来加载图片，重写 ImageLoader 类中的 displayImage 方法，该方法用于显示图片。在这个自定义的 displayImage 方法中，采用 Glide.with(context.getApplicationContext()) 来初始化 Glide，并使用 load(path)加载指定路径的图片，采用 into(imageView)将图片显示在 ImageView 上。

关键代码如下：

```
package com.example.myapplication34;

import android.content.Context;
import android.widget.ImageView;

import com.bumptech.glide.Glide;
import com.youth.banner.loader.ImageLoader;

public class MyImageLoader extends ImageLoader {
    @Override
    public void displayImage(Context context, Object path, ImageView imageView) {
        Glide.with(context.getApplicationContext())
                .load(path)
                .into(imageView);
    }
}
```

主页面轮播图实现效果如图 2.6 所示。

图 2.6　主界面轮播图效果

2.4.5 数据库的设计实现

项目使用本地 SQLite 数据库来存储英语客观题数据。SQLite 是一种轻量级的关系型数据库管理系统，在移动应用开发中被广泛应用。开发者可以方便地在本地设备上存储和管理数据，而无须依赖网络连接。SQLite 数据库还提供了强大的查询功能和事务支持，使开发人员能够更灵活地操作数据。具体使用步骤如下：

1. 数据库框架依赖包的导入

数据库框架是一种用于简化数据库操作的工具，它提供了一组 API 和工具，使开发人员能够更轻松地与数据库进行交互。在项目中能够顺利地使用数据库框架，需要导入相应的依赖包，采用静态方式导入依赖包，需要将依赖包放到工程结构 libs 文件下，如图 2.7 所示。

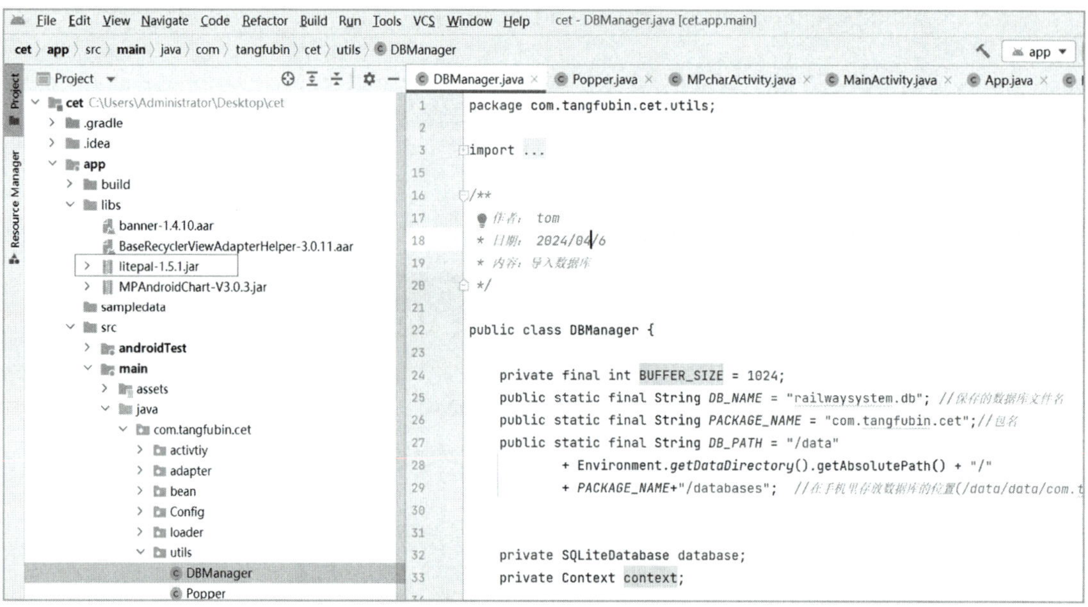

图 2.7 将依赖包放到工程结构 libs 文件下

关键代码如下：

```
implementation files('libs/litepal-1.5.1.jar')
```

2. 数据库设计与题目数据的读取

实现客观题型练习模块的基础是构建一个合理的数据库结构。SQLite 作为一种轻量级的数据库，非常适合嵌入式系统和移动应用，因此成为存储本地题目数据的理想选择。在设计数据库时，需要考虑到题目的多样性和复杂性，如选择题、判断题等。读者可以根据 E_R 图等工具来设计数据表，一个基本的数据库表设计可能包括题目 ID、题干、选项、正确答案和题目解析等字段。

本项目通过 Android 的 SQLiteOpenHelper 类和 SQLiteDatabase 类，可以实现对数据库的创建、访问和管理。应用程序在启动时，从 SQLite 数据库中读取题目数据，准备好供用户进行练习。在项目中的 util 包下新建一个数据库工具类 DBManager，用于管理数据库的创建、导入和打开。通过该类，可以实现数据库文件的导入和打开操作，同时在该类中定义数据库文件的存储路径和相关常量。

数据库操作的关键代码如下：

```
public class DBManager {

    private final int BUFFER_SIZE = 1024;
    public static final String DB_NAME = "railwaysystem.db"; //保存的数据库文件名
    public static final String PACKAGE_NAME = "com.tangfubin.cet";//包名
    public static final String DB_PATH = "/data"
            + Environment.getDataDirectory().getAbsolutePath() + "/"
            + PACKAGE_NAME+"/databases";    //在手机里存放数据库的位置(/data/data/
com.tangfubin.cet/railwaysystem.db)

    private SQLiteDatabase database;
    private Context context;

    public DBManager(Context context){
        this.context = context;
    }
    public SQLiteDatabase getDatabase(){
        return database;
    }
    public void setDatabase(SQLiteDatabase database){
        this.database = database;
    }
    public void openDatabase(){
        this.database = this.openDatabase(DB_PATH + "/" + DB_NAME);
    }
    private SQLiteDatabase openDatabase(String dbfile){

        try{
            File destDir = new File(DB_PATH);
            if (!destDir.exists()) {
                destDir.mkdirs();
            }
```

```
            if (!(new File(dbfile).exists())) {
                //判断数据库文件是否存在，若不存在则执行导入，否则直接打开数据库
                InputStream is = this.context.getResources().openRawResource(
                        R.raw.railwaysystem); //欲导入的数据库
                FileOutputStream fos = new FileOutputStream(dbfile);
                byte[] buffer = new byte[BUFFER_SIZE];
                int count = 0;
                while ((count = is.read(buffer)) > 0) {
                    fos.write(buffer, 0, count);
                }
                fos.close();
                is.close();
                //Toast.makeText(context, "数据库导入完毕", Toast.LENGTH_SHORT).
show();
                Log.i("导入活动单元"+context, ",+++      openDatabase: 数据库导入完毕");
            }
            SQLiteDatabase db = SQLiteDatabase.openOrCreateDatabase(dbfile,null);
            return db;

        } catch (FileNotFoundException e) {
            Log.e("Database", "File not found");
            e.printStackTrace();
        } catch (IOException e) {
            Log.e("Database", "IO exception");
            e.printStackTrace();
        }
        return null;
    }

    public void closeDatabase(){
        this.database.close();
    }
}
```

3. 数据库框架导入测试

调用 DataSupport 类的 findAll 方法来测试数据库的全查操作，可以获取到 Answer 类的所有数据并进行遍历输出。

关键代码如下：

```
public class DateBaseTest extends AppCompatActivity {

    @Override
    protected void onCreate(Bundle savedInstanceState) {
        super.onCreate(savedInstanceState);
        setContentView(R.layout.activity_date_base_test);
    }

    public void litepal(View view) {
        //全查
       List<Answer> list = DataSupport.findAll(Answer.class);
        for (int i = 0; i < list.size(); i++) {
            Log.i("====",list.get(i).toString());
        }
    }
}
```

4. 导入后效果测试

点击测试按钮，查看日志文件，在控制台中如果出现如图 2.8 所示的数据信息，则说明数据库框架导入成功，已成功从数据库获取到所有题目的数据信息。

从控制台输出数据库的数据效果如图 2.8 所示。

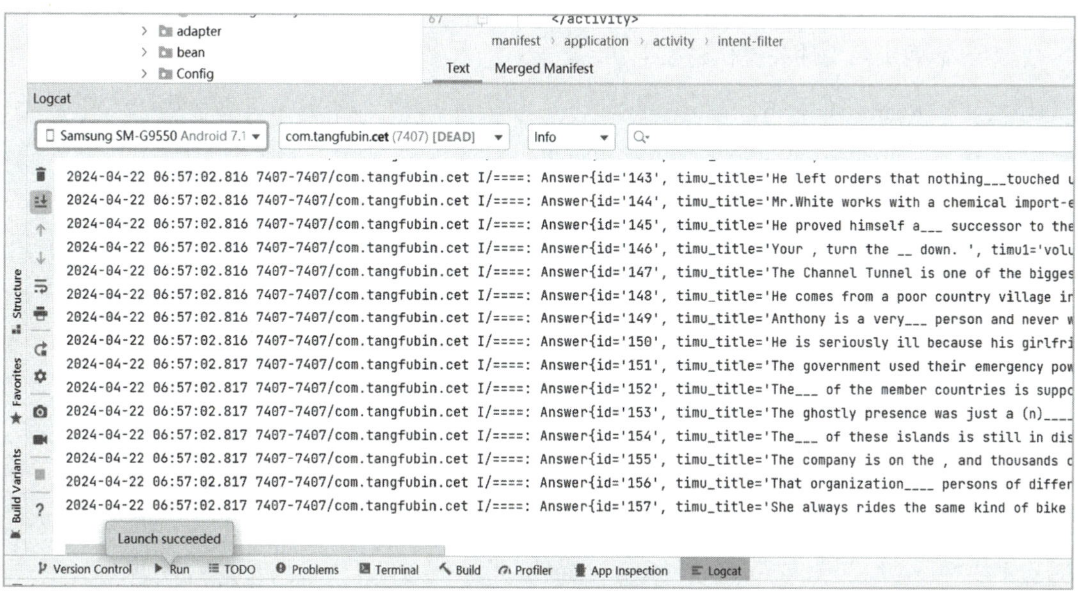

图 2.8　控制台输出数据库的数据效果

2.4.6 客观题型模块实现

实现一个客观题型练习模块的开发，需要综合考虑数据库设计、用户交互界面设计以及答题和反馈机制的实现。从 SQLite 数据库中读取题目数据、设计易用的交互界面和提供即时的答题反馈，提升用户的学习效率。

Android App 客观题型练习模块实现的需求是，从本地数据库 sqlite 中读取题目数据，然后使用者阅读题目，选择答案，App 会判断正确的答案，如果使用者选择正确则在正确的答案上打√，如果使用者选择错误，则在选择错误的答案上打×，并显示出正确的答案。如果使用者点击题目解析，可以查看正确的答案解析。通过“上一题”和“下一题”按钮重复客观题型的联系。具体实现步骤如下：

1. 题型练习界面布局文件的设计与实现

用户交互界面（UI）的设计是直观的，开发者需要对照 UI 效果图完成布局界面的编写，对于客观题型练习模块，UI 设计应该简洁明了，易于操作。一般包括题目展示区、选项按钮、上一题和下一题按钮、题目解析按钮等元素。题目展示区用于显示题干和选项，选项按钮允许用户选择答案。上一题和下一题按钮使用户能够在不同题目间切换，题目解析按钮提供对正确答案的解释。

在 Android 开发中，可以利用 TextView、Button、ImageView 等控件来构建 UI。通过合理的布局管理（如 LinearLayout、RelativeLayout），可以实现一个既美观又实用的交互界面。

题型练习界面搭建，为了确保界面在不同尺寸和分辨率的屏幕上都能保持良好的兼容性和视觉效果，项目采用 dp（密度独立像素）作为单位来设置界面元素的尺寸。无论用户使用何种设备访问应用，系统都会自动适配屏幕，确保界面元素的尺寸和布局都能够恰到好处地展现。且中间是一个 scrollview，可滑动，其他都按照 dp 来设置，系统会自动适配屏幕。本项目中的权重为 1，每一个属性都赋值 ID 值。

题型界面的头部文件关键代码如下：

```
<LinearLayout
    android:layout_width="match_parent"
    android:layout_height="@dimen/dimension_48_dp"
    android:background="@color/colorPrimary"
    android:orientation="horizontal">
    <ImageView
        android:layout_width="@dimen/dimension_36_dp"
        android:layout_height="wrap_content"
        android:layout_gravity="center_vertical"
        android:layout_marginLeft="@dimen/dimension_14_dp"
        android:adjustViewBounds="true"
        android:src="@mipmap/icon"/>
    <TextView
```

```
                android:layout_width="wrap_content"
                android:layout_height="wrap_content"
                android:layout_gravity="center_vertical"
                android:layout_marginLeft="@dimen/dimension_6_dp"
                android:text="题型练习"
                android:textColor="@color/white"
                android:textSize="@dimen/dimension_24_dp"/>
        </LinearLayout>
```

接下来，完成了题型界面设计的中间部分，一个 ScrollView 内部包含一个 LinearLayout，LinearLayout 中又包含多个不同的视图元素，如 RelativeLayout 和 TextView 等，通过设置 visibility 属性，可以控制某些视图元素的显示与隐藏。

中间部分的关键代码如下：

```
    <ScrollView
        android:layout_width="match_parent"
        android:layout_height="match_parent">
        <LinearLayout
            android:layout_width="match_parent"
            android:layout_height="match_parent"
            android:orientation="vertical"
            android:padding="@dimen/dimension_10_dp">
            <RelativeLayout
                android:layout_width="match_parent"
                android:layout_height="wrap_content">
                <TextView
                    android:id="@+id/tv_id"
                    android:layout_width="wrap_content"
                    android:layout_height="wrap_content"
                    android:background="@color/question_number"
                    android:padding="@dimen/dimension_2_dp"
                    android:text="第 1 题"
                    android:textColor="@color/white"
                    android:textSize="@dimen/dimension_16_dp"/>
                <TextView
                    android:id="@+id/tv_types"
                    android:layout_width="wrap_content"
                    android:layout_height="wrap_content"
                    android:layout_alignParentRight="true"
                    android:background="@color/question_type"
```

```
                    android:padding="@dimen/dimension_2_dp"
                    android:text="单选"
                    android:textColor="@color/white"
                    android:textSize="@dimen/dimension_16_dp"/>
            </RelativeLayout>
            <TextView
                android:id="@+id/tv_title"
                android:layout_width="match_parent"
                android:layout_height="wrap_content"
                android:layout_marginTop="@dimen/dimension_10_dp"
                android:text="____ his sister,Jack is quiet and does not easyly make
friends with others."
                android:textColor="@color/black"
                android:textSize="@dimen/dimension_18_dp"/>
            <!--选择-->
            <TextView
                android:id="@+id/tv_result"
                android:layout_width="match_parent"
                android:layout_height="wrap_content"
                android:layout_marginTop="@dimen/dimension_10_dp"
                android:gravity="center"
                android:text="共答 2 题,答对 0 题，答错 2 题，正确率 0%"
                android:textColor="@color/black"
                android:textSize="@dimen/dimension_18_dp"
                android:visibility="gone"/>
            <LinearLayout
                android:id="@+id/lin_detail"
                android:layout_width="match_parent"
                android:layout_height="wrap_content"
                android:layout_marginTop="@dimen/dimension_10_dp"
                android:orientation="vertical"
                android:visibility="gone">
                <TextView
                    android:layout_width="wrap_content"
                    android:layout_height="wrap_content"
                    android:background="@color/question_number"
                    android:padding="@dimen/dimension_2_dp"
                    android:text="解析"
                    android:textColor="@color/white"
```

```
                    android:textSize="@dimen/dimension_16_dp"/>
                <TextView
                    android:id="@+id/tv_detail"
                    android:layout_width="match_parent"
                    android:layout_height="wrap_content"
                    android:layout_marginTop="@dimen/dimension_10_dp"
                    android:gravity="start"
                    android:text="@string/ti"
                    android:textColor="@color/black"
                    android:textSize="@dimen/dimension_18_dp"/>
            </LinearLayout>
        </LinearLayout>
    </ScrollView>
```

最后完成下方导航部分的布局，以下是关键代码：

```
<!--下边导航栏-->
    <LinearLayout
        android:layout_width="match_parent"
        android:layout_height="@dimen/dimension_58_dp"
        android:background="@color/bottom_nav"
        android:orientation="horizontal">
        <LinearLayout
            android:id="@+id/lin_navigation_back"
            android:layout_width="@dimen/dimension_0_dp"
            android:layout_height="match_parent"
            android:layout_weight="1"
            android:foreground="?android:selectableItemBackground"
            android:gravity="center"
            android:orientation="vertical">
            <ImageView
                android:layout_width="@dimen/dimension_26_dp"
                android:layout_height="@dimen/dimension_26_dp"
                android:adjustViewBounds="true"
                android:src="@drawable/navigation_back"/>
            <TextView
                android:layout_width="wrap_content"
                android:layout_height="wrap_content"
                android:layout_marginTop="@dimen/dimension_4_dp"
```

```
            android:text="上一题"
            android:textColor="@color/white"
            android:textSize="@dimen/dimension_14_dp"/>
    </LinearLayout>
    <LinearLayout
        android:id="@+id/lin_answer"
        android:layout_width="@dimen/dimension_0_dp"
        android:layout_height="match_parent"
        android:layout_weight="1"
        android:foreground="?android:selectableItemBackground"
        android:gravity="center"
        android:orientation="vertical">
        <ImageView
            android:layout_width="@dimen/dimension_26_dp"
            android:layout_height="@dimen/dimension_26_dp"
            android:adjustViewBounds="true"
            android:src="@drawable/answer"/>
        <TextView
            android:layout_width="wrap_content"
            android:layout_height="wrap_content"
            android:layout_marginTop="@dimen/dimension_4_dp"
            android:text="查看题解"
            android:textColor="@color/white"
            android:textSize="@dimen/dimension_14_dp"/>
    </LinearLayout>
    <LinearLayout
        android:layout_width="@dimen/dimension_0_dp"
        android:layout_height="match_parent"
        android:layout_weight="1"
        android:foreground="?android:selectableItemBackground"
        android:gravity="center"
        android:orientation="vertical">
        <TextView
            android:id="@+id/tv_current_number"
            android:layout_width="match_parent"
            android:layout_height="@dimen/dimension_26_dp"
            android:gravity="center"
            android:text="3/7"
            android:textColor="@color/white"
```

```
            android:textSize="@dimen/dimension_16_dp"/>
        <TextView
            android:layout_width="wrap_content"
            android:layout_height="wrap_content"
            android:layout_marginTop="@dimen/dimension_4_dp"
            android:text="选择题目"
            android:textColor="@color/white"
            android:textSize="@dimen/dimension_14_dp"/>
    </LinearLayout>
    <LinearLayout
        android:id="@+id/lin_bt_unstar"
        android:layout_width="@dimen/dimension_0_dp"
        android:layout_height="match_parent"
        android:layout_weight="1"
        android:foreground="?android:selectableItemBackground"
        android:gravity="center"
        android:orientation="vertical">
        <ImageView
            android:layout_width="@dimen/dimension_26_dp"
            android:layout_height="@dimen/dimension_26_dp"
            android:adjustViewBounds="true"
            android:src="@drawable/bt_unstar"/>
        <TextView
            android:layout_width="wrap_content"
            android:layout_height="wrap_content"
            android:layout_marginTop="@dimen/dimension_4_dp"
            android:text="收藏"
            android:textColor="@color/white"
            android:textSize="@dimen/dimension_16_dp"/>
    </LinearLayout>
    <LinearLayout
        android:id="@+id/lin_navigation_forward"
        android:layout_width="@dimen/dimension_0_dp"
        android:layout_height="match_parent"
        android:layout_weight="1"
        android:foreground="?android:selectableItemBackground"
        android:gravity="center"
        android:orientation="vertical">
```

```
            <ImageView
                android:layout_width="@dimen/dimension_26_dp"
                android:layout_height="@dimen/dimension_26_dp"
                android:adjustViewBounds="true"
                android:src="@drawable/navigation_forward"/>
            <TextView
                android:layout_width="wrap_content"
                android:layout_height="wrap_content"
                android:layout_marginTop="@dimen/dimension_4_dp"
                android:text="下一题"
                android:textColor="@color/white"
                android:textSize="@dimen/dimension_16_dp"/>
        </LinearLayout>
    </LinearLayout>
```

2. 客观题型功能逻辑的实现

根据客观题型需要的功能模块，分析要实现客观题型练习的功能，实现思路是从数据库拿回题目信息，装在 list 里面，从 list 里去获取 answer 对象，来渲染 textview 控件，这就实现了对一个客观题型进行联系的操作。要对上一题和下一题的题目进行联系，就采用集合 list 通过 get(position)方法获取对应的 Answer 对象，最后完成判断正确和错误的功能，从而完成整个功能模块。具体实现过程如下：

首先，需要拿到数据表里面的数据，并且显示出来，这里是用的 Litepal 数据库框架。运用 getInfosFromDB(index)加载数据获取数据库数据，并在界面上展示方法。在方法 getInfosFromDB(int i)中，通过 DataSupport.findAll(Answer.class)从数据库中获取所有 Answer 类的数据，并将其转换为一个集合 infosList。接下来，代码依次加载界面上的各个元素，包括题目编号、题目类型、题目内容、选项内容（A、B、C、D）、题目解析以及当前题目的序号。通过这些加载操作，用户可以在界面上逐题查看题目内容并作答。

关键代码如下：

```
/**
 * 从数据取出数据
 */
private void getInfosFromDB(int i) {
    infosList = DataSupport.findAll(Answer.class);//拿到数据库的数据转成集合
    //加载界面
    //加载第几题
    mTvId.setText("第" + infosList.get(i).getId() + "题");
    //加载题目类型
```

```
        mTvTypes.setText(infosList.get(i).getTypes());
        //加载题目
        mTvTitle.setText(infosList.get(i).getTimu_title());
        //加载选择
        mTvA.setText("A. " + infosList.get(i).getTimu1());
        mTvB.setText("B. " + infosList.get(i).getTimu2());
        mTvC.setText("C. " + infosList.get(i).getTimu3());
        mTvD.setText("D. " + infosList.get(i).getTimu4());
        //加载解析
        mTvDetail.setText(infosList.get(i).getDetail());
        //加载做到第几题
        mTvCurrentNumber.setText((i + 1) + "/" + infosList.size());
    }
```

其次，处理上一题和下一题的逻辑。通过检查当前题目的索引，能够避免超出题目列表的范围。对上一题、下一题设置点击事件，当用户点击时，题目选择实际上是重新对界面了渲染，每次点击的时候给一个变量 index，对当前做的题目进行记录。如果已经是第一题和最后一题了，需要响应提示。

关键代码如下：

```
            //上一题
            case R.id.lin_navigation_back:
                if (index == 0) {
                    ToastUtils.showShort("已经是第一题了");
                    return;
                }
                index--;
                clearInterface();//清除界面
                getInfosFromDB(index);//获取题目信息
                break;
            //下一题
            case R.id.lin_navigation_forward:
                if (index == infosList.size() - 1) {
                    ToastUtils.showShort("已经是最后一题了");
                    return;
                }
                index++;
                clearInterface();//清除界面
```

```
                getInfosFromDB(index);//获取题目信息
            Break;
```

对客观题型的练习判断是正确还是错误功能进行实现，通过分析实现思路是：首先找到当前题目的正确答案，点击选择的答案，传递用户选择的答案，通过对选择的答案和正确的答案进行比较后，对比较结果进行渲染展示。

有了实现思路，接下来对选择题的点击事件进行处理，需要和数据库里面的答案进行对比，例如，在数据库中的第一题，daan1、daan2、daan3 都为空，daan4 是一个字符串 D，点击 D 答案，就会传递一个 D 和正确的答案进行比较，如果正确，渲染选择正确的一个状态，反之，如果不正确，就渲染错误的状态。值得注意的是，把选择正确和错误表现出来，做过的题目不能再点击。

找到当前题目答案是否正确的关键代码如下：

```
/**点击找到正确的答案 */
    private void clickChoice() {
        unClickAble(false);//选择过后就不能再点击
        //查询答案
        Answer answer = DataSupport.find(Answer.class, index + 1);
        String daan;//标准答案
        if (EmptyUtils.isNotEmpty(answer.getDaan1())) {
            daan = answer.getDaan1();
        } else if (EmptyUtils.isNotEmpty(answer.getDaan2())) {
            daan = answer.getDaan2();
        } else if (EmptyUtils.isNotEmpty(answer.getDaan3())) {
            daan = answer.getDaan3();
        } else if (EmptyUtils.isNotEmpty(answer.getDaan4())) {
            daan = answer.getDaan4();
        } else {
            daan = "";
        }
       LogUtils.a("===", "正确答案是：" + daan);
        //判断选择的答案是否我的正确答案一致
        if (choice.equals(daan)) {
            ToastUtils.showShort("选择正确");
        } else {
            ToastUtils.showShort("选择错误");
        }
    }
```

获取正确答案的数据在控制台的截图如图 2.9 所示。

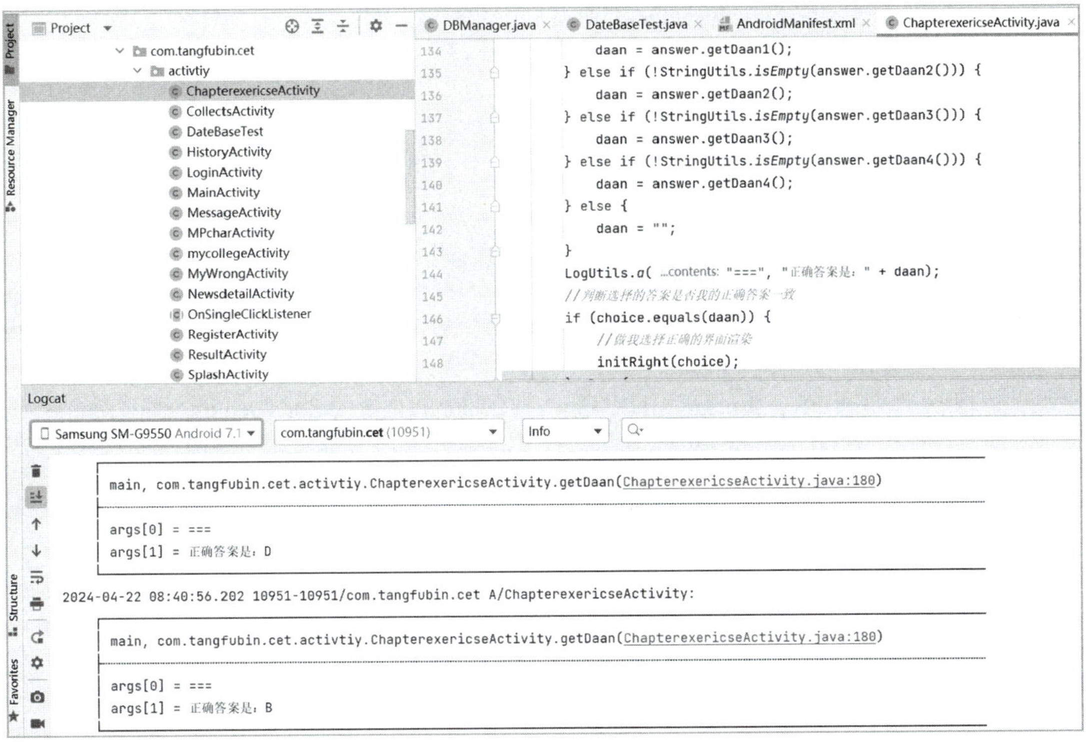

图 2.9　获取正确答案的数据在控制台的截图

根据答案选择的情况来改变显示样式的逻辑代码，与正确的答案进行比较的关键代码如下：

```
LogUtils.a("第" + (index + 1) + "题的答案为： " + daan);
        //如果选择的和答案一致,选择的变绿，变勾
        if (choice.equals(daan)) {
            choiceRight(daan);
            right_total++;
        }
        //如果选择的和答案不一致，选择的变红，变×。把正确的答案显示出来
        else {
            choiceRight(daan);
            choiceWrong(choice);
            wrong_total++;
        }
```

对选择错误和选择正确的情况进行了处理，界面渲染的关键代码如下：

```
    /**
     * 选择错误的渲染
```

```
 */
private void choiceWrong(String choice) {
    //如果选择的错误答案是 A
    if ("A".equals(choice)) {
        mLinA.setBackgroundColor(getResources().getColor(R.color.wrong));
        mIvA.setImageResource(R.drawable.wrong);
    }
    //如果选择的错误答案是 B
    else if ("B".equals(choice)) {
        mLinB.setBackgroundColor(getResources().getColor(R.color.wrong));
        mIvB.setImageResource(R.drawable.wrong);
    }
    //如果选择的错误答案是 C
    else if ("C".equals(choice)) {
        mLinC.setBackgroundColor(getResources().getColor(R.color.wrong));
        mIvC.setImageResource(R.drawable.wrong);
    }
    //如果选择的错误答案是 D
    else if ("D".equals(choice)) {
        mLinD.setBackgroundColor(getResources().getColor(R.color.wrong));
        mIvD.setImageResource(R.drawable.wrong);
    }
}

/**
 * 选择正确的表现
 */
private void choiceRight(String daan) {
    //如果正确答案是 A
    if ("A".equals(daan)) {
        mLinA.setBackgroundColor(getResources().getColor(R.color.right));
        mIvA.setImageResource(R.drawable.right);
    }
    //如果正确答案是 B
    else if ("B".equals(daan)) {
        mLinB.setBackgroundColor(getResources().getColor(R.color.right));
        mIvB.setImageResource(R.drawable.right);
    }
    //如果正确答案是 C
```

```
        else if ("C".equals(daan)) {
            mLinC.setBackgroundColor(getResources().getColor(R.color.right));
            mIvC.setImageResource(R.drawable.right);
        }
        //如果正确答案是 D
        else if ("D".equals(daan)) {
            mLinD.setBackgroundColor(getResources().getColor(R.color.right));
            mIvD.setImageResource(R.drawable.right);
        }
    }
```

在 Android 项目中展示用户答题的结果。通过计算正确和错误的题目数量，以及计算正确率，最终将这些信息展示在界面上。使用 TextView 来显示结果，并设置可见性为 VISIBLE，使最终结果能够被用户所见。

正确题和错误题统计的关键代码如下：

```
    mTvResult.setText("共答" + (right_total + wrong_total) + "题,答对" + right_total + "题，答错
" + wrong_total + "题，正确率" + (right_total * 100 / (right_total + wrong_total)) + "%");
        mTvResult.setVisibility(View.VISIBLE);
```

设置 4 个布局组件的可点击性：通过调用 unClickAble 方法，可以根据传入的参数 flag 来控制这 4 个布局组件的可点击状态。做过的题不能再次点击的关键代码如下：

```
    /**
     * 选择过后就不能再点击
     */
    private void unClickAble(boolean flag) {
        mLinA.setClickable(flag);
        mLinB.setClickable(flag);
        mLinC.setClickable(flag);
        mLinD.setClickable(flag);
    }
```

清除界面的代码，确保了界面的一致性和准确性。清除正确错误界面的关键代码如下：

```
    /**
     * 清除正确错误
     */
    private void clearInterface() {
        mLinA.setBackgroundColor(getResources().getColor(R.color.question_choice));
        mLinB.setBackgroundColor(getResources().getColor(R.color.question_choice));
```

```
        mLinC.setBackgroundColor(getResources().getColor(R.color.question_choice));
        mLinD.setBackgroundColor(getResources().getColor(R.color.question_choice));
        mIvA.setImageResource(R.drawable.defaults);
        mIvB.setImageResource(R.drawable.defaults);
        mIvC.setImageResource(R.drawable.defaults);
        mIvD.setImageResource(R.drawable.defaults);
        mTvResult.setVisibility(View.GONE);
        mLinDetail.setVisibility(View.GONE);
        unClickAble(true);//下一题又可以选择了
    }
```

最后查看题解，实质是从数据库里面获取的题解，如果点击了就显示出来。

关键代码如下：

```
mLinDetail.setVisibility(View.VISIBLE);
```

客观题型练习界面效果如图 2.10 所示。

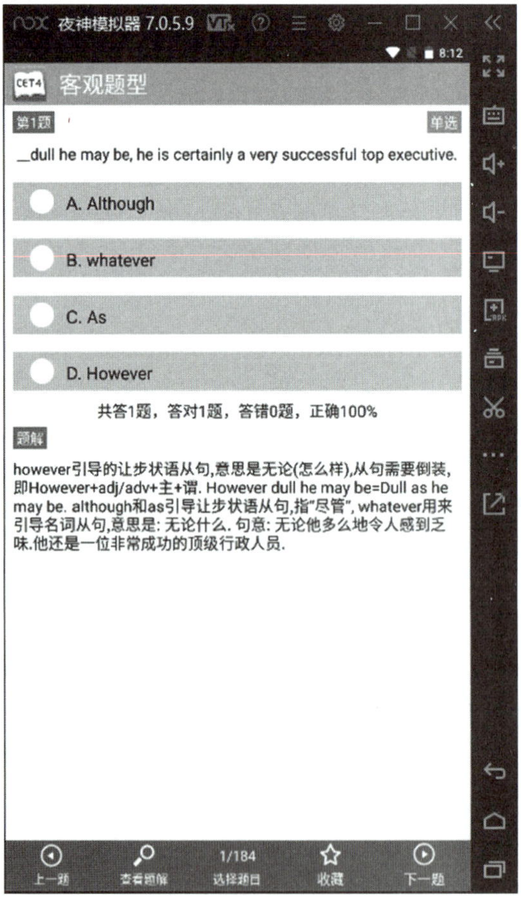

图 2.10　客观题型模块效果

2.4.7　模拟考试模块实现

模拟考试模块可以通过手机轻松地完成各种任务，包括学习和考试。点击模拟考试图标后弹出一个对话框，提示用户考试的信息。

在实现模拟考试功能时，还需要考虑一些其他因素，如计时功能、答题记录、成绩统计等。计时功能可以帮助用户掌握答题的时间，提高答题效率；答题记录可以让用户随时查看自己的答题情况，了解哪些知识点掌握得不够好；成绩统计可以让用户了解自己在模拟考试中的表现如何，从而更好地调整学习计划。

本模块在客观题型联系类作为基础类进行修改，在客观题型模块进行功能的改动，需要改动的有几个地方有：考试是从题目里面任意选择 25 道题来作为考试题目，其次是不需要对选择做好的进行判断，在交卷的时候再进行统计。时间倒计时 20 分钟，系统会自动提交试卷。考试状态是没有题解的，开始时间采用倒计时显示。

具体实现步骤如下：

1. 模拟考试开始弹出提示对话框

当用户点击"lin_test"时，会弹出一个对话框，提醒用户关于考试的相关信息，并给出姓名为 Tom 的提示。用户可以选择点击“确定”继续考试，或者点击“取消”来退出对话框。

关键代码如下：

```
case R.id.lin_test:
        new AlertDialog.Builder(this)
                .setTitle("温馨提示")
                .setMessage("考试是随机 25 题精选考试，满分 100 分，考试时间是 20 分钟。\n\n 姓名:tom")
                .setPositiveButton("确定", new DialogInterface.OnClickListener() {
                        @Override
                        public void onClick(DialogInterface dialogInterface, int i) {

                                Intent testIntent = new Intent(MainActivity.this, TestActivity.class);
                                startActivity(testIntent);
                        }
                })
                .setNegativeButton("取消", null)
                .show();
    break;
```

2. 考试倒计时功能的设计

需要一个计数器，倒计时器的实现方式是通过设置计时器的间隔和总时长，实现了倒计时功能。在 onTick 方法中，更新了剩余时间的显示，并记录了已经花费的时间。在 onFinish 方法中，对计时器完成时的操作也进行了处理，使其在考试结束时跳转到下一个步骤。

关键代码如下：

```
//倒计时时间
        private CountDownTimer timer = new CountDownTimer(20 * 60 * 1000, 1000) {

            @Override
            public void onTick(long millisUntilFinished) {
                mTimer.setText("剩余时间    " + (millisUntilFinished / 60 / 1000) + "分" +
millisUntilFinished / 1000 % 60 + "秒");
                TestActivity.this.costTime = 20 * 60 * 1000 - millisUntilFinished;
            }

            @Override
            public void onFinish() {
                mTimer.setEnabled(true);
                mTimer.setText("考试完毕");
                jumpToNext();
            }
        };
```

然后，在生命周期的初始化方法中开始计数器即可，如图 2.11 所示。

图 2.11　初始化方法中开始计数器

3. 模拟考试随机题目的组卷

从数据集合中选择 25 道随机题目进行组卷。通过生成随机数并判断是否重复来确保选取的题目不重复。使用一个 List 来存储已选取的题目，以及一个数组来存储最终选取的题目编号。通过循环遍历数据集合，不断生成随机数并检查是否已经选取过，确保最终返回的题目不重复。

关键代码如下：

```
/**
     * 25 道随机题：data 集合判断重复试题
     */
    private long[] selectTest() {
        List<Integer> data = new ArrayList<Integer>();
        long[] number = new long[25];
        Random rand = new Random();

        for (int i = 0; i < 25; i++) {
            int j = rand.nextInt(184) + 1;
            //LogUtils.i(j);
            if (data.contains(j)) {
                i--;
                continue;
            } else {
                data.add(j);
                number[i] = j;
            }
        }
        return number;
    }
```

4. 模拟考试的交卷处理

模拟考试交卷的功能，分为正常交卷和时间结束强制自动交卷，正常交卷通过弹出对话框确认用户是否要交卷。在确认后，会跳转到下一个页面并结束当前页面。

以下是用户提前结束模拟考试，正常交卷的关键代码：

```
//交卷
            case R.id.tv_handin:
                new AlertDialog.Builder(this)
                        .setTitle("提示")
                        .setMessage("是否交卷？")
                        .setPositiveButton("确认", new DialogInterface.OnClick Listener() {
                            @Override
                            public void onClick(DialogInterface dialogInterface, int i) {
                                jumpToNext();
                                    finish();
                            }
                        })
```

```
                    .setNegativeButton("取消", null)
                    .show();
            break;
```

用户在考试时间结束后，在 onFinish 方法中调用结果页面，系统自动交卷。

关键代码如下：

```
/**
  * 跳转结果界面
  */
private void jumpToNext() {

    Intent resultIntent = new Intent(TestActivity.this, ResultActivity.class);
    resultIntent.putExtra("costTime", costTime);
    resultIntent.putExtra("right_total", right_total);
    resultIntent.putExtra("wrong_total", wrong_total);
    resultIntent.putExtra("total", infosList.size());
    TestActivity.this.startActivity(resultIntent);
    finish();
}
```

5. 模拟考试结果的展示

结果中的数据是由上一个交卷 Activity 统计好的，并通过 intent 意图传递过来。在初始化过程中，主要对考试的总题数、已回答的题数、未回答的题数、答对的题数以及本次考试所花费的时间进行了处理。此外，还包括分数统计的类别。这些变量经过初始化和赋值后将被展示出来。

将 Intent 中传递的计算时间、正确答题数量、错误答题数量以及总题目数量提取出来，以便后续这种数据提取的方式是 Android 开发中常见的操作，所有数据都是上一个的逻辑处理。通过获取这些数据变量，可以实现对用户答题情况的统计、分析或其他相关操作。Activity 传递的代码如下：

```
costTime = getIntent().getLongExtra("costTime", 0);
right_total = getIntent().getIntExtra("right_total", 0);
wrong_total = getIntent().getIntExtra("wrong_total", 0);
total = getIntent().getIntExtra("total", 0);
```

对数据进行渲染，一个初始化视图的方法，主要是用来设置显示考试结果的各个文本视图。首先，代码通过设置 mTvScore 文本视图显示得分，计算公式为正确答题数量乘以 4。接着，mTvTotal 文本视图显示本次考试总题数，mTvAlready 文本视图显示已回答的题数，mTvUnalready 文本视图显示未回答的题数，mTvRight 文本视图显示答对的题数。最后，mTvCosttime 文本视图显示考试耗时，单位为分钟和秒。

根据得分情况，代码会根据不同的得分范围设置 mTvStep 文本视图的内容。如果得分满分（100 分），则显示“太厉害了，满分”；如果得分在 80 分及以上但不到满分，则显示“真棒啊~”；如果得分在 60 分及以上但不到 80 分，则显示“需要多努力啊~”；否则，显示“考试不及格，等着补考吧~”。

关键代码如下：

```
private void initView() {
    mTvScore.setText("得分:" + 4 * right_total + "分");
    mTvTotal.setText("本次考试共" + total + "题");
    mTvAlready.setText("已答：" + (right_total + wrong_total) + "题");
    mTvUnalready.setText("未答：" + (total - right_total - wrong_total) + "题");
    mTvRigth.setText("答对：" + (right_total) + "题");
    mTvCosttime.setText("耗时：" + (costTime / 60 / 1000) + "分" + costTime / 1000 % 60 + "秒");
    if (4 * right_total == 100) {
        mTvStep.setText("太厉害了,满分");
    } else if (4 * right_total >= 80 && 4 * right_total < 100) {
        mTvStep.setText("真棒啊~");
    } else if (4 * right_total >= 60 && 4 * right_total < 80) {
        mTvStep.setText("需要多努力啊~");
    } else {
        mTvStep.setText("考试不及格，等着补考吧~");
    }
}
```

考试模块实现效果如图 2.12 和图 2.13 所示。

图 2.12　模拟考试模块开始考试对话框效果

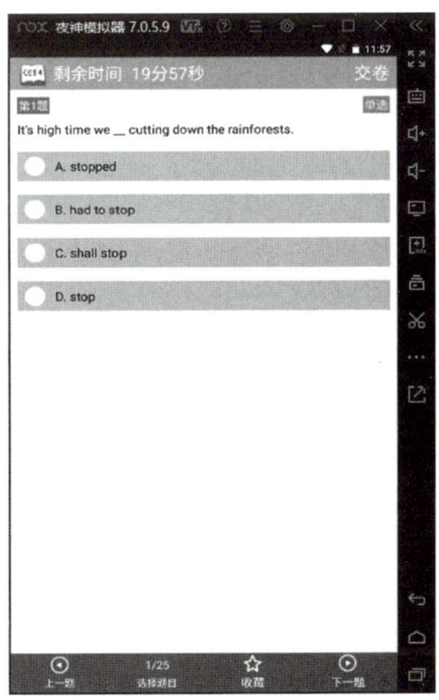

图 2.13　模拟考试模块界面效果

考试完成后可以交卷，交卷提示界面效果如图 2.14 所示。

考试结果显示效果如图 2.15 所示。

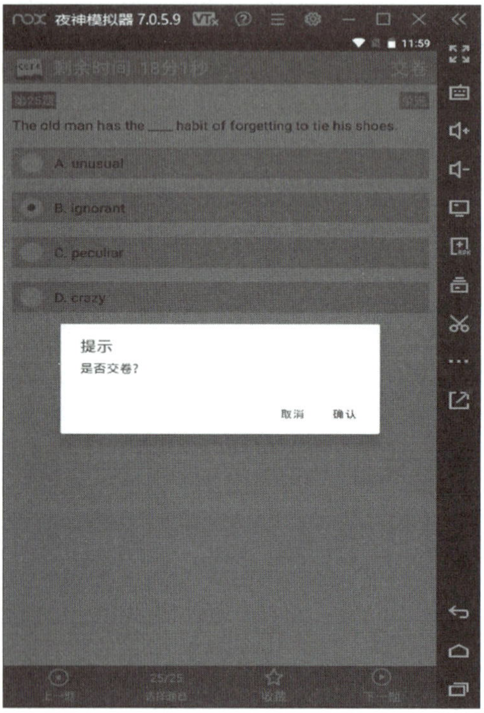

图 2.14　考试结束交卷提示效果

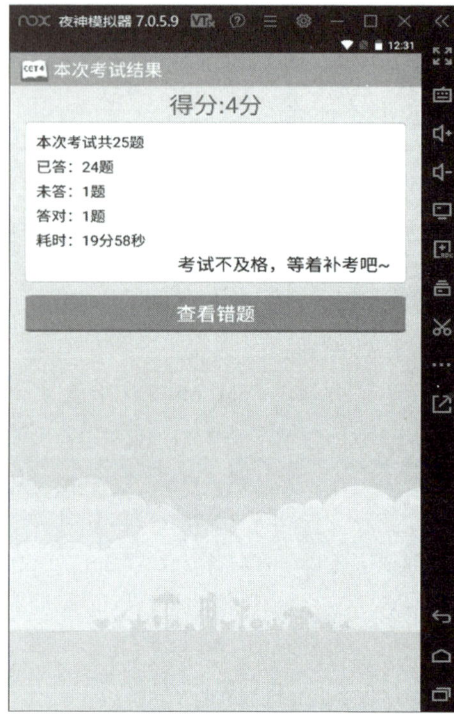

图 2.15　考试结果显示效果

2.4.8　历史成绩模块实现

历史成绩模块是对用户参加模拟考试成绩的统计，采用列表的形式展示所有模拟考试的数据信息。成绩数据是通过 recyclerview 来显示出来的，Recyclerview 是用于显示大量数据并支持滚动，与 ListView 控件效果相同。在项目中的实现思路是，从 SharedPreferences 中获取历史考试数据，然后将其转换成一个 List，最后通过 Recyclerview 来展示出来。List（集合）是一种常用的数据结构，用于存储一组有序的数据。通过将历史考试数据转换成 List，可以更加方便地对数据进行操作和展示。清除历成绩是将存在本地的 SharedPreferences 清除掉。

1. 编写布局文件

关键代码如下：

```
<LinearLayout
        android:layout_width="match_parent"
        android:layout_height="@dimen/dimension_48_dp"
        android:background="@color/colorPrimary"
        android:orientation="horizontal">
```

```
        <ImageView
            android:layout_width="@dimen/dimension_36_dp"
            android:layout_height="wrap_content"
            android:layout_gravity="center_vertical"
            android:layout_marginLeft="@dimen/dimension_14_dp"
            android:adjustViewBounds="true"
            android:src="@mipmap/icon"/>

        <TextView
            android:layout_width="0dp"
            android:layout_weight="1"
            android:layout_height="wrap_content"
            android:layout_gravity="center_vertical"
            android:layout_marginLeft="@dimen/dimension_6_dp"
            android:text="历史成绩"
            android:textColor="@color/white"
            android:textSize="@dimen/dimension_24_dp"/>
        <TextView
            android:id="@+id/tv_his_clear"
            android:layout_width="wrap_content"
            android:layout_height="wrap_content"
            android:layout_gravity="center_vertical"
            android:layout_marginRight="@dimen/dimension_10_dp"
            android:text="清除"
            android:textColor="@color/white"
            android:textSize="@dimen/dimension_24_dp"/>

    </LinearLayout>
    <androidx.recyclerview.widget.RecyclerView
        android:id="@+id/rv"
        android:visibility="gone"
        android:layout_width="match_parent"
        android:layout_height="match_parent">
    </androidx.recyclerview.widget.RecyclerView>

    <TextView
        android:id="@+id/tv_state"
        android:layout_width="match_parent"
        android:layout_height="match_parent"
```

```
            android:gravity="center"
            android:visibility="gone"
            android:textSize="@dimen/dimension_20_dp"
            android:text="还没有历史成绩呢，\n 请参加模拟考试"
            android:textColor="@color/colorPrimary"/>
```

2. 编写子布局

关键代码如下：

```
<LinearLayout xmlns:android="http://schemas.android.com/apk/res/android"
              android:layout_width="match_parent"
              android:layout_height="80dp"
              android:background="@color/trans"
              android:orientation="horizontal">


    <RelativeLayout
        android:layout_width="@dimen/dimension_0_dp"
        android:layout_height="match_parent"
        android:layout_weight="1.5"
        android:orientation="horizontal">


        <TextView
            android:id="@+id/tv_his_num"
            android:layout_width="@dimen/dimension_46_dp"
            android:layout_height="@dimen/dimension_46_dp"
            android:layout_centerInParent="true"
            android:background="@drawable/n0"
            android:gravity="center"
            android:text="1"
            android:textColor="@color/white"
            android:textSize="@dimen/dimension_20_dp" />

    </RelativeLayout>

    <LinearLayout
        android:layout_width="@dimen/dimension_0_dp"
        android:layout_height="match_parent"
```

```
        android:layout_weight="2"
        android:gravity="center"
        android:orientation="vertical">

        <TextView
            android:id="@+id/tv_his_score"
            android:layout_width="match_parent"
            android:layout_height="wrap_content"
            android:gravity="start"
            android:text="1 分"
            android:textColor="@color/black"
            android:textSize="@dimen/dimension_18_dp"/>

        <TextView
            android:id="@+id/tv_his_costtime"
            android:layout_width="match_parent"
            android:layout_height="wrap_content"
            android:layout_marginTop="@dimen/dimension_10_dp"
            android:gravity="start"
            android:text="04:14"
            android:textColor="@color/black"
            android:textSize="@dimen/dimension_18_dp"/>

    </LinearLayout>

    <LinearLayout
        android:layout_width="@dimen/dimension_0_dp"
        android:layout_height="match_parent"
        android:layout_weight="3"
        android:gravity="center"
        android:orientation="vertical">

        <TextView
            android:id="@+id/tv_his_type"
            android:layout_width="match_parent"
            android:layout_height="wrap_content"
            android:gravity="center"
            android:text="不及格"
            android:textColor="@color/black"
            android:textSize="@dimen/dimension_18_dp"/>
```

```
            <TextView
                android:id="@+id/tv_his_date"
                android:layout_width="match_parent"
                android:layout_height="wrap_content"
                android:layout_marginTop="@dimen/dimension_10_dp"
                android:gravity="start"
                android:text="2017-12-05 16:39:21"
                android:textColor="@color/black"
                android:textSize="@dimen/dimension_18_dp"/>

        </LinearLayout>

    </LinearLayout>
```

3. 编写适配器类

关键代码如下：

```
public class HisAdapter extends BaseQuickAdapter<HistoryBean,BaseViewHolder> {

List<HistoryBean> data1;
public HisAdapter(int layoutResId, @Nullable List<HistoryBean> data){
        super(layoutResId, data);
        data1=data;
}

@Override
protected void convert(BaseViewHolder helper, HistoryBean item){

        /*for (int i = 0; i < data1.size(); i++) {
            helper.setText(R.id.tv_his_num,i+"");
        }*/
        helper.setText(R.id.tv_his_num,data1.indexOf(item)+"");
        helper.setText(R.id.tv_his_score, item.score+"分")
                .setText(R.id.tv_his_costtime, item.costTime)
                .setText(R.id.tv_his_date, item.date);


        if (Integer.parseInt(item.score) < 60) {
            helper.setText(R.id.tv_his_type, "不及格");
```

```
    } else if (Integer.parseInt(item.score) < 70 && Integer.parseInt(item.score) >= 60) {
        helper.setText(R.id.tv_his_type, "及格");
    } else if (Integer.parseInt(item.score) < 85 && Integer.parseInt(item.score) >= 70) {
        helper.setText(R.id.tv_his_type, "良好");
    } else if (Integer.parseInt(item.score) <= 100 && Integer.parseInt(item.score) >= 85) {
        helper.setText(R.id.tv_his_type, "优秀");
    }
}
```

4. 通过 Recyclerview 来展示历史成绩数据

从 SharedPreferences 中获取数据、转换成 List 并展示出来，可以让用户查看历史成绩。关键代码如下：

```
/**
     * 初始化列表
     */
    private void initRv() {
        //得到数据
        List<HistoryBean> list = new ArrayList<>();
        //历史有成绩
        if (!StringUtils.isEmpty(SPUtils.getInstance().getString(AppConfig.HISTORY_ LIST,
""))) {
            mRv.setVisibility(View.VISIBLE);
            mTvState.setVisibility(View.GONE);
            //返回的 hisjson 不为空就去拿 JSON
            list = new Gson(). fromJson (SPUtils. getInstance(). getString (AppConfig.
HISTORY_ LIST, ""), new TypeToken<List<HistoryBean>>() {
            }.getType());

            mRv.setLayoutManager(new LinearLayoutManager(getContext()));
            mHisAdapter = new HisAdapter(R.layout.his_item, list);
            mRv.setAdapter(mHisAdapter);
        }
        //历史没有成绩
        else {
            mTvState.setVisibility(View.VISIBLE);
            mRv.setVisibility(View.GONE);
        }
    }
```

清除历史成绩单关键代码如下：

```
new AlertDialog.Builder(this)
        .setTitle("提示")
        .setMessage("是否清除历史成绩")
        .setPositiveButton("确认", new DialogInterface.OnClickListener() {
            @Override
            public void onClick(DialogInterface dialogInterface, int i) {
                //清除历史记录成绩单
                SPUtils.getInstance().clear(true);
                initRv();
            }
        })
        .setNegativeButton("取消",null)
        .show();
```

历史成绩模块的显示效果如图 2.16 所示。

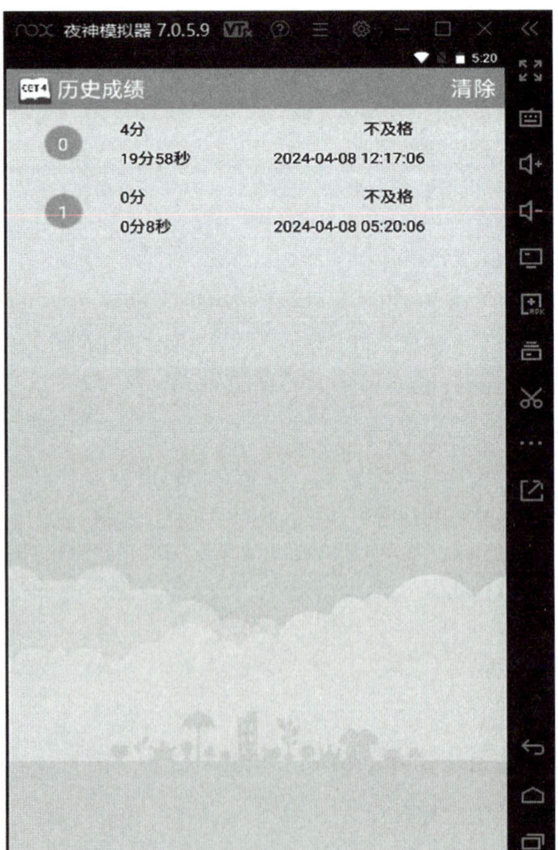

图 2.16　历史成绩显示效果

2.4.9　我的收藏模块实现

我的收藏模块功能主要是用户在练习的时候，对某题型的知识点不够熟悉，或者无法理解等原因，需要收藏起来，便于下次查阅。我的收藏模块也是基于客观题型模块的开发修改实现，只是数据库查出来的数据不同。

我的收藏模块的实现思路：点击收藏该题，收藏是数据里面一张表格，里面包含的字段跟题目字段一样，需要将此题的信息给存入收藏表里面，在收藏之前需要判断是否已经收藏过了，如果收藏过了就不再收藏。

具体实现步骤如下：

客观题型或者模拟考试界面都可以点击“收藏”按钮，加入收藏，布局的关键代码如下：

```
<LinearLayout
            android:id="@+id/lin_bt_star"
            android:layout_width="@dimen/dimension_0_dp"
            android:layout_height="match_parent"
            android:layout_weight="1"
            android:foreground="?android:selectableItemBackground"
            android:gravity="center"
            android:orientation="vertical">

            <ImageView
                android:layout_width="@dimen/dimension_26_dp"
                android:layout_height="@dimen/dimension_26_dp"
                android:adjustViewBounds="true"
                android:src="@drawable/bt_unstar"/>

            <TextView
                android:layout_width="wrap_content"
                android:layout_height="wrap_content"
                android:layout_marginTop="@dimen/dimension_4_dp"
                android:text="收藏"
                android:textColor="@color/white"
                android:textSize="@dimen/dimension_16_dp"/>
</LinearLayout>
```

1. 我的收藏模块前端界面

可以点击移除此题按钮取消收藏，布局的关键代码如下：

```
<LinearLayout
android:id="@+id/lin_bt_unstar"
android:layout_width="@dimen/dimension_0_dp"
android:layout_height="match_parent"
android:foreground="?android:selectableItemBackground"
```

```
    android:layout_weight="1"
    android:gravity="center"
    android:orientation="vertical">

    <ImageView
        android:layout_width="@dimen/dimension_26_dp"
        android:layout_height="@dimen/dimension_26_dp"
        android:adjustViewBounds="true"
        android:src="@drawable/icon_remove"/>

    <TextView
        android:layout_width="wrap_content"
        android:layout_height="wrap_content"
        android:layout_marginTop="@dimen/dimension_4_dp"
        android:text="移除此题"
        android:textColor="@color/white"
        android:textSize="@dimen/dimension_16_dp"/>

</LinearLayout>
```

2. 收藏功能逻辑实现

用户点击“收藏”按钮时，检查该题是否已经被收藏，如果是，则不执行收藏操作。创建一个 Collect 对象，将题目相关信息存储到该对象中，调用 save()方法将其保存，最后显示一个提示消息“收藏成功”。

关键代码如下：

```
                //收藏
            case R.id.lin_bt_unstar:
                //如果该题已经收藏就不再收藏
                if (checkIsCollect()) {
                    return;
                }
                Collect collect = new Collect();
                collect.setId(Integer.parseInt(infosList.get(index).getId()));
                collect.setTimu_title(infosList.get(index).getTimu_title());
                collect.setTimu1(infosList.get(index).getTimu1());
                collect.setTimu2(infosList.get(index).getTimu2());
                collect.setTimu3(infosList.get(index).getTimu3());
                collect.setTimu4(infosList.get(index).getTimu4());
                collect.setDaan1(infosList.get(index).getDaan1());
                collect.setDaan2(infosList.get(index).getDaan2());
                collect.setDaan3(infosList.get(index).getDaan3());
```

```
                    collect.setDaan4(infosList.get(index).getDaan4());
                    collect.setDetail(infosList.get(index).getDetail());
                    collect.setTypes(infosList.get(index).getTypes());
                    collect.setReply(infosList.get(index).getReply());
                    collect.save();
                    ToastUtils.showShort("收藏成功");
                    break;
```

判断是否收藏过当前的题目，关键代码如下：

```
        /**
         * 判断是否收藏过该题
         */
        private boolean checkIsCollect() {
            List<Collect> collectList = DataSupport.findAll(Collect.class);
            for (int i = 0; i < collectList.size(); i++) {

                if
(collectList.get(i).getTimu_title().equals(infosList.get(index).getTimu_title())) {
                    ToastUtils.showShort("该题已收藏");
                    return true;
                }
            }
            return false;
        }
```

3. 我的收藏模块实现效果

我的收藏模块实现效果如图 2.17 所示。

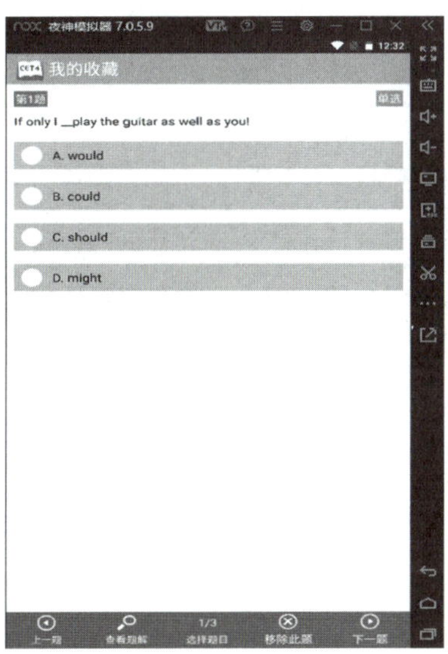

图 2.17　我的收藏模块效果

2.4.10　我的错题模块实现

我的错题模块和客观题型模块设计思路相同，我的错题模块和客观题型模块在设计上遵循了相同的基本原则，在技术实现上也有许多共通之处，都需要依赖于后端数据库的支持来存储和管理大量的题目数据。这两个模块的核心目的都是为了帮助学生有效地复习和掌握知识点，区别是后端数据库查询的数据不同。

我的错题模块的设计思路：对本次错误的题目进行统计并显示出来，当然这里所有信息都会显示出来，如正确答案、解析都会统计出来，信息是通过 sharedperfance 保存的，不需要存入数据库，每次考试的错题都会发生变化。

具体实现步骤如下：

1. 我的错题模块 UI 设计

我的错题模块 UI 设计如图 2.18 所示。

图 2.18　我的错题模块 UI 设计

2. 我的错题布局

通过布局和添加相应的空间，得到布局关键代码：

```
<LinearLayout
        android:layout_width="match_parent"
        android:layout_height="@dimen/dimension_0_dp"
```

```
android:layout_weight="1"
android:orientation="vertical">

<LinearLayout
    android:layout_width="match_parent"
    android:layout_height="@dimen/dimension_48_dp"
    android:background="@color/colorPrimary"
    android:orientation="horizontal">

    <ImageView
        android:layout_width="@dimen/dimension_36_dp"
        android:layout_height="wrap_content"
        android:layout_gravity="center_vertical"
        android:layout_marginLeft="@dimen/dimension_14_dp"
        android:adjustViewBounds="true"
        android:src="@mipmap/icon"/>


    <TextView
        android:layout_width="wrap_content"
        android:layout_height="wrap_content"
        android:layout_gravity="center_vertical"
        android:layout_marginLeft="@dimen/dimension_6_dp"
        android:text="我的错题"
        android:textColor="@color/white"
        android:textSize="@dimen/dimension_24_dp"/>

</LinearLayout>

<ScrollView
    android:layout_width="match_parent"
    android:layout_height="match_parent">

    <LinearLayout
        android:layout_width="match_parent"
        android:layout_height="match_parent"
        android:orientation="vertical"
        android:padding="@dimen/dimension_10_dp">
```

```
<RelativeLayout
    android:layout_width="match_parent"
    android:layout_height="wrap_content">

    <TextView
        android:id="@+id/tv_id"
        android:layout_width="wrap_content"
        android:layout_height="wrap_content"
        android:background="@color/question_number"
        android:padding="@dimen/dimension_2_dp"
        android:text="第 1 题"
        android:textColor="@color/white"
        android:textSize="@dimen/dimension_16_dp"/>

    <TextView
        android:id="@+id/tv_types"
        android:layout_width="wrap_content"
        android:layout_height="wrap_content"
        android:layout_alignParentRight="true"
        android:background="@color/question_type"
        android:padding="@dimen/dimension_2_dp"
        android:text="单选"
        android:textColor="@color/white"
        android:textSize="@dimen/dimension_16_dp"/>

</RelativeLayout>

<TextView
    android:id="@+id/tv_title"
    android:layout_width="match_parent"
    android:layout_height="wrap_content"
    android:layout_marginTop="@dimen/dimension_10_dp"
    android:text="____ his sister,Jack is quiet and does not easyly make friends with others."
    android:textColor="@color/black"
    android:textSize="@dimen/dimension_18_dp"/>

<!--选择-->
```

```
<LinearLayout
    android:id="@+id/lin_a"
    android:layout_width="match_parent"
    android:foreground="?android:selectableItemBackground"
    android:layout_height="@dimen/dimension_44_dp"
    android:layout_marginTop="@dimen/dimension_20_dp"
    android:background="@color/question_choice"
    android:orientation="horizontal">

    <ImageView
        android:id="@+id/iv_a"
        android:layout_width="@dimen/dimension_28_dp"
        android:layout_height="@dimen/dimension_28_dp"
        android:layout_gravity="center_vertical"
        android:layout_marginLeft="@dimen/dimension_10_dp"
        android:adjustViewBounds="true"
        android:src="@drawable/defaults"/>

    <TextView
        android:id="@+id/tv_a"
        android:layout_width="match_parent"
        android:layout_height="wrap_content"
        android:layout_gravity="center_vertical"
        android:layout_marginLeft="@dimen/dimension_14_dp"
        android:text="A. Dislike"
        android:textColor="@color/black"
        android:textSize="@dimen/dimension_18_dp"/>
</LinearLayout>

<LinearLayout

    android:id="@+id/lin_b"
    android:foreground="?android:selectableItemBackground"
    android:layout_width="match_parent"
    android:layout_height="@dimen/dimension_44_dp"
    android:layout_marginTop="@dimen/dimension_20_dp"
    android:background="@color/question_choice"
    android:orientation="horizontal">
```

```
        <ImageView
            android:id="@+id/iv_b"
            android:layout_width="@dimen/dimension_28_dp"
            android:layout_height="@dimen/dimension_28_dp"
            android:layout_gravity="center_vertical"
            android:layout_marginLeft="@dimen/dimension_10_dp"
            android:adjustViewBounds="true"
            android:src="@drawable/defaults"/>

        <TextView
            android:id="@+id/tv_b"
            android:layout_width="match_parent"
            android:layout_height="wrap_content"
            android:layout_gravity="center_vertical"
            android:layout_marginLeft="@dimen/dimension_14_dp"
            android:text="B. Unlike"
            android:textColor="@color/black"
            android:textSize="@dimen/dimension_18_dp"/>
    </LinearLayout>

    <LinearLayout
        android:id="@+id/lin_c"
        android:layout_width="match_parent"
        android:foreground="?android:selectableItemBackground"
        android:layout_height="@dimen/dimension_44_dp"
        android:layout_marginTop="@dimen/dimension_20_dp"
        android:background="@color/question_choice"
        android:orientation="horizontal">

        <ImageView
            android:id="@+id/iv_c"
            android:layout_width="@dimen/dimension_28_dp"
            android:layout_height="@dimen/dimension_28_dp"
            android:layout_gravity="center_vertical"
            android:layout_marginLeft="@dimen/dimension_10_dp"
            android:adjustViewBounds="true"
            android:src="@drawable/defaults"/>

        <TextView
```

```
            android:id="@+id/tv_c"
            android:layout_width="match_parent"
            android:layout_height="wrap_content"
            android:layout_gravity="center_vertical"
            android:layout_marginLeft="@dimen/dimension_14_dp"
            android:text="C. Alike"
            android:textColor="@color/black"
            android:textSize="@dimen/dimension_18_dp"/>
</LinearLayout>

<LinearLayout
        android:id="@+id/lin_d"
        android:layout_width="match_parent"
        android:layout_height="@dimen/dimension_44_dp"
        android:foreground="?android:selectableItemBackground"
        android:layout_marginTop="@dimen/dimension_20_dp"
        android:background="@color/question_choice"
        android:orientation="horizontal">

        <ImageView
            android:id="@+id/iv_d"
            android:layout_width="@dimen/dimension_28_dp"
            android:layout_height="@dimen/dimension_28_dp"
            android:layout_gravity="center_vertical"
            android:layout_marginLeft="@dimen/dimension_10_dp"
            android:adjustViewBounds="true"
            android:src="@drawable/defaults"/>

        <TextView
            android:id="@+id/tv_d"
            android:layout_width="match_parent"
            android:layout_height="wrap_content"
            android:layout_gravity="center_vertical"
            android:layout_marginLeft="@dimen/dimension_14_dp"
            android:text="D. Liking"
            android:textColor="@color/black"
            android:textSize="@dimen/dimension_18_dp"/>
</LinearLayout>
```

```
        <TextView
            android:visibility="gone"
            android:id="@+id/tv_result"
            android:layout_width="match_parent"
            android:layout_height="wrap_content"
            android:layout_marginTop="@dimen/dimension_10_dp"
            android:gravity="center"
            android:text="共答 2 题,答对 0 题，答错 2 题，正确率 0%"
            android:textColor="@color/black"
            android:textSize="@dimen/dimension_18_dp"/>


        <LinearLayout
            android:id="@+id/lin_detail"
            android:visibility="gone"
            android:layout_width="match_parent"
            android:layout_height="wrap_content"
            android:layout_marginTop="@dimen/dimension_10_dp"
            android:orientation="vertical">


            <TextView
                android:layout_width="wrap_content"
                android:layout_height="wrap_content"
                android:background="@color/question_number"
                android:padding="@dimen/dimension_2_dp"
                android:text="解析"
                android:textColor="@color/white"
                android:textSize="@dimen/dimension_16_dp"/>

            <TextView
                android:id="@+id/tv_detail"
                android:layout_width="match_parent"
                android:layout_height="wrap_content"
                android:layout_marginTop="@dimen/dimension_10_dp"
                android:gravity="start"
                android:text="id    timu_title timu1    timu2    timu3
timu4    daan1    daan2    daan3    daan4    detail    types    reply
```

```
19  The economic recession has meant that job__ is a rare thing.    security  safety
protection     secureness     A             security. job security 是商务英语中的词汇,
意思是工作保障,职业安全感. e.g. This company offers excellent job security and a great working
environment. 这家公司提供出色的工作保障和良好的工作环境. secure 较 safe 更加抽象,这里工
作保障应属于抽象范畴, 且 secure 的名词形式是 security 而非 secureness."
                        android:textColor="@color/black"
                        android:textSize="@dimen/dimension_18_dp"/>

                </LinearLayout>

            </LinearLayout>
        </ScrollView>
    </LinearLayout>

    </LinearLayout>
```

3. 我的错题逻辑实现

Gson().fromJson 是一个在 Java 开发中常用的方法，用于将 JSON 字符串转换为 Java 对象。SPUtils.getInstance().getString(AppConfig.WRONG_JSON)是一个常见的 Android 开发工具类方法，用于从 SharedPreferences 中获取一个字符串值，用来获取一个名为 AppConfig.WRONG_JSON 的键对应的值。将 JSON 字符串转换为 Long 类型的 List，并将错误的题目 Id 转换为 long 类型的数组。关键代码如下：

```
/**
 * 所有的错题都从 sp 里面来解析
 */
private void fromJson() {
    List<Long> wrongId = new Gson().fromJson(SPUtils.getInstance().getString (AppConfig.
WRONG_JSON), new TypeToken<List<Long>>() {
    }.getType());
    longWrong = new long[wrongId.size()];
    for (int j = 0; j < wrongId.size(); j++) {
        longWrong[j] = wrongId.get(j);
    }
    LogUtils.a(longWrong.toString() + "    " + longWrong.length);
}
```

4. 我的错题实现效果

我的错题模块实现效果如图 2.19 所示。

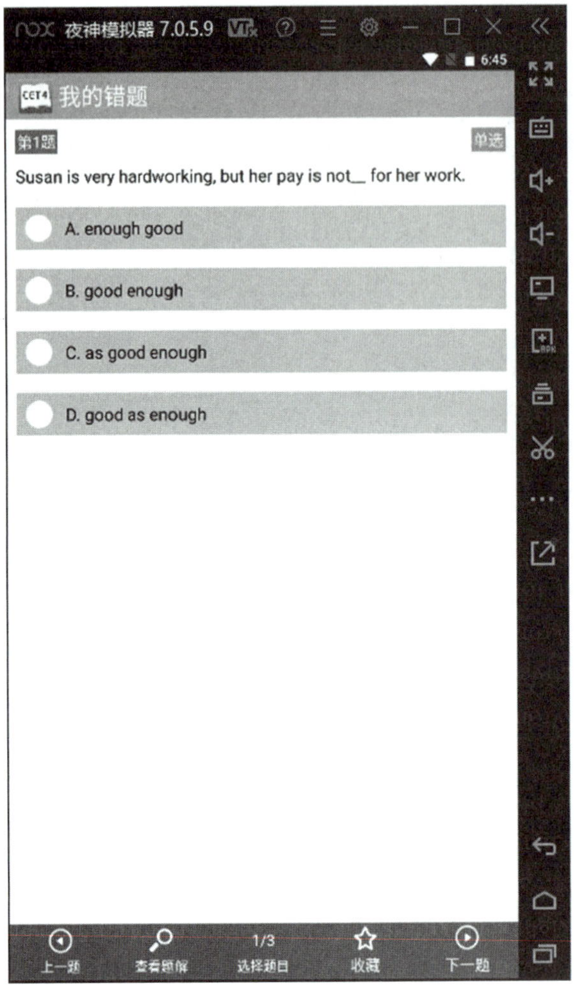

图 2.19　我的错题模块实现效果

2.4.11　学习统计模块实现

学习统计模块的主要功能是将英语学习助手 App 的内容展示出来，如客观练习情况、模拟考试以及收藏情况等，通过数据展示学习效果，使用户更清楚自身的学习效果。

学习统计模块的实现思路较为简单，主要是页面间的数据传递和数据展示。

具体实现步骤如下：

（1）学习统计界面布局的关键代码如下：

```
<LinearLayout
        android:layout_width="match_parent"
        android:layout_height="@dimen/dimension_48_dp"
        android:background="@color/colorPrimary"
        android:orientation="horizontal">

        <ImageView
```

```
            android:layout_width="@dimen/dimension_36_dp"
            android:layout_height="wrap_content"
            android:layout_gravity="center_vertical"
            android:layout_marginLeft="@dimen/dimension_14_dp"
            android:adjustViewBounds="true"
            android:src="@mipmap/icon"/>


        <TextView
            android:layout_width="0dp"
            android:layout_height="wrap_content"
            android:layout_gravity="center_vertical"
            android:layout_marginLeft="@dimen/dimension_6_dp"
            android:layout_weight="1"
            android:text="学习统计"
            android:textColor="@color/white"
            android:textSize="@dimen/dimension_24_dp"/>


    </LinearLayout>

    <ScrollView
        android:layout_width="match_parent"
        android:layout_height="match_parent">

        <LinearLayout
            android:layout_width="match_parent"
            android:layout_height="match_parent"
            android:orientation="vertical">

            <LinearLayout
                android:layout_width="match_parent"
                android:layout_height="wrap_content"
                android:layout_marginLeft="@dimen/dimension_20_dp"
                android:layout_marginRight="@dimen/dimension_20_dp"
                android:layout_marginTop="@dimen/dimension_10_dp"
                android:background="@drawable/register_sharp"
                android:orientation="vertical"
                android:paddingBottom="@dimen/dimension_10_dp"
```

```
    android:paddingLeft="@dimen/dimension_10_dp"
    android:paddingRight="@dimen/dimension_10_dp"
    android:paddingTop="@dimen/dimension_6_dp">

    <LinearLayout
        android:layout_width="wrap_content"
        android:layout_height="wrap_content"
        android:background="@drawable/titlesbg"
        android:orientation="vertical">

        <TextView
            android:layout_width="wrap_content"
            android:layout_height="wrap_content"
            android:padding="@dimen/dimension_2_dp"
            android:text="个人信息"
            android:textColor="@color/black"
            android:textSize="@dimen/dimension_16_dp"/>
    </LinearLayout>

    <LinearLayout
        android:layout_width="match_parent"
        android:layout_height="wrap_content"
        android:layout_marginTop="@dimen/dimension_4_dp"
        android:orientation="horizontal"
        android:padding="@dimen/dimension_4_dp">

        <TextView
            android:layout_width="0dp"
            android:layout_height="wrap_content"
            android:layout_weight="1"
            android:padding="@dimen/dimension_2_dp"
            android:text="用户名：tom"
            android:textColor="@color/black"
            android:textSize="@dimen/dimension_16_dp"/>

        <TextView
            android:layout_width="0dp"
            android:layout_height="wrap_content"
            android:layout_weight="1"
```

```
                android:padding="@dimen/dimension_2_dp"
                android:text="姓名：汤姆"
                android:textColor="@color/black"
                android:textSize="@dimen/dimension_16_dp"/>
        </LinearLayout>

        <LinearLayout
            android:layout_width="match_parent"
            android:layout_height="wrap_content"
            android:layout_marginTop="@dimen/dimension_4_dp"
            android:orientation="horizontal"
            android:padding="@dimen/dimension_4_dp">

            <TextView
                android:layout_width="0dp"
                android:layout_height="wrap_content"
                android:layout_weight="1"
                android:padding="@dimen/dimension_2_dp"
                android:text="微信号：tang520"
                android:textColor="@color/black"
                android:textSize="@dimen/dimension_16_dp" />

        </LinearLayout>
    </LinearLayout>

    <LinearLayout
        android:layout_width="match_parent"
        android:layout_height="wrap_content"
        android:layout_marginLeft="@dimen/dimension_20_dp"
        android:layout_marginRight="@dimen/dimension_20_dp"
        android:layout_marginTop="@dimen/dimension_10_dp"
        android:background="@drawable/register_sharp"
        android:orientation="vertical"
        android:paddingBottom="@dimen/dimension_10_dp"
        android:paddingLeft="@dimen/dimension_10_dp"
        android:paddingRight="@dimen/dimension_10_dp"
        android:paddingTop="@dimen/dimension_6_dp">

        <LinearLayout
```

```
            android:layout_width="wrap_content"
            android:layout_height="wrap_content"
            android:background="@drawable/titlesbg"
            android:orientation="vertical">

            <TextView
                android:layout_width="wrap_content"
                android:layout_height="wrap_content"
                android:padding="@dimen/dimension_2_dp"
                android:text="客观题练习情况"
                android:textColor="@color/black"
                android:textSize="@dimen/dimension_16_dp"/>
        </LinearLayout>

        <LinearLayout
            android:layout_width="match_parent"
            android:layout_height="wrap_content"
            android:layout_marginTop="@dimen/dimension_4_dp"
            android:orientation="horizontal"
            android:padding="@dimen/dimension_4_dp">

            <TextView
                android:id="@+id/tv_sub_right"
                android:layout_width="0dp"
                android:layout_height="wrap_content"
                android:layout_weight="1"
                android:padding="@dimen/dimension_2_dp"
                android:text="答对了：0"
                android:textColor="@color/black"
                android:textSize="@dimen/dimension_16_dp"/>

            <TextView

                android:id="@+id/tv_sub_right_rate"
                android:layout_width="0dp"
                android:layout_height="wrap_content"
                android:layout_weight="1"
                android:padding="@dimen/dimension_2_dp"
                android:text="正确率：0%"
```

```
                    android:textColor="@color/black"
                    android:textSize="@dimen/dimension_16_dp"/>
            </LinearLayout>
   … …
</ScrollView>
```

（2）学习统计实现代码如下：

```
/**
 * 加载界面
 */
private void initView() {
    //客观题练习情况
    mTvSubRight.setText("答对了：" + SubjectiveActivity.right_total);
    if (SubjectiveActivity.right_total + SubjectiveActivity.wrong_total!=0) {
    mTvSubRightRate.setText(" 正 确 率 "+SubjectiveActivity.right_total*100/
(Subjective Activity.right_total + SubjectiveActivity.wrong_total)+"%");
    }
    mTvSubWrong.setText("答错了：" + SubjectiveActivity.wrong_total);
    if (SubjectiveActivity.right_total + SubjectiveActivity.wrong_total!=0) {
    mTvSubWrongRate.setText(" 错 误 率 "+SubjectiveActivity.wrong_total*100/
(Subjective Activity.right_total + SubjectiveActivity.wrong_total)+"%");
    }
    mTvSubAlready.setText("已答题：" + (SubjectiveActivity.right_total + Subjective
Activity.wrong_total));
    mTvSubAlreadyRate.setText("答题率："+(SubjectiveActivity.right_total + Subjective
Activity.wrong_total)*100/184+"%");
    //模拟考试情况
    mTvTestRight.setText("答对了：" + TestActivity.right_total);
    if (TestActivity.right_total + TestActivity.wrong_total!=0) {
    mTvTestRightRate.setText(" 正 确 率 "+TestActivity.right_total*100/ (TestActivity.
right_total + TestActivity.wrong_total)+"%");
    }
    mTvTestWrong.setText("答错了：" + TestActivity.wrong_total);
    if (TestActivity.right_total + TestActivity.wrong_total!=0) {
    mTvTestWrongRate.setText("错误率"+TestActivity.wrong_total*100/ (TestActivity.
right_total + TestActivity.wrong_total)+"%");
    }
    mTvTestAlready.setText("已答题："+(TestActivity.right_total + TestActivity. wrong_
total));
```

```
            mTvTestAlreadyRate.setText("答题率："+(TestActivity.right_total + TestActivity.
wrong_total)*100/25+"%");
            //收藏情况
            //我的收藏
            List<Collect> infosList = DataSupport.findAll(Collect.class);
            mTvCollect.setText("我的收藏:" + infosList.size());
            //我的错题
            List<Long> wrongId = new Gson().fromJson (SPUtils.getInstance(). getString(App
Config.WRONG_JSON), new TypeToken<List<Long>>() {
            }.getType());
            mTvWrong.setText(wrongId == null ? "我的错题：" + 0 : "我的错题：" + wrongId.
size());
        }
```

（3）学习统计实现效果如图 2.20 所示。

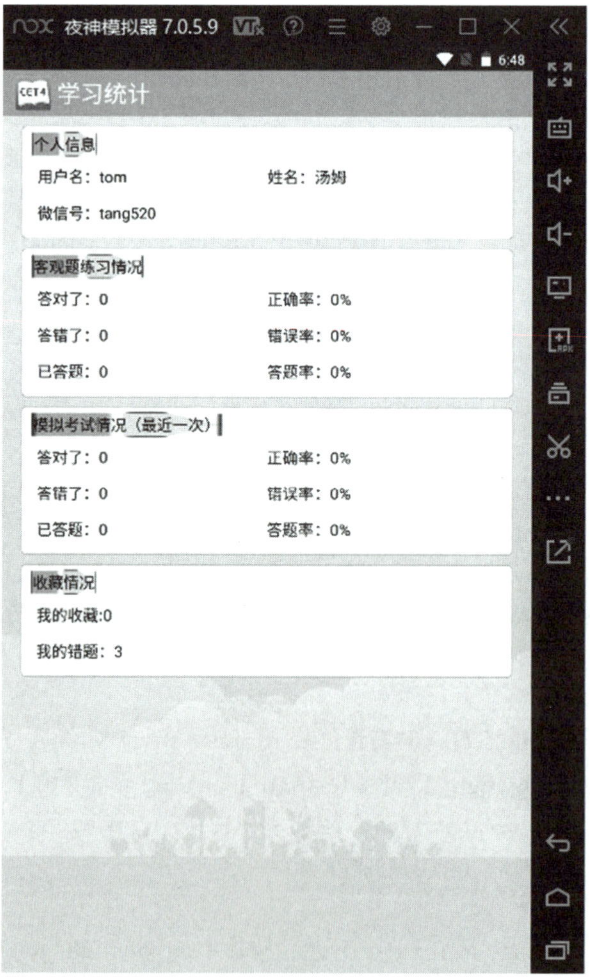

图 2.20　学习统计模块实现效果

2.4.12　图表分析模块（基于 MPAndroidChart 库）实现

图表分析模块的实现对于提升用户体验、呈现复杂数据具有重要意义。Android 平台作为全球使用最广泛的移动操作系统之一，为开发者提供了丰富的图形和图表库。基于 Android 的 MPAndroidChart 库是一个功能强大、灵活且易于使用的图表库，支持折线图、饼图等多种图表类型。

1. 环境配置

要在 Android 应用程序中实现图表分析模块，需要在项目的 build.gradle 文件中添加 MPAndroidChart 库的依赖。可以通过访问 MPAndroidChart 的 GitHub 页面获取最新版本的依赖信息。本项目导入的依赖为：

```
dependencies {
    implementation 'com.github.PhilJay:MPAndroidChart:v3.1.0'
}
```

添加依赖后同步项目，确保库成功导入项目中。

2. 数据准备

图表的核心在于数据，接下来就是准备要在图表中展示的数据。数据通常来源于本地数据库、文件或网络请求。无论数据来源如何，关键是将这些数据转换为图表库能够理解的格式。

以折线图为例，项目需要创建一个 ArrayList<Entry>集合，其中 Entry 对象包含两个参数，一个是 x 轴的值，另一个是 y 轴的值。例如，需要展示最近 7 天的用户活跃度数据，根据实际数据构建这样的集合。

3. 图表配置

数据准备就绪后，接下来是配置图表。以折线图为例，首先需要在布局文件中添加 LineChart 控件：

```
<com.github.mikephil.charting.charts.LineChart
    android:id="@+id/lineChart"
    android:layout_width="match_parent"
    android:layout_height="match_parent"/>
```

在 Activity 或 Fragment 中通过 ID 引用这个控件，并进行初始化和配置：

```
LineChart chart = findViewById(R.id.lineChart);
// 创建一个 DataSet 对象，这里把它命名为"User Activity"，并将前面准备的数据集传入
LineDataSet dataSet = new LineDataSet(entries, "User Activity");
// 创建一个数据对象，将数据集传入 LineData lineData = new LineData(dataSet);
// 将数据对象设置给图表
chart.setData(lineData);
```

```
// 刷新图表
chart.invalidate();
```

4. 自定义样式

MPAndroidChart 库提供了丰富的自定义样式选项，包括但不限于颜色、字体、形状、动画等。通过这些选项，可以根据需求定制独特的图表样式。

例如，如果想要更改折线的颜色和宽度，可以使用以下代码：

```
dataSet.setColor(Color.BLUE);
dataSet.setValueTextColor(Color.RED); // 设置数据点文字颜色
dataSet.setLineWidth(2f); // 设置线宽
```

此外，还可以配置图表的背景、边界、图例等元素，以达到预期的视觉效果。总之，Android 应用程序中实现图表分析模块，利用 MPAndroidChart 库展示折线图、饼图等多种类型的图表，从环境配置到数据准备，再到图表配置和自定义样式，每一步都是构建高质量图表不可或缺的环节。值得注意的是，虽然本项目模块以折线图为例进行说明，但 MPAndroidChart 库支持的图表类型远不止这些，读者可以根据具体需求选择合适的图表类型，并通过官方文档深入了解更多自定义选项，以实现更加丰富和精准的数据可视化展示。

图表分析模块显示效果如图 2.21 所示。

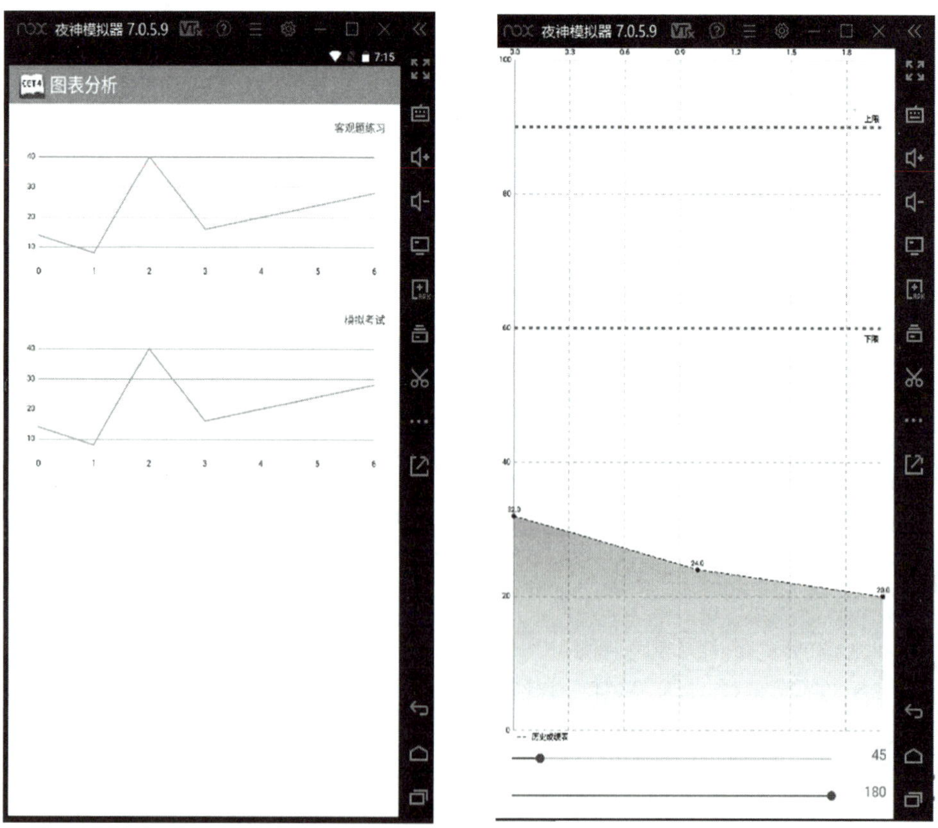

图 2.21　图表分析模块显示效果

2.4.13　阅读理解模块实现

阅读理解模块和客观题型模块类似，都需要依赖后端数据库来存储和管理题目数据，区别是一篇文章有 3~6 个题目。

阅读理解的目的是帮助学生提升阅读理解的能力水平，有效复习和掌握泛读水平及速度，使用者通过规定时间，完成阅读理解题目，统计分析出阅读理解的正确率。在阅读理解模块中可以统计学生在阅读理解方面的表现，并显示相关信息，如正确答案和解析。

阅读理解的实现思路和客观题型的实现思路大致相同，实现效果如图 2.22 所示。

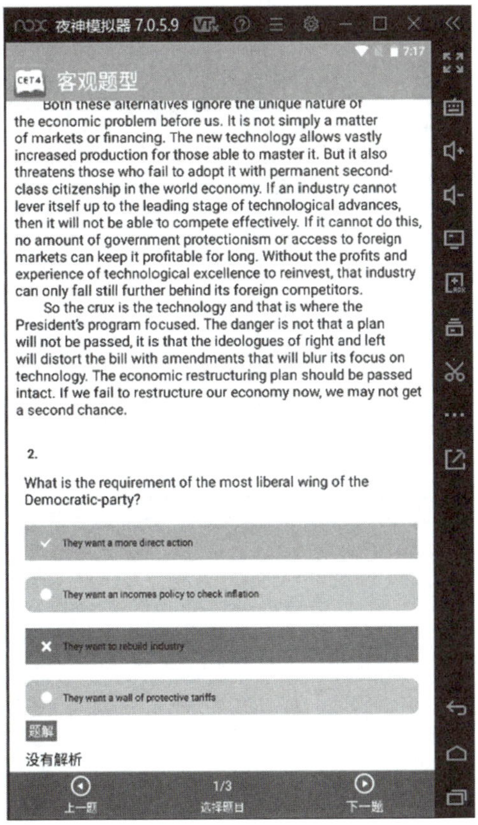

图 2.22　阅读理解模块实现效果

2.4.14　题库维护模块实现

题库维护模块提供用户友好的界面，让使用者能够轻松地添加、修改或删除题目。界面可以包括多种过滤和搜索功能，使用户能够根据不同的标准（如难度级别、题型、使用频率等）来快速找到所需的题目。

题库维护模块需要支持高效的数据插入、查询、更新和删除操作，因此在此模块中采用了第三方数据库框架来操作数据库，实现了对客观题、阅读理解题等题型的 GRUD 操作。

由于题型维护模块的实现较为简单，就是对本地数据库的增、删、查、改操作，在此小节就不详述，读者可以自行完成对题库维护模块的功能开发。

题库维护模块显示效果如图 2.23 和图 2.24 所示。

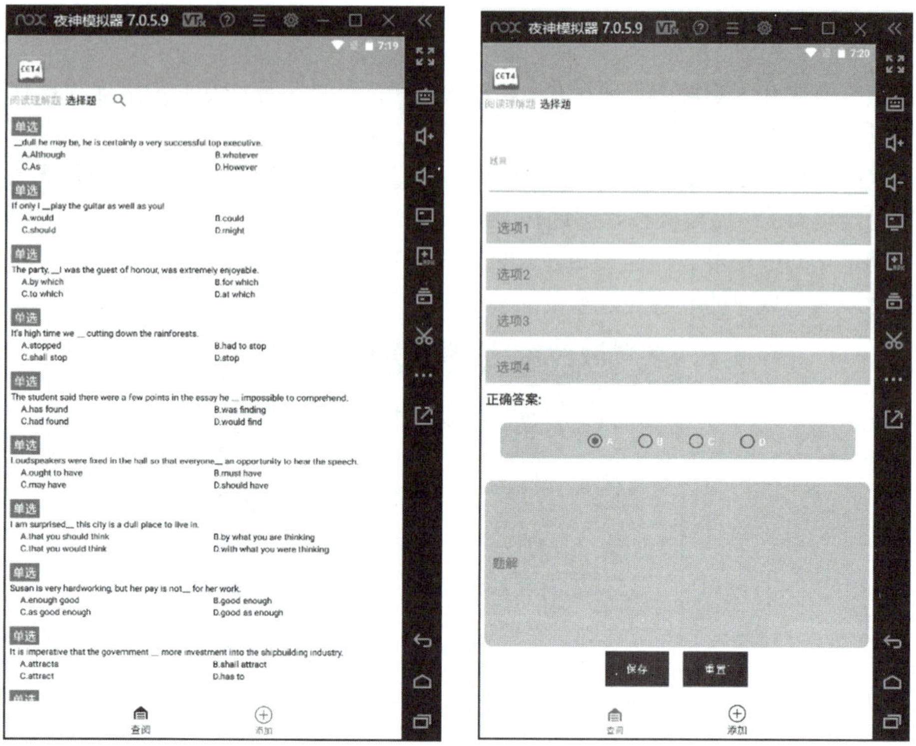

图 2.23　题库维护模块选择题维护效果

图 2.24　题库维护模块阅读理解维护效果

2.4.15 通知公告模块实现

通知公告功能实现是 Android 经典的获取数据—解析数据—渲染界面的一个过程。实现思路：首先通过网络获取到数据，一般是 JSON 数据，然后利用插件解析成对象，通过利用 listview 或者 recyclerview 去展示数据。值得注意的是，这些控件需要用 adapter 数据适配器进行数据渲染。主要是通过网络获取回来的 JSON，并解析成 bean 对象进行 recyclerview 渲染，包括动画设置。

关键代码如下：

```
    /* 网络获取数据 */
    private void getInfos() {
        //网络接口地址
        String url = "http://result.eolinker.com/Qai21Yf650581e783d09adf9f 7966b117
db875bf3288f72?uri=getMes";
        OkGo.post(url)
                .execute(new StringCallback() {
                    @Override
                    public void onSuccess(String s, Call call, Response response) {
                        List<MessageBean> list = new Gson().fromJson(s,new Type
Token<List<MessageBean>>(){}.getType());
                        initRv(list);
                    }
                });

    }

    /**
     * 渲染 rv
     */
    private void initRv(List<MessageBean> list) {
        mRvMessage.setLayoutManager(new LinearLayoutManager(this));
        mMessageAdapter = new MessageAdapter(R.layout.mes_item, list);
        //设置动画
        mMessageAdapter.openLoadAnimation(BaseQuickAdapter.SLIDEIN_RIGHT);
        //设置是否加载一次
        mMessageAdapter.isFirstOnly(false);
        mRvMessage.setAdapter(mMessageAdapter);
        mMessageAdapter.setOnItemClickListener(new
```

```
BaseQuickAdapter.OnItemClickListener() {
                @Override
                public void onItemClick(BaseQuickAdapter adapter, View view, int position) {
                    //跳转到网页
                    Intent intent = new Intent(MessageActivity.this,WebViewActivity.class);
                    //将网络地址传过去
                    intent.putExtra("href",((MessageBean)adapter.getItem(position)).href);
                    MessageActivity.this.startActivity(intent);
                }
            });
        }
```

通知公告模块实现效果如图 2.25 和图 2.26 所示。

图 2.25　通知公告模块主页效果

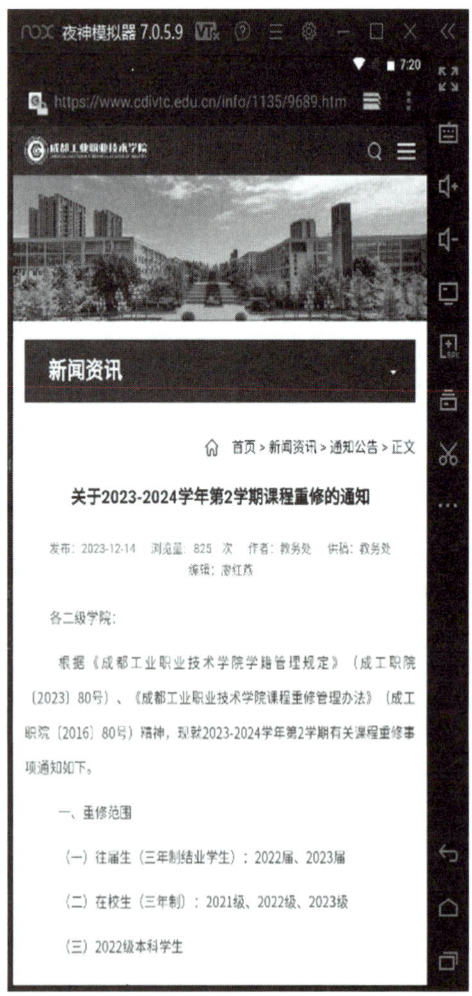

图 2.26　通知公告模块详情页效果

通过传过来的 url，将 url 传递给 webview 将网页展示出来。

```
    /* 网络获取数据 */
    private void getInfos() {
        //网络接口地址
        String url = "http://result.eolinker.com/Qai21Yf650581e783d09 adf9f7966b117db
875bf3288f72?uri=getMes";
        OkGo.post(url)
                .execute(new StringCallback() {
                    @Override
                    public void onSuccess(String s, Call call, Response response) {
                        List<MessageBean> list = new Gson().fromJson(s,new
TypeToken<List<MessageBean>>(){}.getType());
                        initRv(list);
                    }
                });

    }
```

2.4.16　后台音乐功能实现

进入主界面时通过 Service 播放音乐。

```
        //初始化音乐播放器的意图
        musicIntent = new Intent(this, MusicService.class);
        //绑定后台播放音乐
        bindService(musicIntent, mServiceConnection, BIND_AUTO_CREATE);
```

```
    //音乐播放器的意图
    private Intent musicIntent;
    private MusicService.MusicImpl mMusic;
    private ServiceConnection mServiceConnection = new ServiceConnection() {
        @Override
        public void onServiceConnected(ComponentName componentName, IBinder iBinder)
{
            mMusic = (MusicService.MusicImpl) iBinder;
            if (mMusic != null) {
                //播放音乐
                mMusic.playMusic();
            }
```

```
        }

        @Override
        public void onServiceDisconnected(ComponentName componentName) {

        }
    };
```

```
    public class MusicImpl extends Binder {
        /**
         * 播放音乐的方法
         */
        public void playMusic() {
            //初始化音乐播放器
            mMediaPlayer = MediaPlayer.create(MusicService.this, R.raw.summer);
            // 监听音频播放完的代码，实现音频的自动循环播放
            mMediaPlayer.setOnCompletionListener(new
MediaPlayer.OnCompletionListener() {
                @Override
                public void onCompletion(MediaPlayer mediaPlayer) {
                    mMediaPlayer.reset();
                    mMediaPlayer.start();
                }
            });
            //开始播放
            mMediaPlayer.start();
        }
        /**
         * 停止播放的方法
         */
        public void stopMusic() {
            if (mMediaPlayer.isPlaying()) {
                mMediaPlayer.reset();
                mMediaPlayer = null;
            }
        }

    }
```

2.4.17　引导页和二次退出确认功能实现

很多 App 都有引导页。引导页是指软件首次进入或者更新完成后软件显示的页面，一般展示软件特色功能或者更新的内容。

引导页的实现思路是先判断是否第一次启动 App，如果是，则进入引导页（左右滑动切换查看，滑动到最后一页点击按钮进入首页）；如果不是，则跳过引导页直接进入首页。

1. 引导页的判断

关键代码如下：

```
new Handler(){
    @Override
    public void handleMessage(Message msg) {
        startActivity(new Intent(SplashActivity.this,LoginActivity.class));
        SplashActivity.this.finish();
    }
}.sendEmptyMessageDelayed(0,2500);
```

2. 引导页的布局

xml 布局关键代码如下：

```
<androidx.viewpager.widget.ViewPager
        android:layout_width="match_parent"
        android:layout_height="match_parent"
        android:id="@+id/my_viewpager">
    </androidx.viewpager.widget.ViewPager>

    <LinearLayout
        android:id="@+id/dot_layout"
        android:layout_width="wrap_content"
        android:layout_height="wrap_content"
        android:orientation="horizontal"
        android:layout_alignParentBottom="true"
        android:layout_centerHorizontal="true"
        android:gravity="center"
        android:layout_marginBottom="40dip"
        >
    </LinearLayout>
```

3. 引导页的逻辑实现一

新建适配器，关键代码如下：

```
public class VpAdapter extends PagerAdapter {
    private ArrayList<ImageView> imageViews;

    public VpAdapter(ArrayList<ImageView> imageViews){
    this.imageViews = imageViews;
    }
    /**
     * 获取当前要显示对象的数量
     */
    @Override
    public int getCount() {
        return imageViews.size();
    }
    /**
     * 判断是否用对象生成界面
     */
    @Override
    public boolean isViewFromObject(@NonNull View view, @NonNull Object object) {
        return view==object;
    }

    /**
     * 从 ViewGroup 中移除当前对象（图片）
     */
    @Override
    public void destroyItem(ViewGroup container, int position, Object object){
    container.removeView(imageViews.get(position));
    }

    /**
     * 当前要显示的对象（图片）
     */
    @Override
    public Object instantiateItem(ViewGroup container, int position) {
```

```
            container.addView(imageViews.get(position));
            return imageViews.get(position);
        }
    }
```

4. 引导页添加图片

把引导页要显示的图片添加到集合中，以传递给适配器，用来显示图片。

关键代码如下：

```
    private void initImages() {
            LayoutParams mParams = new LayoutParams(LayoutParams.MATCH_PARENT,
LayoutParams.MATCH_PARENT);//设置每一张图片都填充窗口
            imageViews = new ArrayList<ImageView>();
            for (int i = 0; i < imgs.length; i++) {
                ImageView iv = new ImageView(this);
                iv.setLayoutParams(mParams);//设置布局
                iv.setImageResource(imgs[i]);//为 Imageview 添加图片资源
                iv.setScaleType(ImageView.ScaleType.FIT_XY);//设置图片拉伸效果
                imageViews.add(iv);
                if (i == imgs.length - 1) {//为最后一张添加点击事件
                    iv.setOnClickListener(new View.OnClickListener() {
                        @Override
                        public void onClick(View view) {
                            //Toast.makeText(SplashActivity.this, "跳转。。。", Toast.
LENGTH_SHORT).show();
                            Intent intent=new Intent(SplashActivity.this,Login Activity.class);
                            startActivity(intent);
                            finish();
                        }
                    });
                }
            }
        }
```

5. 引导页的逻辑实现二

动态生成相应数量的导航小圆点，并添加到 LinearLayout 中显示，关键代码如下：

```
    private void initDots() {
        LinearLayout layout = (LinearLayout) findViewById(R.id.dot_layout);
```

```
        LayoutParams mParams = new LayoutParams(LayoutParams.WRAP_CONTENT,
LayoutParams.WRAP_CONTENT);
        mParams.setMargins(10, 0, 10, 0);//设置小圆点左右之间的间隔
        //圆点的长度
        dotViews = new ImageView[imgs.length];
        for (int i = 0; i < imageViews.size(); i++) {
            ImageView imageView = new ImageView(this);
            imageView.setLayoutParams(mParams);
            imageView.setImageResource(R.drawable.selector);
            if (i == 0) {
                imageView.setSelected(true);
            } else {
                imageView.setSelected(false);
            }
            dotViews[i] = imageView;//得到每个小圆点的引用，用于滑动页面时，
（onPageSelected 方法中）更改它们的状态。
            layout.addView(imageView);//添加到布局里面显示
        }
    }
```

6. 初始化方法中设置引导页适配器

```
@Override
    protected void onCreate(Bundle savedInstanceState) {
        //设置是否显示标题栏
        //setShowTitle(true);
        //设置是否显示状态栏
        //setShowStatusBar(true);
        //是否允许屏幕旋转
        //setAllowScreenRoate(true);
        //以上设置一定要在 super.onCreate(savedInstanceState) 方法之前设置
        super.onCreate(savedInstanceState);
        setContentView(R.layout.activity_splash);
        vPager = findViewById(R.id.my_viewpager);
        initImages();
        initDots();

        vpAdapter = new VpAdapter(imageViews);
        vPager.setAdapter(vpAdapter);
```

```
            vPager.setOnPageChangeListener(this);
    }
```

7. 引导页的效果实现

引导页的实现效果如图 2.27 所示。

图 2.27　引导页界面实现效果

2.5　项目知识点

2.5.1　网络请求框架

通过手机可以实现通信、学习、娱乐、购物等多种功能，这些功能的实现都离不开网络数据的支持。手机要想获取外部信息，就必须依赖于网络请求数据。以前采用流的方式进行网络访问，但随着技术的进步和需求的增加，仅仅依靠传统方法已经难以满足现代应用的需求。因此，许多第三方网络请求框架应运而生，它们以高效、稳定著称，极大地丰富了开发者的选择，提高了开发效率。接下来将对常见的第三方网络请求框架进行简要介绍和比较。常见的第三方的网络请求框架有 OkGo、OkHttp、RxJava、Volley、XUtils、Retrofit 等。

首先是常见且使用简单的 OkGo 框架。OkGo 是一个基于 OkHttp 的轻量级网络请求框架，它在 OkHttp 的基础上进行了进一步的封装，使得网络请求变得更加简单、方便。OkGo 支持大文件上传、下载、请求参数的自动封装、请求缓存等功能，非常适合需要处理复杂网络请求的应用。

接下来是 OkHttp。OkHttp 是一个高效的 HTTP 客户端，它支持同步阻塞调用和异步调用，内部实现了连接池、gzip 压缩和缓存机制等，能够自动处理常见的网络问题。OkHttp 的 API 设计简洁，易于上手，是许多 Android 开发者的首选网络请求库。

RxJava 则是一个基于观察者模式的异步编程框架，它通过使用可观察对象来进行事件的传递。在网络请求方面，RxJava 可以与 Retrofit 等库结合使用，实现网络请求的链式操作，大大简化了异步编程的复杂性。RxJava 的强大之处在于它提供了丰富的操作符，可以轻松实现事件的过滤、转换和组合。

Volley 是 Google 官方推出的网络通信库，特别适合进行数据量不大，但通信频繁的网络操作。Volley 内部实现了请求队列和缓存机制，可以自动排序网络请求，优化网络访问。Volley 的一个显著特点是它在 UI 线程中自动处理网络响应，这使得开发者不需要关心线程管理，简化了开发流程。

XUtils 是一个 Android 平台的工具类库，其中包含网络请求、数据库操作、图片加载等功能。在网络请求方面，XUtils 提供了简洁的 API，支持同步、异步请求，能够满足大部分网络访问需求。

最后，还有一个最近流行的 Retrofit。Retrofit 是一个类型安全的 HTTP 客户端，它通过将 HTTP API 抽象成 Java 接口的方式，使得网络请求的代码更加简洁、易读。Retrofit 支持同步、异步请求，并且可以与 RxJava 等库结合使用，实现更加强大的功能。Retrofit 的另一个优点是它对 REST API 的支持非常友好，非常适合构建与 RESTful 服务交互的客户端。

第三方网络请求框架为移动应用的开发提供了更多的选择和便利。每个框架都有其独特的特点和适用场景，开发者可以根据自己的需求和项目特点选择最合适的框架。

2.5.2 JSON 数据解析

数据交换在应用程序开发中扮演着至关重要的角色。JSON（JavaScript Object Notation）作为一种轻量级的数据交换格式，因其易于人阅读和编写，同时也易于机器解析和生成，被广泛应用于网络数据交换。

JSON 数据格式是一种基于文本的、独立于语言的数据交换格式，它使用类似于 JavaScript 对象字面量的语法，但仅限于文本。JSON 数据由两种结构组成：键值对（对象）和值的有序列表（数组）。键值对呈现为一个键（字符串）与其对应的值关联在一起，而值可以是字符串、数字、真假值、数组、对象甚至是 null。

1. JSON 数据解析的基本原理

将这种特定格式的字符串转换为编程语言中的相应数据结构（如 JavaScript 中的对象或数组），这一过程通常涉及以下几个分析过程。

词法分析：这一步骤涉及将输入的 JSON 字符串分解为有意义的标记（tokens），如大括号、方括号、逗号、冒号以及各种类型的字面值（如字符串、数字等）。

语法分析：在词法分析的基础上，语法分析进一步根据 JSON 的语法规则，将这些标记组织成为更高级的结构，如对象或数组。

构建数据结构：根据语法分析的结果，构建出对应的数据结构，完成从字符串到编程语言中相应数据结构的转换。

2. JSON 数据解析的实现步骤

以 JavaScript 为例，虽然现代浏览器和 Node.js 环境均内置了 JSON.parse()方法用于解析 JSON 字符串，但了解其背后的实现机制对于深入理解 JSON 解析过程具有重要意义。

准备阶段：需要准备待解析的 JSON 字符串。确保该字符串符合 JSON 格式的基本要求，如以大括号开头和结尾表示对象，以方括号开头和结尾表示数组等。

词法分析：实现一个词法分析器（Lexer），将 JSON 字符串分割成一系列标记。这一过程可以通过正则表达式或状态机等技术实现。

语法分析：基于词法分析的结果，实现一个语法分析器（Parser），根据 JSON 的语法规则，将标记组织成树状结构。这通常涉及递归下降解析等技术。

构建数据结构：遍历语法分析的结果，根据不同类型的节点（如对象节点、数组节点等）构建出相应的数据结构。

错误处理：在整个解析过程中，需要妥善处理可能出现的错误情况，如格式错误、类型不匹配等，确保解析过程的健壮性和稳定性。

JSON 数据解析是现代网络应用中数据处理的基础环节。通过深入理解 JSON 数据解析的原理及实现步骤，开发者不仅可以更加高效地处理数据交换问题，还能够在遇到特殊需求时，定制化解析逻辑，提升应用的灵活性和可扩展性。

3. JSON 数据解析的常见方法

将 JSON 格式的数据转换为可供程序语言理解和操作的数据结构。常见的 JSON 数据解析方法主要包括直接解析、使用第三方库解析以及流式解析等。

直接解析方法通常利用编程语言自身提供的 API，如 JavaScript 中的 JSON.parse()方法，可以直接将 JSON 字符串转换为 JavaScript 对象。这种方法简单快捷，适用于处理简单且结构固定的 JSON 数据。

使用第三方库解析是另一种常见的方法，许多编程语言都有强大的第三方库来支持 JSON 解析，如 Python 的 json 模块和 simplejson 库、Java 的 Jackson 和 Gson 库。这些库不仅提供了基本的数据转换功能，还支持复杂类型的数据映射、序列化和反序列化等高级特性，极大地提升了开发效率和数据处理能力。

流式解析（Streaming API）方法则适用于处理大型 JSON 数据或者需要高效率解析的场景。与传统的整体解析方法不同，流式解析按照数据流的方式逐步读取和处理 JSON 数据，这样可以在不将整个数据加载到内存的情况下进行解析，从而降低内存消耗并提高处理速度。例如，Java 中的 Jackson 库和 Gson 的 JsonReader 都支持流式解析。针对不同的应用场景和需求，读者可以自行选择最适合的 JSON 数据解析方法。

2.5.3　Android 图表的使用

Android MPAndroidChart 图表插件是一款功能强大、灵活性高的开源 Android 图表库，旨在为 Android 应用程序提供美观、易于理解的数据可视化解决方案。该库支持多种图表类型，包括折线图、柱状图、饼图、雷达图等，能够满足绝大多数数据可视化需求。使用 MPAndroidChart，开发者可以轻松地创建出既专业又具有高度定制性的图表，以直观地展示复杂数据。

要在 Android 项目中使用 MPAndroidChart 图表插件，首先需要在项目的 build.gradle 文件中添加 MPAndroidChart 库的依赖项。通过在 dependencies 部分添加如下代码行，即可实现这一步骤：

```
implementation 'com.github.PhilJay:MPAndroidChart:v3.1.0'
```

同步项目，以确保依赖项被正确下载和引入。接下来，开发者可以开始在应用中创建图表。首先，需要在布局文件（XML）中定义一个图表控件，例如，为创建一个折线图，可以添加一个 LineChart 控件。然后，在 Activity 或 Fragment 的 Java 代码中，通过 findViewById 方法获取到这个控件的实例，并使用数据集（DataSet）和数据点（Entry）来填充图表数据。MPAndroidChart 提供了丰富的 API 来定制图表的各种属性，如颜色、样式、动画效果等，开发者可以根据具体需求灵活设置。最后，调用图表的 invalidate 方法，即可实现图表的绘制和更新。

MPAndroidChart 图表插件为 Android 开发者提供了一个既强大又易用的数据可视化工具，通过简单的配置和少量代码，就能在应用中实现专业级别的图表展示，极大地丰富了应用的功能和用户体验。

2.5.4 Android 的后台服务 Service

在当今的移动应用开发领域，Android 系统占据了重要的地位。后台服务（Service）成为了 Android 应用中不可或缺的一部分。

1. Android 后台服务 Service 简介

在 Android 系统中，Service 是一种可以在后台执行长时间运行操作而不提供用户界面的应用组件。它可以在应用的其他组件（如 Activity）被销毁后继续运行，从而使应用可以在后台执行任务，如播放音乐、执行文件下载等。Service 并不是一个单独的进程，也不是线程，它是运行在应用的主线程之中的，如果 Service 中执行了耗时操作，仍然会导致应用的界面卡顿。因此，对于需要执行长时间或复杂计算的任务，应当在 Service 内部创建新的线程来处理。

2. Service 的分类

Android 的 Service 大体上可以分为两类：本地服务（Local Service）和远程服务（Remote Service）。

本地服务（Local Service）：这种 Service 与启动它的应用组件运行在同一个进程中，组件可以通过调用 startService()来启动服务，通过 stopService()或服务自身的 stopSelf()方法来停止服务。如果需要与服务交互，可以通过绑定服务（调用 bindService()）来实现。绑定服务允许组件与服务进行通信，发送请求，接收响应，甚至进行跨进程通信（IPC）。

远程服务（Remote Service）：远程服务是指运行在不同进程中的服务。通过使用 AIDL（Android Interface Definition Language）文件定义服务可以提供的接口，其他应用可以绑定到该服务上，实现跨应用的服务共享和数据交换。

3. 使用 Serviced 的方法

首先，创建 Service。创建一个 Service 类非常简单，只需要创建一个类继承自 Service 基类，并重写其生命周期回调方法，如 onCreate()、onStartCommand()、onBind()、onDestroy()等。

```
public class MyService extends Service {
    @Override
    public void onCreate() {
        super.onCreate();
        // 服务创建时调用
    }

    @Override
    public int onStartCommand(Intent intent, int flags, int startId) {
        // 服务启动时调用
        // 在这里执行后台任务
        return START_STICKY;
    }

    @Override
    public IBinder onBind(Intent intent) {
        // 绑定服务时调用
        return null;
    }

    @Override
    public void onDestroy() {
        super.onDestroy();
        // 服务销毁时调用
    }
}
```

然后，在 AndroidManifest.xml 中声明 Service。在 AndroidManifest.xml 文件中需要声明这个 Service，这样系统才能正确地管理它。

```
<service android:name=".MyService" />
```

接着，启动和停止 Service。启动 Service 可以通过调用 startService(Intent)方法实现，停止 Service 则通过调用 stopService(Intent)或在 Service 内部调用 stopSelf()实现。

```
Intent intent = new Intent(this, MyService.class);
startService(intent); // 启动服务
```

```
// 停止服务
stopService(intent);// 或在 Service 内部
stopSelf();
```

最后，绑定 Service。如果需要与 Service 进行交互，可以通过调用 bindService()来绑定 Service。绑定 Service 需要提供一个 ServiceConnection 实例，用于管理与 Service 的连接。

```
Intent intent = new Intent(this, MyService.class);
bindService(intent, connection, Context.BIND_AUTO_CREATE);
private ServiceConnection connection = new ServiceConnection() {
    @Override
    public void onServiceConnected(ComponentName className, IBinder service) {
        // 与 Service 连接成功时调用
    }
    @Override
    public void onServiceDisconnected(ComponentName arg0) {
        // 与 Service 断开连接时调用
    }
};
```

Android的后台服务Service是实现应用后台运行逻辑的重要机制。通过合理利用Service，可以极大地提升应用的性能和用户体验。然而，也需要注意，不当地使用 Service 可能会消耗过多的系统资源，导致应用性能下降。因此，在设计和实现 Service 时，读者需要仔细考虑其对应用性能的影响，以及如何优化 Service 的运行效率。

2.6 项目中使用的三方框架

在软件开发中，第三方类库扮演着至关重要的角色。在讨论第三方类库之前，需要明确第三方的定义及其在软件开发中的作用。第三方一般指非软件编制方的其他组织或个人开发的软件，用于弥补某种软件在功能上的不足或漏洞，或者为了方便开发某项功能。在理解第三方类库的概念后，需要思考为何要使用第三方类库以及如何找到适合的第三方资源。

第一方代表开发者自身，第二方则是开发者需要解决的问题或目标对象。当选择使用第三方类库时，实际上是在利用其他组织或个人开发的软件来处理的对象，以实现特定功能或解决问题。举例来说，对于游戏开发者而言，游戏的官方开发属于第一方，而游戏的外挂（虚拟游戏中的作弊手段）则属于第三方软件。在这种情况下，常见的插件也可以被理解为第三方软件的一种形式。

第三方类库的使用能够带来诸多优势。它们可以帮助快速开发特定功能，节省开发时间，降低开发难度，并且具备上手快、效果优美的特点。在寻找合适的第三方资源时，一个不错的选择是访问 GitHub（https://github.com/），这是一个知名的代码托管平台，汇集了大量开源项目和第三方类库，为开发者提供了丰富的资源和工具。

2.6.1　项目中使用的三方框架

第三方类库在软件开发中扮演着重要的角色，能够为开发者提供更多选择、更高效的开发方式，同时也促进了软件开发领域的创新和进步。通过合理地利用第三方资源，开发者可以更快速地实现项目目标，提高开发效率，从而使软件开发过程更加高效和便捷。图 2.29 所示为本项目用到的第三方网络框架的说明。

```
dependencies {
    implementation fileTree(dir: "libs",includes: ["*.jar","*.arr","*.aar"])
    implementation 'com.google.android.material:material:1.1.0'
    implementation 'com.nostra13.universalimageloader:universal-image-loader:1.9.5'
    implementation 'com.blankj:utilcodex:1.31.1'  ——→ 工具类框架
    implementation 'androidx.recyclerview:recyclerview:1.1.0'
    implementation 'com.github.dynckathline:okgo:4.0.6'  ——→ OkGo网络访问框架
    implementation 'com.squareup.okhttp3:okhttp:4.9.3'  ——→ OkHttp网络访问框架
    implementation 'com.google.code.gson:gson:2.8.5'  ——→ Gson解析包
    implementation 'com.github.bumptech.glide:glide:4.4.0'
    annotationProcessor 'com.github.bumptech.glide:compiler:4.4.0'
    implementation 'androidx.recyclerview:recyclerview:1.0.0'  ——→ 列表框架
    implementation group: 'com.yanzhenjie', name: 'recyclerview-swipe', version: '1.2.0'
    implementation 'androidx.swiperefreshlayout:swiperefreshlayout:1.1.0'
    implementation 'androidx.appcompat:appcompat:1.3.0'
    implementation 'com.google.android.material:material:1.4.0'
    implementation 'androidx.constraintlayout:constraintlayout:2.0.4'
    testImplementation 'junit:junit:4.13.2'
    androidTestImplementation 'androidx.test.ext:junit:1.1.3'  ——→ 单元测试框架
    androidTestImplementation 'androidx.test.espresso:espresso-core:3.4.0'
    //implementation 'org.litepal.guolindev:core:3.2.3'
    implementation files('libs/litepal-1.5.1.jar')  ——→ 数据库框架
    implementation files('libs/BaseRecyclerViewAdapterHelper-3.0.11.aar')
    implementation files('libs/MPAndroidChart-v3.1.0.aar')  ——→ 图表框架
}
```

图 2.29　本项目中使用的第三方框架

2.6.2　LitePal 数据库框架

LitePal 是一款开源的 Android 数据库框架。LitePal 在 Github 上的项目地址：github.com/LitePalFram…，是一款备受欢迎的数据库操作工具，为 Android 开发者提供了方便快捷的数据库操作方式。LitePal 采用了关系映射的模式，使得开发者可以通过对象关系映射（ORM）的方式来操作数据库，而不需要编写复杂的 SQL 语句。这种模式简化了数据库操作的流程，提高了开发效率，同时也降低了开发者的学习成本。

LitePal 的项目地址在 github 上，这意味着它是一个开源项目，任何人都可以查看源代码、提出建议，甚至参与项目的开发。这种开放的方式使得 LitePal 能够不断地得到改进和更新，保持与时俱进。

作为一款专业的数据库框架，LitePal 具有许多优点。首先，它支持多种数据类型，包括整型、浮点型、字符串等，可以满足不同类型数据的存储需求。其次，LitePal 提供了丰富的 API 接口，方便开发者进行数据库的增、删、改、查操作。此外，LitePal 还支持数据库的版本管理，可以方便地进行数据库的升级和迁移。LitePal 是一款功能强大、易于使用的 Android 数据库框架，适用于各种规模的 Android 应用开发。通过使用 LitePal，开发者可以更加轻松地进行数据库操作，提高开发效率，加快应用的上线速度。具体实现步骤如下：

（1）配置 LitePal：

```
dependencies { .... compile 'org.litepal.android:core:1.5.1' }
```

（2）在 app/src/main 目录下新建目录 assets，在 assets 目录下建 litepal.xml 文件：

```
<?xml version="1.0" encoding="utf-8"?>
<litepal>
    <dbname value="Person" ></dbname>

    <version value="1" ></version>

    <list>
        <mapping class="com.zhoujian.litepal.bean.Person"></mapping>
</list>
</litepal>
```

（3）常见的标签说明：标签可以用于指定数据库名、版本号及所有的映射模型，在清单文件中配置 LitePalApplication。

```
 <application
        android:name="org.litepal.LitePalApplication"
        android:allowBackup="true"
        android:icon="@mipmap/ic_launcher"
        android:label="@string/app_name"
        android:roundIcon="@mipmap/ic_launcher_round"
        android:supportsRtl="true"
        android:theme="@style/AppTheme">
        <activity android:name=".activity.MainActivity">
            <intent-filter>
                <action android:name="android.intent.action.MAIN"/>

                <category android:name="android.intent.category.LAUNCHER"/>
            </intent-filter>
        </activity>
</application>
```

（4）举例说明 litepal 的使用，创建 JavaBean。

Person.java：

```
import org.litepal.crud.DataSupport;
```

```
public class Person extends DataSupport
{
        private String name;
        private int age;
        private int id;
        private String weight;
        public String getName() {
                return name;
        }
        public void setName(String name) {
                this.name = name;
        }
        public int getAge() {
                return age;
        }
        public void setAge(int age) {
                this.age = age;
        }
        public String getWeight() {
                return weight;
        }
        public void setWeight(String weight) {
                this.weight = weight;
        }

        public int getId() {
                return id;
        }
        public void setId(int id) {
                this.id = id;
        }
}
```

然后就可以方便地进行数据库增、删、改、查操作。

MainActivity.java：

```
import android.os.Bundle;
import android.support.v7.app.AppCompatActivity;
import android.util.Log;
import android.view.View;
```

```
import android.widget.Button;
import android.widget.Toast;
import com.zhoujian.litepal.R;
import com.zhoujian.litepal.bean.Person;
import org.litepal.crud.DataSupport;
import org.litepal.tablemanager.Connector;
import java.util.List;

public class MainActivity extends AppCompatActivity
{

    private Button mCreateDatabase;
    private Button mAddData;
    private Button mUpdateData;
    private Button mDeleteButton;
    private Button mQueryButton;

    @Override
    protected void onCreate(Bundle savedInstanceState)
    {
        super.onCreate(savedInstanceState);
        setContentView(R.layout.activity_main);
        initViews();
        clickEvents();
    }


    private void initViews()
    {
        mCreateDatabase = (Button) findViewById(R.id.create_database);
        mAddData = (Button) findViewById(R.id.add_data);
        mUpdateData = (Button) findViewById(R.id.update_data);
        mDeleteButton = (Button) findViewById(R.id.delete_data);
        mQueryButton = (Button) findViewById(R.id.query_data);
    }

    private void clickEvents()
    {
        mCreateDatabase.setOnClickListener(new View.OnClickListener() {
```

```
        @Override
        public void onClick(View v) {
            //创建数据库
            Connector.getDatabase();
        }
    });


    mAddData.setOnClickListener(new View.OnClickListener() {
        @Override
        public void onClick(View v) {

            Person person = new Person();
            person.setId(1);
            person.setName("周润发");
            person.setAge(62);
            person.setWeight("80kg");
            person.save();

            person.clearSavedState();
            person.setId(2);
            person.setName("周杰伦");
            person.setAge(45);
            person.setWeight("65kg");
            person.save();

            person.clearSavedState();
            person.setId(3);
            person.setName("周星驰");
            person.setAge(65);
            person.setWeight("70kg");
            person.save();

            Toast.makeText(MainActivity.this, "添加数据成功", Toast.LENGTH_
SHORT). show();
        }
    });

    mUpdateData.setOnClickListener(new View.OnClickListener()
```

```
        {
            @Override
            public void onClick(View v) {
                Person person = new Person();

                //把 id = 3  的那个人  姓名更改为周建    年龄改为 28      体重改为 62kg
                person.setName("周建");
                person.setAge(28);
                person.setWeight("62kg");
                person.updateAll("id = ?", "3");

                Toast.makeText(MainActivity.this, "更新数据成功", Toast.LENGTH_
SHORT). show();

            }
        });

        mDeleteButton.setOnClickListener(new View.OnClickListener() {
            @Override
            public void onClick(View v)
            {
                //删除年龄大于 60 的人
                DataSupport.deleteAll(Person.class, "age > ?", "60");
                Toast.makeText(MainActivity.this, "删除数据成功", Toast.LENGTH_
SHORT).show();
            }
        });

        mQueryButton.setOnClickListener(new View.OnClickListener() {
            @Override
            public void onClick(View v)
            {
                List<Person> persons = DataSupport.findAll(Person.class);
                for (Person person: persons) {
                    Log.d("MainActivity", "person name is " + person.getName());
                    Log.d("MainActivity", "person weight is " + person.getWeight());
                    Log.d("MainActivity", "person age is " + person.getAge());
                    Log.d("MainActivity", "person id is " + person.getId());
                }
```

```
                    Toast.makeText(MainActivity.this, "查询数据成功", Toast.LENGTH_
SHORT).show();
                }
            });

        }
    }
```

2.6.3　UtilCode 工具框架

1. Activity 相关

ActivityUtils.java→Demo：

```
isActivityExists                          ：判断 Activity 是否存在
startActivity                             ：启动 Activity
startActivities                           ：启动多个 Activity
startHomeActivity                         ：回到桌面
getActivityList                           ：获取 Activity 栈链表
getLauncherActivity                       ：获取启动项 Activity
getTopActivity                            ：获取栈顶 Activity
isActivityExistsInStack                   ：判断 Activity 是否存在栈中
finishActivity                            ：结束 Activity
finishToActivity                          ：结束到指定 Activity
finishOtherActivitiesExceptNewest         ：结束除最新之外的同类型 Activity
finishAllActivities                       ：结束所有 activity
```

2. App 相关

AppUtils.java→Demo：

```
isInstallApp              ：判断 App 是否安装
installApp                ：安装 App（支持 7.0）
installAppSilent          ：静默安装 App
uninstallApp              ：卸载 App
uninstallAppSilent        ：静默卸载 App
isAppRoot                 ：判断 App 是否有 root 权限
launchApp                 ：打开 App
exitApp                   ：关闭应用
getAppPackageName         ：获取 App 包名
getAppDetailsSettings: 获取 App 具体设置
```

```
getAppName                 : 获取 App 名称
getAppIcon                 : 获取 App 图标
getAppPath                 : 获取 App 路径
getAppVersionName          : 获取 App 版本号
getAppVersionCode          : 获取 App 版本码
isSystemApp                : 判断 App 是否是系统应用
isAppDebug                 : 判断 App 是否是 Debug 版本
getAppSignature            : 获取 App 签名
getAppSignatureSHA1        : 获取应用签名的 SHA1 值
isAppForeground            : 判断 App 是否处于前台
getForegroundApp           : 获取前台应用包名
getAppInfo                 : 获取 App 信息
getAppsInfo                : 获取所有已安装 App 信息
cleanAppData               : 清除 App 所有数据
```

3. 栏相关

BarUtils.java→Demo：

```
getStatusBarHeight                        : 获取状态栏高度(px)
addMarginTopEqualStatusBarHeight          : 为 view 增加 MarginTop 为状态栏高度
subtractMarginTopEqualStatusBarHeigh t:   为 view 减少 MarginTop 为状态栏高度
setStatusBarColor                         : 设置状态栏颜色
setStatusBarAlpha                         : 设置状态栏透明度
setStatusBarColor4Drawer                  : 为 DrawerLayout 设置状态栏颜色
setStatusBarAlpha4Drawer                  : 为 DrawerLayout 设置状态栏透明度
getActionBarHeight                        : 获取 ActionBar 高度
showNotificationBar                       : 显示通知栏
hideNotificationBar                       : 隐藏通知栏
getNavBarHeight                           : 获取导航栏高度
hideNavBar                                : 隐藏导航栏
```

2.6.4 BRVAH

BRVAH（Base RecyclerView Adapter Helper）框架是一种专为简化和加速 Android 开发中 RecyclerView 的适配器配置而设计的开源库。通过使用 BRVAH，开发者可以以更少的代码、更高的效率完成列表视图的构建，从而提升开发效率和应用性能。

1. BRVAH 框架介绍

BRVAH 框架的核心在于提供了一系列易于使用的 API，用于快速实现复杂的列表项布局和交互。它通过封装常见的列表操作，如数据绑定、点击事件处理、拖拽排序和滑动删除等，让开发者能够专注于业务逻辑的实现，而无须关心背后烦琐的适配器管理工作。

BRVAH 还支持多种类型的布局，能够轻松实现复杂的列表视图，包括分组列表、展开/收起列表等。它的灵活性和强大功能，使其成为开发 Android 应用时处理列表视图的首选库之一。

2. BRVAH 框架的使用方法

（1）需要在项目的 build.gradle 文件中添加 BRVAH 的依赖项，一般在 build.gradle(Module:app) 的 dependencies 添加。

```
implementation 'com.github.CymChad:BaseRecyclerViewAdapterHelper:版本号'
```

（2）在 build.gradle(Project:XXXX) 的 repositories 添加：

```
allprojects {
    repositories {
        ...
        maven { url "https://jitpack.io" }
    }
}
```

（3）创建数据模型，定义一个 Java 或 Kotlin 类来表示列表中的数据项。创建适配器，继承 BaseQuickAdapter 类，泛型参数为数据模型和 ViewHolder。在构造方法中指定布局文件，重写 convert 方法来绑定数据。

```
public class MyAdapter extends BaseQuickAdapter<数据模型类, BaseViewHolder> {
    public MyAdapter() {
        super(R.layout.item_layout);
    }

    @Override
    protected void convert(BaseViewHolder helper, 数据模型类 item) {
        helper.setText(R.id.textView, item.数据字段);
        // 更多绑定逻辑...
    }
}
```

（4）在 Activity 或 Fragment 中使用适配器，创建适配器实例，将其设置给 RecyclerView，并提供数据源。

```
RecyclerView recyclerView = findViewById(R.id.recyclerView);
MyAdapter adapter = new MyAdapter();
recyclerView.setLayoutManager(new LinearLayoutManager(this));
```

```
recyclerView.setAdapter(adapter);
// 设置数据
List<数据模型类> data = fetchData();
adapter.setNewData(data);
```

（5）处理事件监听，BRVAH 提供了便捷的方法来处理点击和长按事件。

```
adapter.setOnItemClickListener((adapter, view, position) -> {
    数据模型类 item = (数据模型类) adapter.getItem(position);
    // 处理点击事件
});
adapter.setOnItemLongClickListener((adapter, view, position) -> {
    // 处理长按事件
    return true;
});
```

通过以上过程，可快速实现一个功能丰富、响应灵敏的列表视图。BRVAH 框架的使用大大简化了 RecyclerView 的适配器配置工作，让开发者可以更加专注于应用的核心功能开发。

2.6.5 Gson 网络 json 数据解析

1. GSON 简介

GSON 是谷歌提供的用来在 Java 对象和 JSON 数据之间进行映射的 Java 类库，可以将一个 Json 字符转成一个 Java 对象，或者将一个 Java 转化为 Json 字符串。

GSON 的特点：

（1）快速、高效。

（2）代码量少、简洁。

（3）面向对象。

（4）数据传递和解析方便。

2. GSON 的基本使用

```
//实例化 Gson 对象
Gson gson = new Gson();
//把 JSON 字符串转化为对象
Book book = gson.fromJson(result, Book.class);
```

2.6.6 OkGo 网络框架

1. OkGo 网络框架简介

该库是封装了 OkHttp 的网络框架，可以与 RxJava 完美结合，比 Retrofit 更简单易用。支持大文件上传下载、上传进度回调、下载进度回调、表单上传（多文件和多参数一起上传）、链式调用，可以自定义返回对象，支持 HTTPs 和自签名证书、Cookie 自动管理、4 种缓存模式缓存网络数据及 301、302 重定向，扩展了统一的上传管理和下载管理功能。

2. OkGo 的优势

（1）性能强，专注于简单易用的网络请求，使用主流的 OkHttp 进行封装。对于 OkHttp，在 Android 4.4 的源码中可以看到 HttpURLConnection 已经替换成 OkHttp 实现，并且支持 HTTP2/SPDY，支持 Socket 自动选择最好路线和自动重连，拥有自动维护的 Socket 连接池，减少握手次数，拥有队列线程池，轻松写并发。

（2）特有的网络缓存模式，是大多数网络框架所不具备的。这里例举一个应用场景，App 不仅需要在有网的情况下展示最新的网络数据，还要在没网的情况下使用缓存数据，这时候是不是项目中出现了大量的代码判断当前网络状况，根据不同的状态保存不同的数据，然后决定是否使用缓存。细想一下，这是个通用的写法，于是 OkGo 提供了 5 种缓存模式，让开发者不用关心缓存的实现，而专注于数据的处理。

（3）方便易用的扩展接口，可以添加全局的公共参数、全局拦截器、全局超时时间，更可以对单个请求定制拦截器、超时时间、请求参数修改等，在使用上非常方便，原生支持的链式调用让开发者的请求更加清晰。

（4）强大的 Cookie 保持策略，客户端对 Cookie 的获取是一件不太简单的事情，特别是还要处理 Cookie 的过期时间、持久化策略等。OkGo 可以解决 Cookie 难题，默认拥有内存存储和持久化存储两种实现，Cookie 全程自动管理，并且提供了额外的 addCookie 方式，允许介入自动管理的过程中，添加开发者想创建的 Cookie。

3. 用法

```
OkGo.get(Urls.URL_METHOD)                    // 请求方式和请求 url
        .tag(this)                           // 请求的 tag，主要用于取消对应的请求
        .cacheKey("cacheKey")                // 设置当前请求的缓存 key,建议每个不同功能的请求设置一个
        .cacheMode(CacheMode.DEFAULT)        // 缓存模式，详细请看缓存介绍
        .execute(new StringCallback() {
            @Override
            public void onSuccess(String s, Call call, Response response) {
                // s 即为所需要的结果
            }
        });
```

```
OkGo.post(Urls.URL_TEXT_UPLOAD)//
        .tag(this)//
        .upString("这是要上传的长文本数据！")//
        .execute(new StringCallback() {
            @Override
```

```
            public void onSuccess(String s, Call call, Response response) {
                //上传成功
            }

            @Override
            public void upProgress(long currentSize, long totalSize, float progress, long networkSpeed) {
                //这里回调上传进度(该回调在主线程,可以直接更新 UI)
            }
        });
```

2.7 项目小结

2.7.1 内容总结

本项目主要学习了从需求分析、项目规划、UI 设计、编码实现、发布上线的英语学习助手开发流程，通过相关功能模块的实现，学生可以掌握使用 OkGo 或 OkHttp 等网络库进行 HTTP 请求、JSON 数据的解析、SQLite 数据库的使用、Glide 等流行第三方框架的使用、Service 服务、AndroidMPChart 等图表库的使用，能够创建简单的折线图。

2.7.2 学习总结

（1）请阐述本项目中使用的数据库框架用法和网络请求的用法。

数据库操作：
网络请求：

（2）请分析本项目中的关键知识点。

JSON 数据解析：

数据图表：
Service 服务：

（3）请使用 XMind 思维导图对本项目的过程及知识进行总结。

项目三 乐猫音乐设计制作

【学习目标】

（1）熟悉 Android 项目的开发流程。
（2）掌握轮播图功能的实现方式。
（3）掌握 Android 多线程的使用。
（4）掌握网络框架的使用。
（5）掌握背景选择器的创建与使用。
（6）掌握 Service 的创建和使用。
（7）理解网络数据的请求与解析方式。
（8）掌握自定义视图步骤。
（9）理解 Android 动画类型。
（10）能够灵活运用 Android 动画。

3.1 项目概述

乐猫音乐是一款基于 Android 系统的音乐播放软件，它能够让人们在工作之余减轻压力、放松心情。乐猫音乐的设计制作，主要包括欢迎页面、主页（轮播图和推荐专辑）、歌曲列表界面和音乐播放界面。实现功能的相关知识包括 Handler 消息处理器、线程、网络请求、列表展示控件 RecyclerView、适配器、Service 服务等。

3.1.1 模型需求分析

乐猫音乐项目主要从欢迎页面、主页、歌曲列表、播放界面 4 个方面进行设计，如图 3.1 所示。

3.1.2 项目展示

启动 Android Studio 开发软件→打开项目→运行项目→打开模拟器，首先进入的是欢迎页面，跳转到主页，点击主页中推荐专辑列表中的 Item 歌曲专辑项，进入对应专辑的歌曲列表界面，在歌曲列表界面点击任意 Item 歌曲项，跳转到歌曲播放界面，实现歌曲播放。

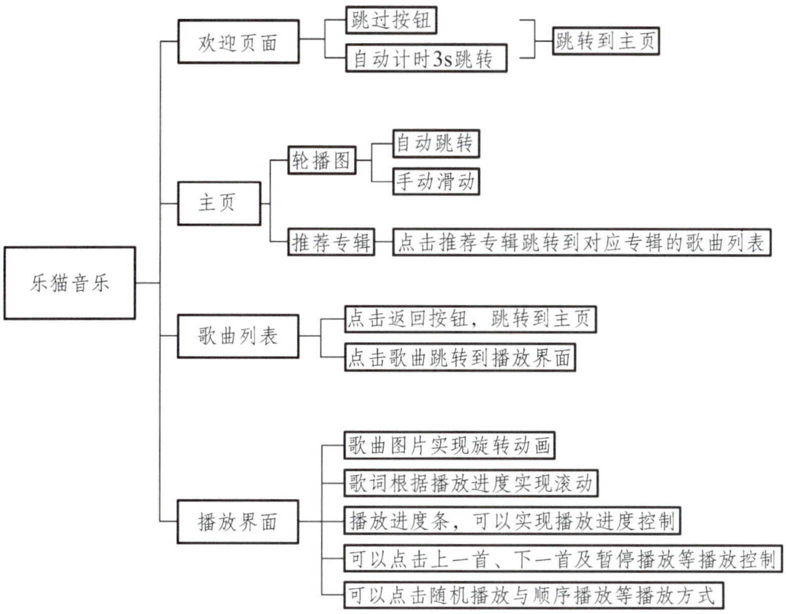

图 3.1　乐猫音乐模块功能

3.1.3　开发环境介绍

操作系统：Windows 10 及以上系统。

开发工具：JDK8 及以上版本、Android Studio 2022.2.1 +模拟器。

API 版本：Android API 31。

3.2　欢迎界面

欢迎页面有 Logo 及“跳过”按钮，点击跳过按钮或自动计时 3 秒进入到项目主页，界面效果如图 3.2 所示。

图 3.2　欢迎页面效果

3.2.1 创建项目

（1）启动 Android Studio 开发环境，选择“Projects”→点击“New Project”按钮，如图 3.3 所示。

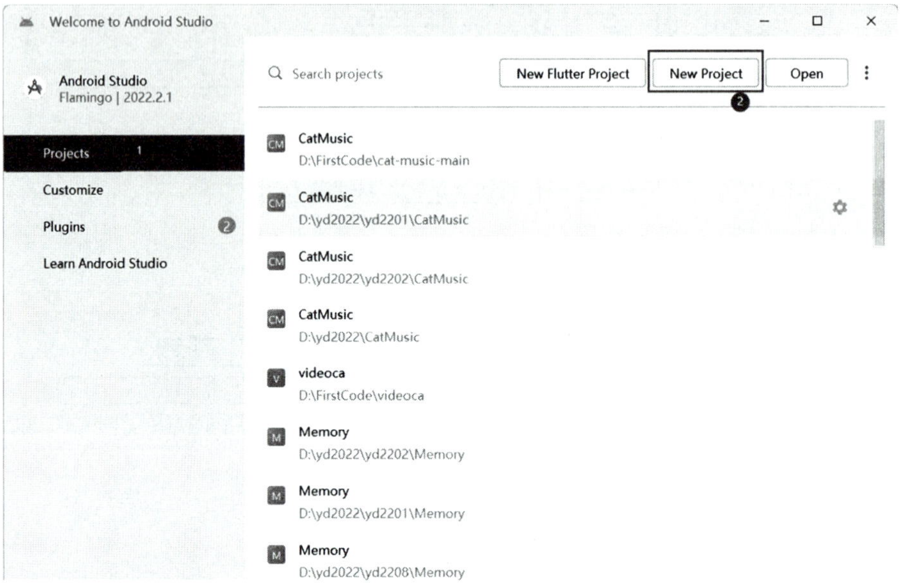

图 3.3 创建项目步骤一

（2）打开 New Project 窗口，选择“Phone and Tablet”→选择“No Activity”→点击“Next”，如图 3.4 所示。

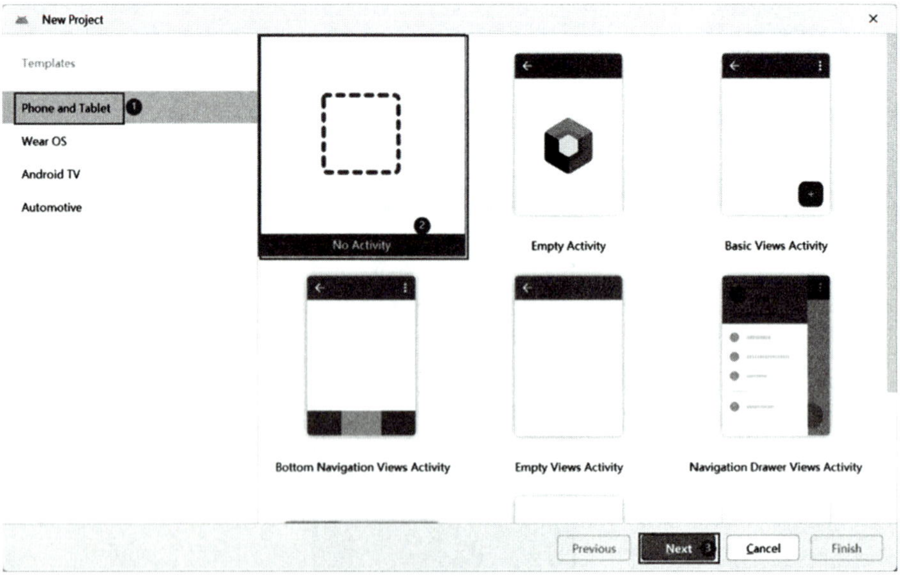

图 3.4 创建项目步骤二

（3）打开创建项目设置界面→设置项目名称、包名、存储位置及支持的最低版本 SDK→点击“Finish”，如图 3.5 所示。

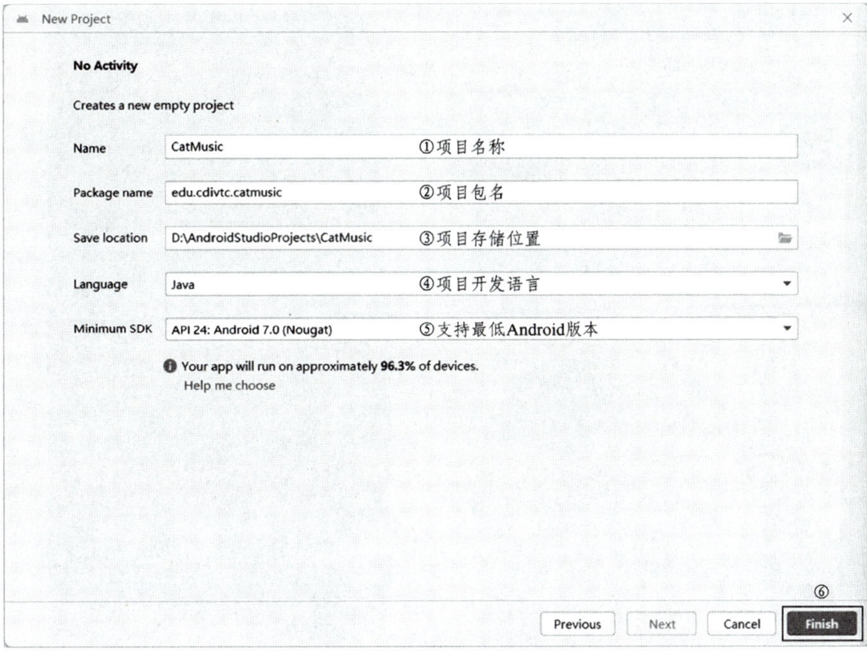

图 3.5 创建项目步骤三

（4）完成一个空项目的创建，效果如图 3.6 所示。

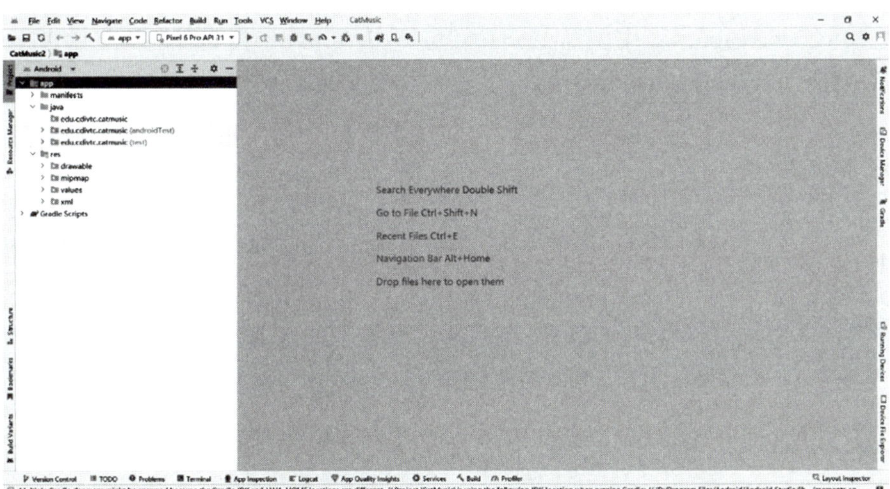

图 3.6 创建完成的空项目

> 注意：
> ①项目命名要见名知意。
> ②项目命名规则要遵循驼峰命名法。

3.2.2 欢迎界面设计

欢迎界面的组成：页面中部有 ImageView 控件，显示乐猫音乐的 Logo，右上角是一个“跳过”按钮，点击该按钮可以进入主页。其效果图和原型图的设计效果如图 3.7 所示。

图 3.7 登录界面的效果图与原型图

1. 创建 WelcomeActivity

在包 edu.cdivtc.catmusic 中创建 Activity 包，在 Activity 包上右击，选择“New”，选择“Activity”，选择“Empty Views Activity”。具体创建过程如图 3.8~图 3.11 所示。

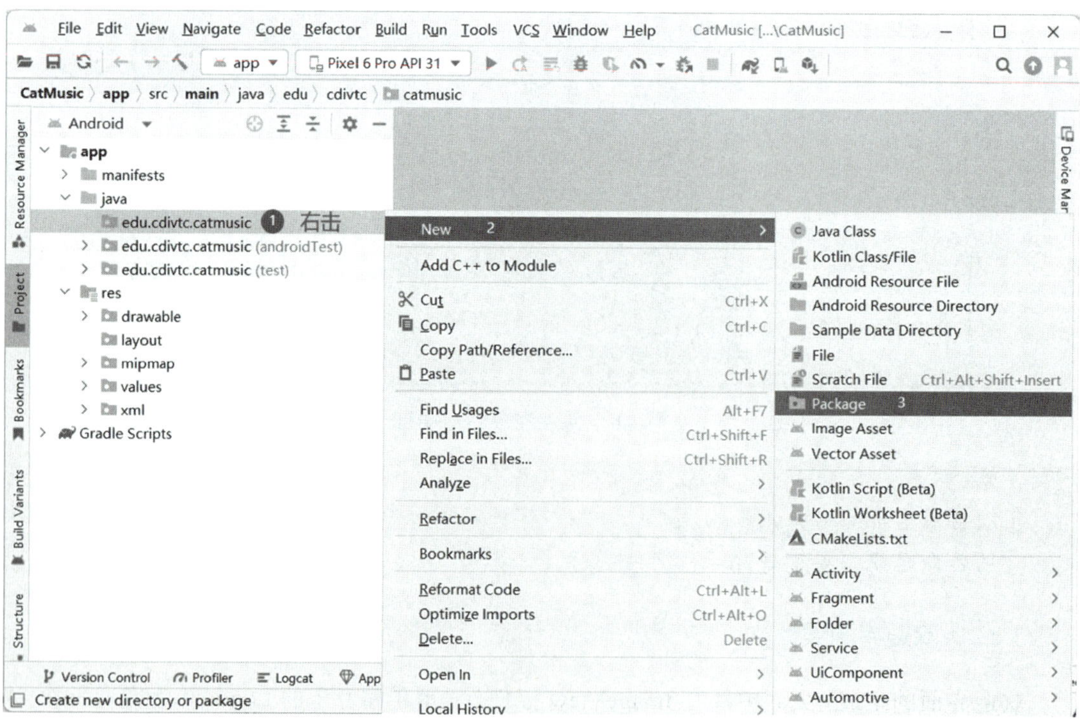

图 3.8 创建 activity 包

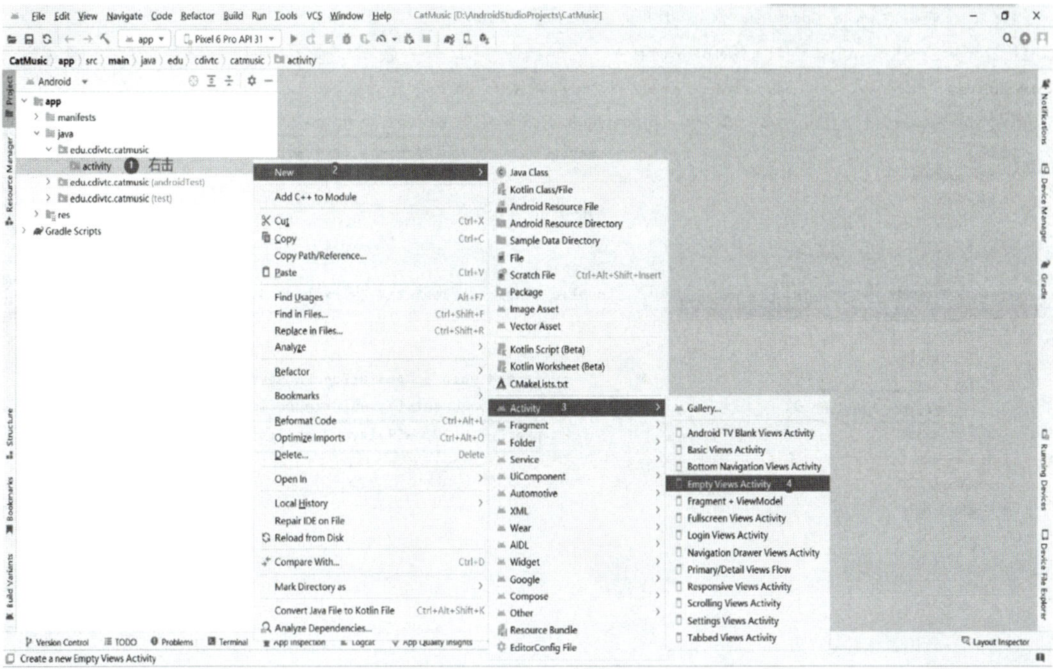

图 3.9　创建 WelcomeActivity

图 3.10　创建并设置 WelcomeActivity

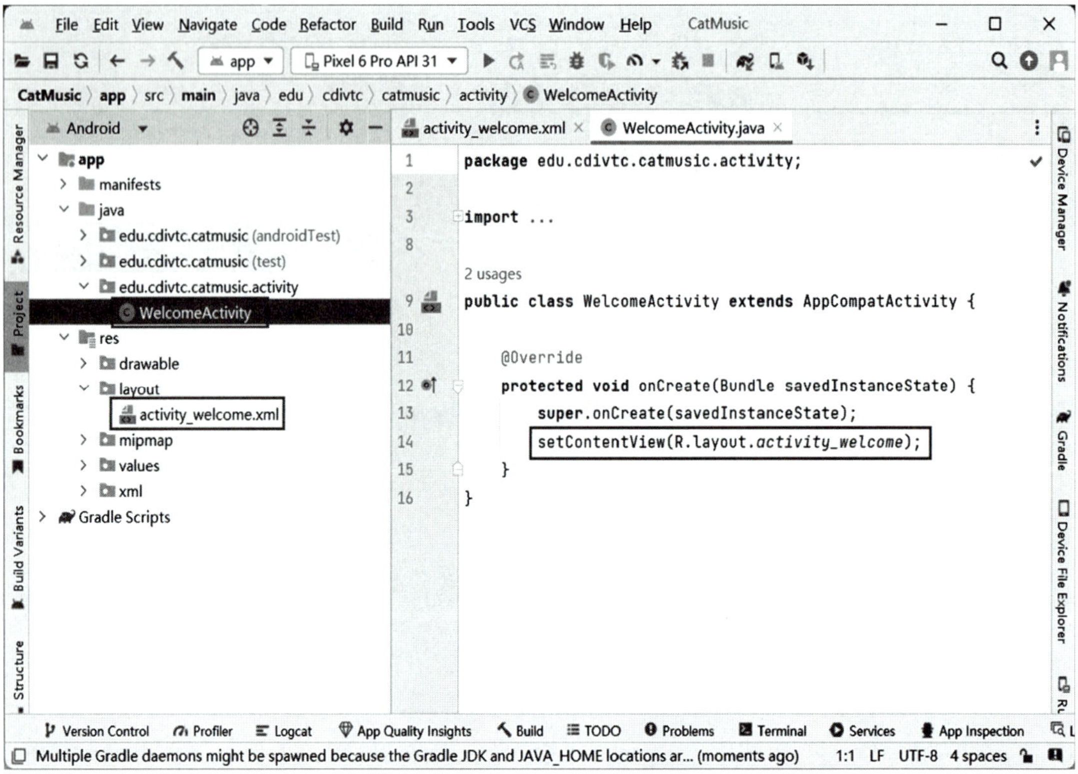

图 3.11　WelcomeActivity 创建完成

2. 导入素材

将准备好的素材图片 logo.png、logoicon.png 添加到 res 文件夹中的 mipmap-xhdpi 文件夹中。

3. 自定义主题颜色

打开 res 文件夹中的 values 文件夹，双击打开 colors.xml 文件，在文件中添加自定义的主题颜色，代码如下：

```
<!--      自定义颜色-->
    <color name="theme">#ffa726</color>
```

4. 创建“跳过”按钮的背景选择器

在 res 资源包的 drawable 文件夹上右击，选择“New”，选择“Drawable Resource File”，其创建过程如图 3.12~图 3.14 所示。

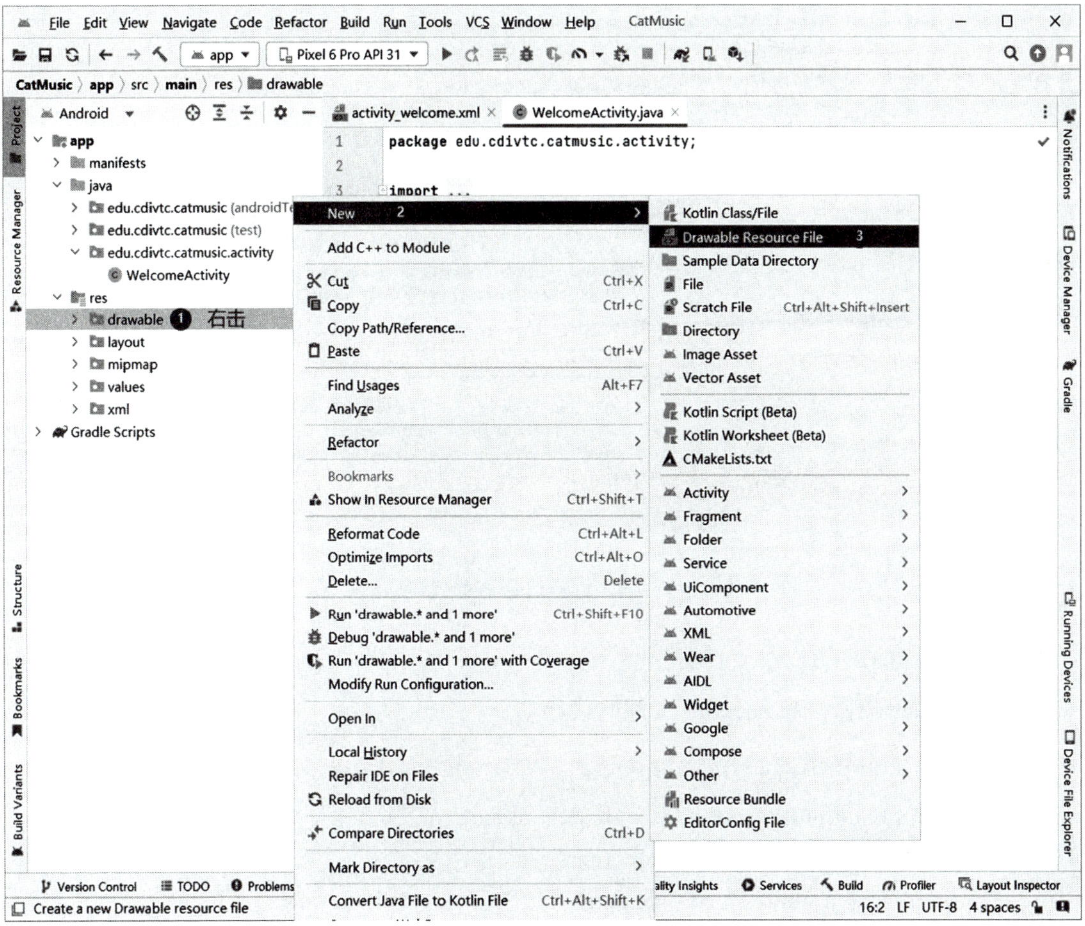

图 3.12　创建 Drawable Resource File

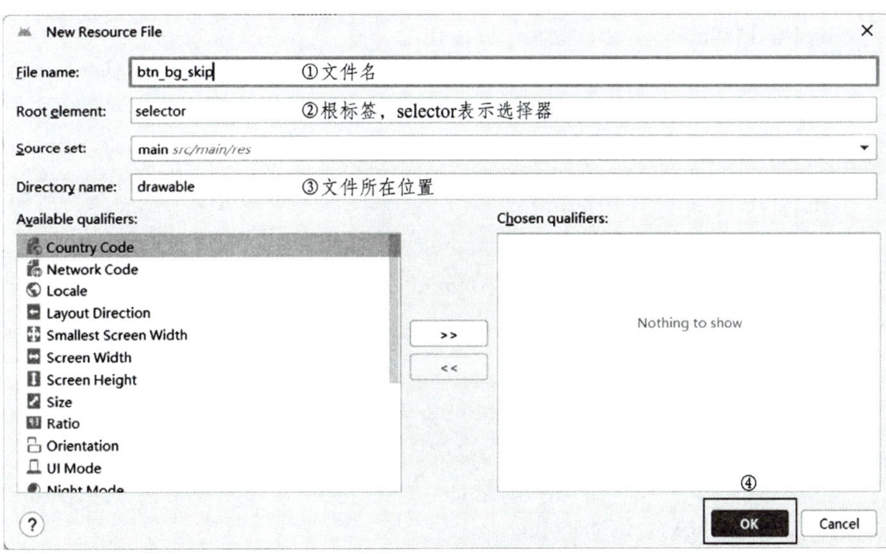

图 3.13　设置文件名及根标签

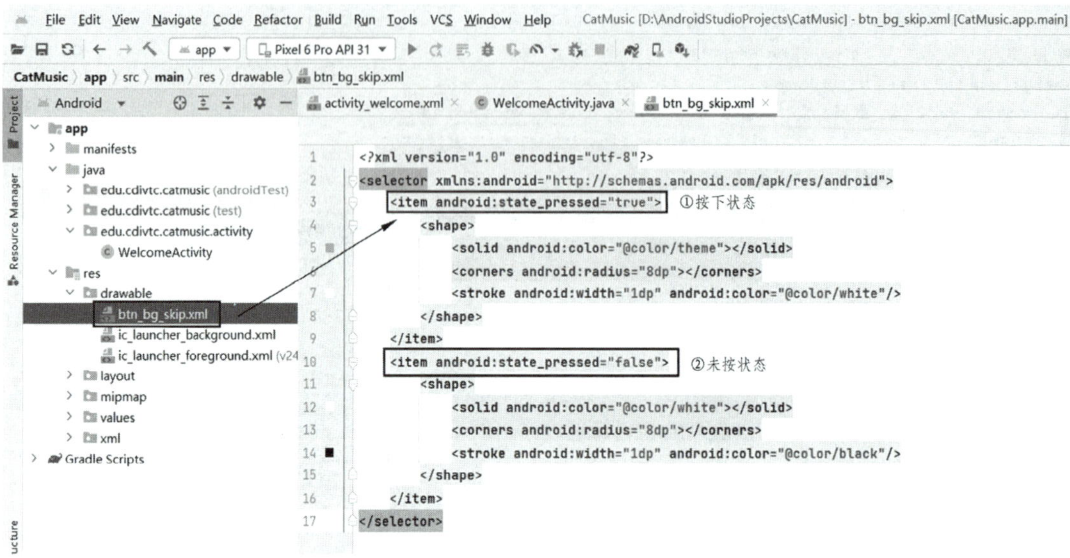

图 3.14　背景选择器的代码

5. 文件代码

欢迎界面 activity_welcome.xml 文件的代码如下：

```
<?xml version="1.0" encoding="utf-8"?>
<FrameLayout android:layout_width="match_parent"
    android:layout_height="match_parent"
    android:background="@color/theme"
    xmlns:android="http://schemas.android.com/apk/res/android" >
    <ImageView
        android:layout_gravity="center"
        android:layout_width="wrap_content"
        android:layout_height="wrap_content"
        android:src="@mipmap/logo"/>
    <Button
        android:id="@+id/skip_btn"
        android:layout_width="wrap_content"
        android:layout_height="wrap_content"
        android:textSize="14sp"
        android:layout_gravity="right"
        android:background="@drawable/btn_bg_skip"
        android:layout_marginRight="20dp"
        android:layout_marginTop="20dp"
        android:paddingLeft="12dp"
        android:paddingRight="12dp"
```

```
        android:paddingTop="6dp"
        android:paddingBottom="6dp"
        android:minHeight="0dp"
        android:minWidth="0dp"
        android:textColor="@color/black"
        android:text="跳过"/>
</FrameLayout>
```

6. 修改主题文件

项目创建后所有界面都有一个默认的 ActionBar，该 ActionBar 影响界面美观，因此需要修改主题文件中的<style>标签下的 parent 属性，将属性值 DarkActionBar 修改为 NoActionBar.Bridge；默认项目系统状态栏的颜色为系统主色调，将系统状态栏的颜色修改为自定义的主题颜色。操作步骤如图 3.15 所示。

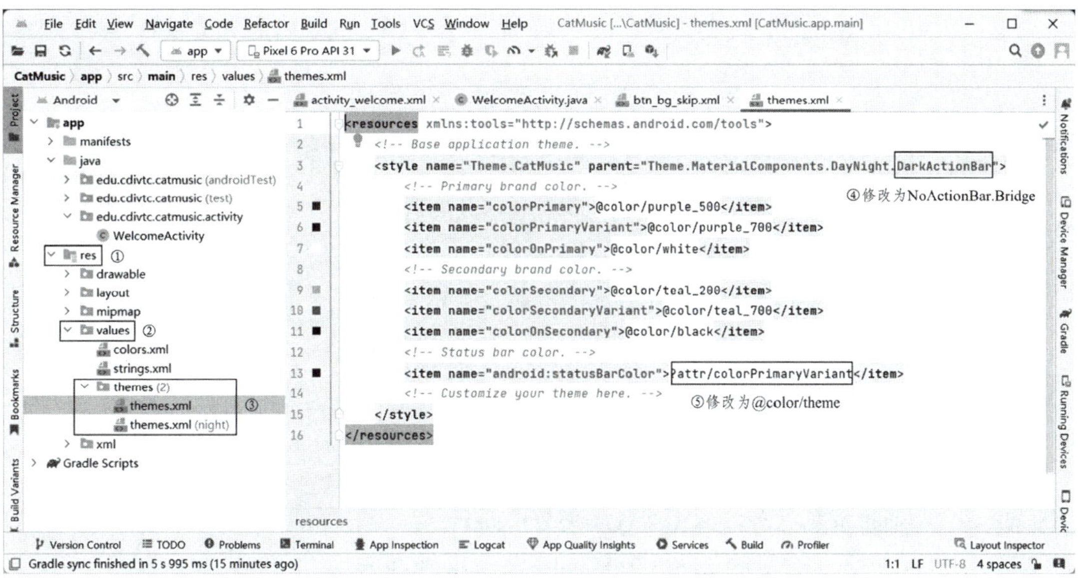

图 3.15　修改主题文件

3.2.3　欢迎界面功能实现

进入欢迎页面就开始延时 3 s（自动计时），然后跳转到主页。在这个过程中，如果点击“跳过”按钮，则会停止自动计，然后直接跳转到主页。要实现计时和点击的功能，在此页面要用到消息处理机制、线程和 Activity 的跳转，具体代码如下：

```
package edu.cdivtc.catmusic.activity;

import android.content.Intent;
import android.os.Bundle;
import android.os.Handler;
```

```
import android.view.View;
import android.widget.Button;
import androidx.appcompat.app.AppCompatActivity;
import edu.cdivtc.catmusic.R;
public class WelcomeActivity extends AppCompatActivity {
    //定义控件变量
    private Button mBtnSkip;
    //实例化消息处理机制
    private Handler mHandler = new Handler();
    //定义线程
    private Runnable mRunnableToLogin = new Runnable() {
        @Override
        public void run() {
            toHomeActivity();
        }
    };
    @Override
    protected void onCreate(Bundle savedInstanceState) {
        super.onCreate(savedInstanceState);
        setContentView(R.layout.activity_welcome);
        //初始化控件
        mBtnSkip = findViewById(R.id.skip_btn);
        //初始化跳转按钮的点击事件
        initEvent();
        //通过消息处理器调用线程实现延时跳转
        mHandler.postDelayed(mRunnableToLogin, 3000);
    }
    private void initEvent() {
        mBtnSkip.setOnClickListener(new View.OnClickListener() {
            @Override
            public void onClick(View view) {
                // 点击按钮，就应该取消自动跳转
                mHandler.removeCallbacks(mRunnableToLogin);
                //调用跳转到主页的方法
                toHomeActivity();
            }
        });
```

```
        }
         // 跳转到主页的方法
        private   void   toHomeActivity(){
            Intent   intent   = new Intent(this, HomeActivity.class);
            startActivity(intent);
            finish();
        }
        //销毁方法
        @Override
        protected void onDestroy() {
            super.onDestroy();
            mHandler.removeCallbacks(mRunnableToLogin);
        }
    }
```

1. Handler

Handler 是用于发送和处理消息的类，有多种重载的构造方法，通过一系列 send×××()和 post×××()方法来发送消息到消息队列，然后通过实现 HandlerCallback 接口或重写 handleMessage()方法处理消息。

2. MessageQueue

MessageQueue（消息队列）是一个链表结构，用以存放 handler 发送的消息，实现了获取消息的方法 next()和移除消息及消息处理回调的方法（remove×××()系列方法）。

3. Message

Message（消息）承载一些基本数据，消息队列存放对象。维护一个消息对象池，可以复用消息，避免创建太多消息对象占用过多内存，导致 App 卡顿。

消息分类如图 3.16 所示。

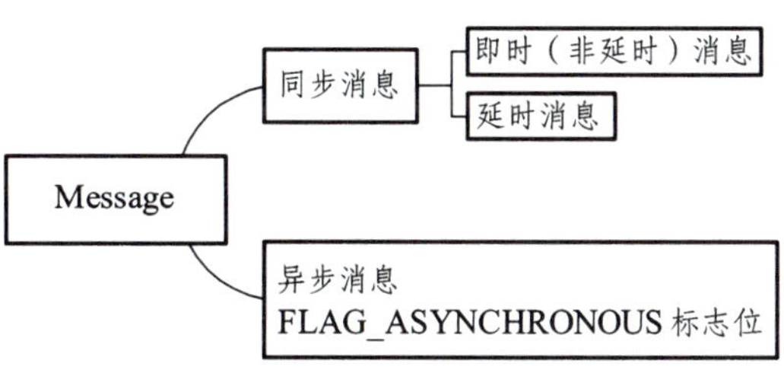

图 3.16　消息分类

4. Looper

Looper 是消息机制的“灵魂”，用以不断调度消息对象并且分发给 handler 处理。Looper 是同线程绑定的，不同线程的 Looper 不一样，通过 ThreadLocal 实现线程隔离。

3.2.4 运行效果

至此完成了欢迎页面的创建，其运行效果如图 3.17 所示。

图 3.17 欢迎页面运行效果

3.3 主页

主页由上、中、下三部分组成，上部由标题栏及用户图标组成；中部是轮播图；下部是推荐专辑，推荐专辑由 RecyclerView 展示，每个 Item 由左右两部分组成，左侧是专辑图片，右侧是专辑标题及描述。其效果图如图 3.18 所示。

图 3.18 主页效果图

3.3.1　搭建本地服务器接口

为了获取主页的轮播图及推荐专辑的数据，需要搭建本地服务器接口。搭建本地服务器接口的步骤如下：

1. 下载并安装 Node. js

（1）在浏览器中输入 Node.js 的中文网址 https://nodejs.cn/download/，根据操作系统版本选择相应的安装包版本下载 Node.js，其操作如图 3.19 所示。

图 3.19　下载 Node.js

（2）双击安装包，点击“Next”，勾选使用许可协议，点击“Next”，选择安装位置，其操作如图 3.20 所示。

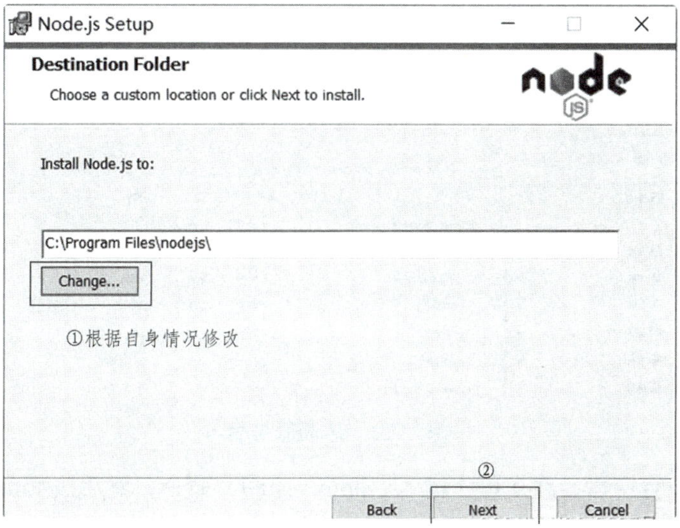

图 3.20　安装 Node.js

（3）一直点击“Next”，直到最后点击“Finish”完成安装。

2. 测试是否安装成功

（1）按下 Win+R 键，输入“cmd”，打开 cmd 窗口，如图 3.21 所示。

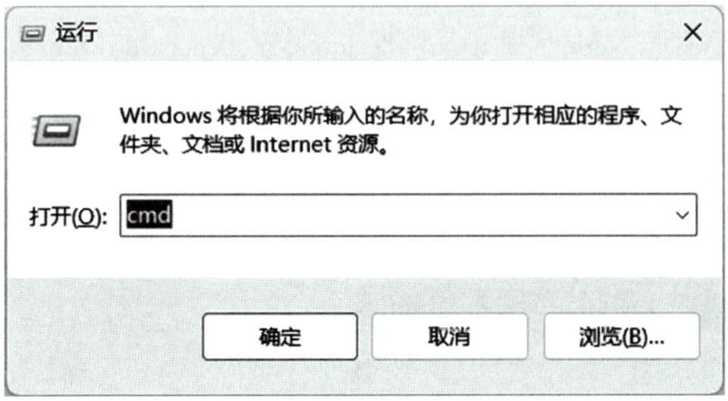

图 3.21　打开 cmd 窗口

（2）输入node -v 查看 Node.js 版本信息，如果能够查看到对应的版本号，则表示安装成功，如图 3.22 所示。

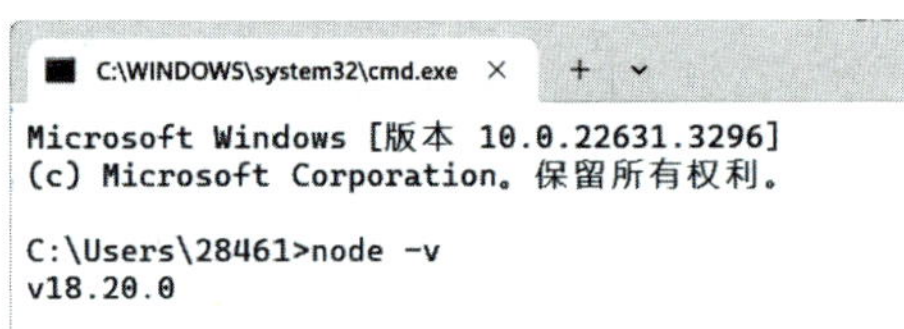

图 3.22　查看 Node.js 的版本信息

3. 启动服务

（1）进入服务器文件对应的文件夹，此项目是“D:\AndroidProjects\catmusic_server-main”，在文件夹地址栏输入“cmd”，然后按 Enter 键，如图 3.23 所示。

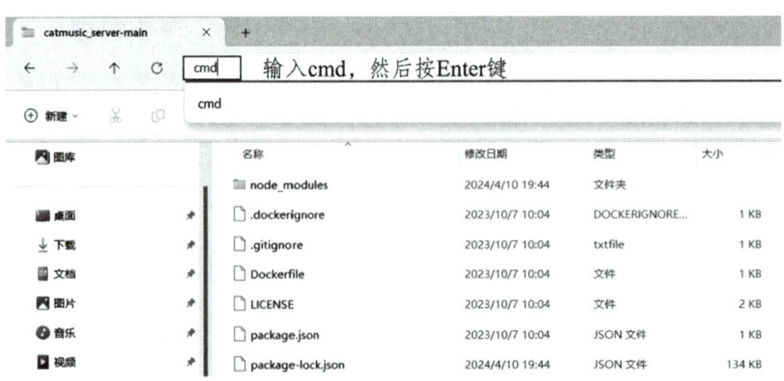

图 3.23　启动服务器

（2）进入命令行窗口，在窗口中输入“npm install”命令，然后按 Enter 键，完成依赖的安装，如图 3.24 所示。

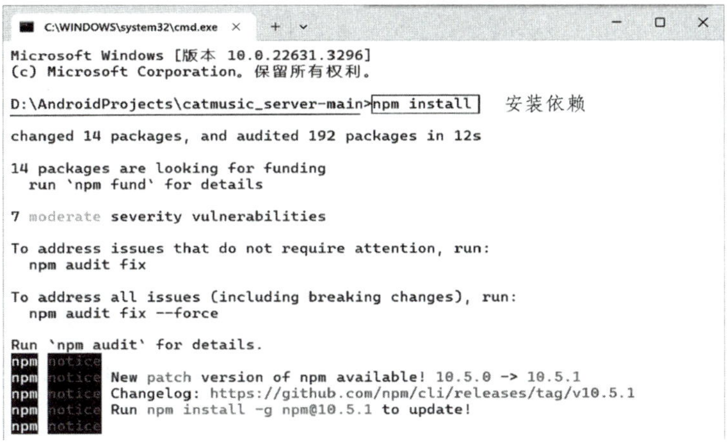

图 3.24　安装依赖

（3）完成依赖安装后，输入“npm run server”命令，然后按 Enter 键，启动本地服务器，服务器启动成功如图 3.25 所示。

图 3.25　启动本地服务器

（4）启动本地服务器后，在浏览器地址栏输入“http://localhost:3000/api/getRecommend”进行接口测试，测试结果如图 3.26 所示。

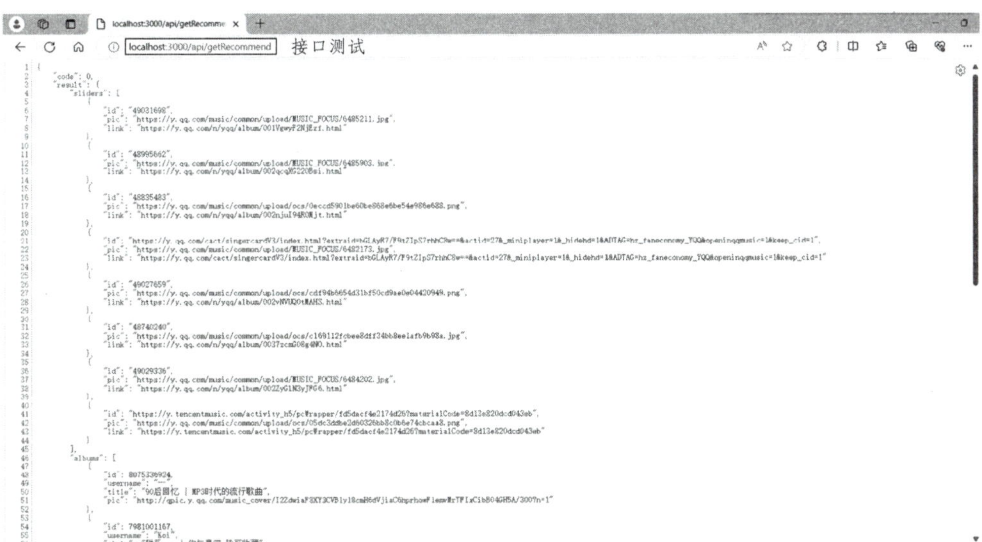

图 3.26　接口测试结果

至此，完成了本地服务器接口的搭建。

3.3.2 封装通用 CommonCallback 类

主页的轮播图及推荐专辑的数据都是通过向本地服务器发送请求获取，为了能够从服务器获取数据，需要实现网络访问功能，需要封装网络访问类。本项目采用比较成熟的网络请求框架 OkHttpUtils，OkHttpUtils 的优势主要包括以下几点。

（1）基于主流的 OkHttp 进行封装，专注于简单易用的网络请求，性能高，支持 HTTP2/SPDY，能够自动选择最优路线，支持自动重连，维护 Socket 连接池，减少握手次数，拥有队列线程池，轻松实现并发。

（2）提供了强大的 Cookie 保持策略，可以自动管理 Cookie，简化了客户端对 Cookie 的获取和处理过程。

（3）提供了特有的网络缓存模式，根据不同的缓存模式，可以轻松地实现网络数据与缓存数据的自动切换，简化了缓存处理的代码。

1. 添加依赖

本项目除了使用 HTTP 实现网络访问，还需要将访问到的 JSON 数据进行解析，对获取到的图片进行解析，故需要的依赖如下：

（1）com.zhy:okhttputils:2.6.2 为第三方网络请求库，是在 OkHttp 基础上进行二次封装，让开发更加高效。

（2）com.google.code.gson:gson:2.10.1 Gson 是谷歌提供的用来在 Java 对象和 JSON 数据之间进行映射的 Java 类库，可以将一个 JSON 字符串转成一个 Java 对象，或者反过来。

（3）com.squareup.okhttp3:okhttp:3.7.0 为 OkHttp，okhttputils 依赖于此类。

（4）com.squareup.picasso:picasso:2.8 用于处理网络图片。

添加依赖的步骤如图 3.27 所示。

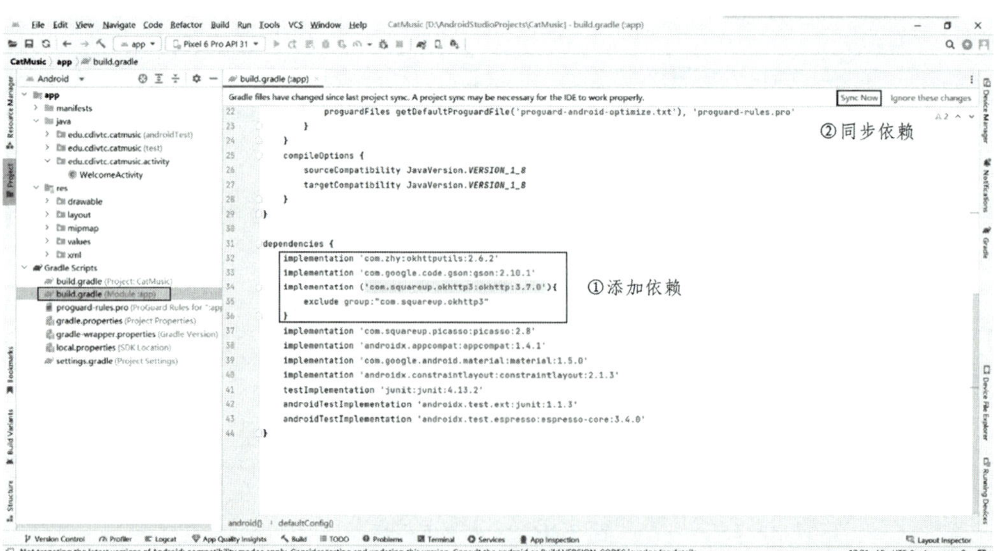

图 3.27 添加依赖步骤

2. 创建实体类 Recommend

从服务器获取的推荐数据是 JSON 数据，为了将数据显示到主页上，需要将 JSON 数据转换为实体类，由于 JSON 数据较为复杂，完成手动转换较费时，可以通过 GsonFormat 插件将 JSON 数据直接转换为实体类。添加 GsomFormat 插件的具体操作步骤如图 3.28 所示。

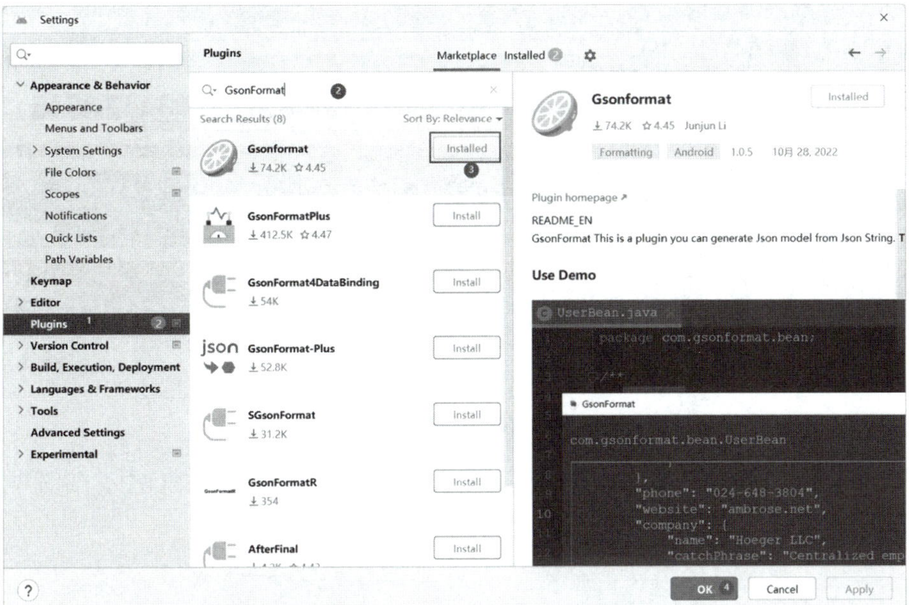

图 3.28　添加 GsonFormat 插件

在 edu.cdivtc.catmusic 下创建 bean 包，创建 Recommend 类，然后通过 GsonFormat 插件创建实体类。创建实体类的具体过程如图 3.29 所示。

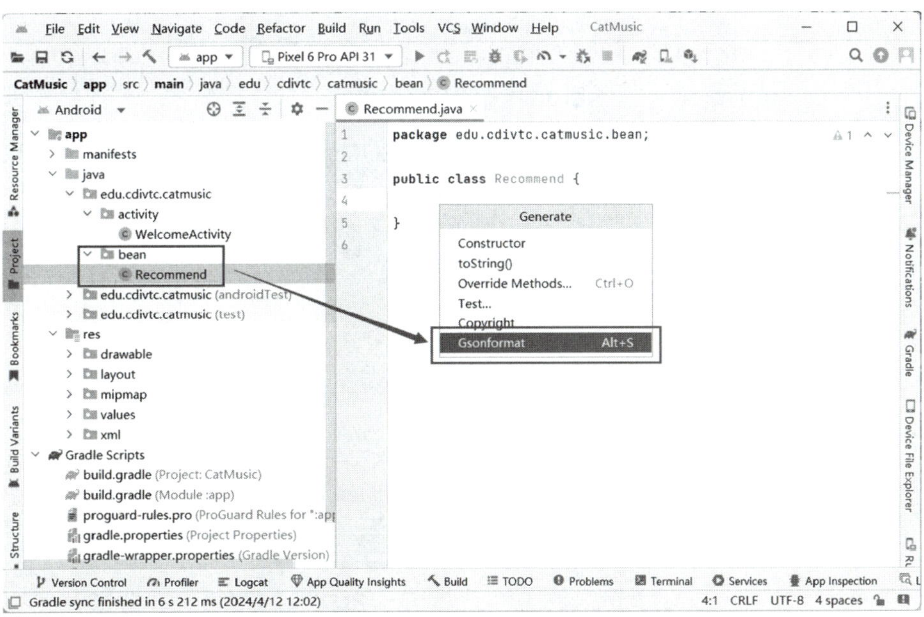

图 3.29　利用 GsonFormat 创建实体类步骤一

通过 API 获取 JSON 数据，并复制 JSON 数据，操作步骤如图 3.30 所示。

图 3.30　获取并复制 JSON 数据

将复制的 JSON 数据粘贴到打开的用 GsonFormat 创建实体类的窗口中，如图 3.31 所示。

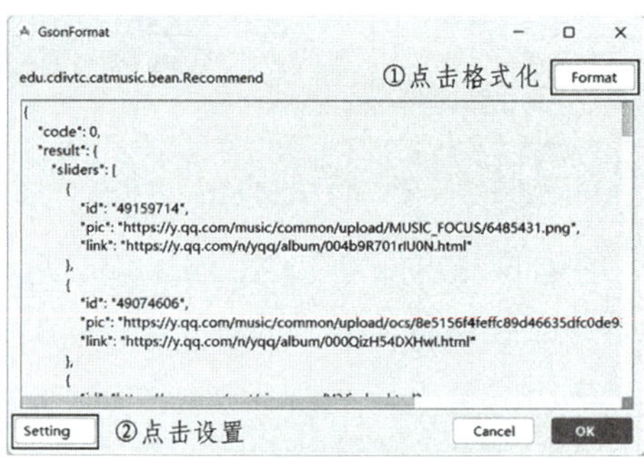

图 3.31　复制 JSON 数据

将 JSON 数据复制到 GsonFormat 窗口中，点击“Setting”按钮，设置界面，如图 3.32 所示。

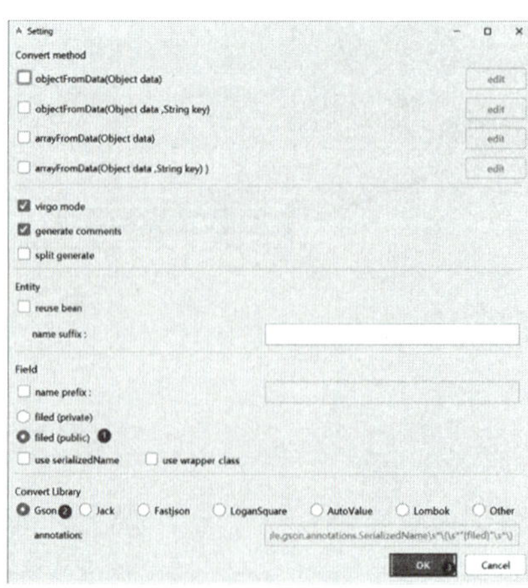

图 3.32　设置 GsonFormat

完成 GsonFormat 设置后，点击“OK”按钮，返回 GsonFormat 转换界面，点击“OK”按钮，如图 3.33 所示。

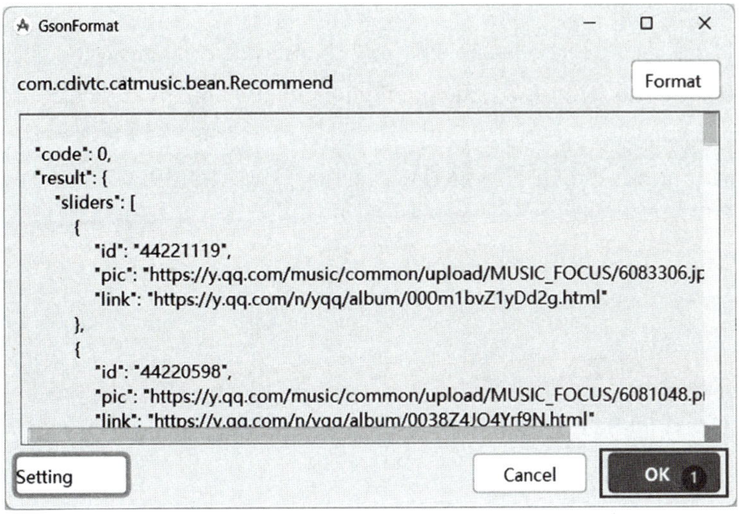

图 3.33　完成 GsonFormat 设置

点击“OK”按钮后，进行创建类的字段设置，全选所有的字段，然后点击“OK”按钮，操作步骤如图 3.34 所示。

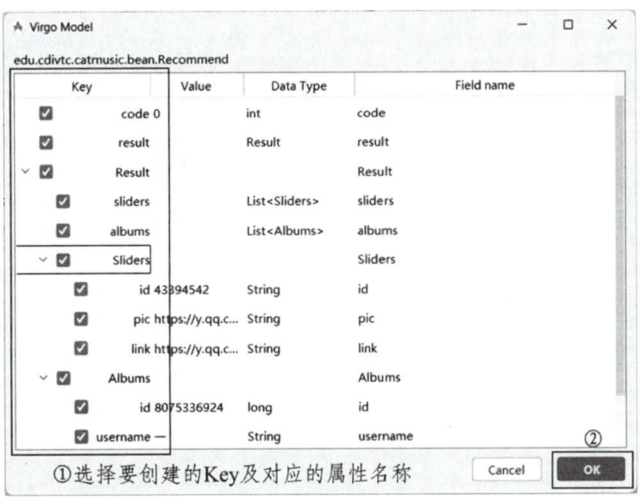

图 3.34　选择类的字段

点击“OK”按钮后，完成实体类的创建，并在 Sliders 类中创建 toString()方法，实体类的代码如下：

```
package edu.cdivtc.catmusic.bean;

import java.util.List;

public class Recommend {
```

```
    /**
     * code : 0
    * result: {"sliders":[{"id":"44221119","pic":"https://y.qq.com/music/common/upload/ MUSIC_FOCUS/6083306.jpg","link":"https://y.qq.com/n/yqq/album/000m1bvZ1yDd2g.html"},"albums":[{"id":7788596811,"username":"小槿儿.","title":"〖片段〗聆听那些短暂时刻的美","pic": "http://qpic.y.qq.com/music_cover/dblXnJ8XwhRDVZN9rHAQ7WIXKNlI9Idr2eIZkvDwOdwXge6XueOsGw/300?n=1"}]}
     */

    public int code;
    public Result result;
    //省略 Getter 和 Setter 方法

    public static class Result {
        public List<Sliders> sliders;
        public List<Albums> albums;

        public static class Sliders {
            /**
             * id : 44221119
             * pic : https://y.qq.com/music/common/upload/MUSIC_FOCUS/6083306.jpg
             * link : https://y.qq.com/n/yqq/album/000m1bvZ1yDd2g.html
             */

            public String id;
            public String pic;
            public String link;
    @Override
    public String toString() {
            return "Sliders{" +
                "id='" + id + '\'' +
             ", pic='" + pic + '\'' +
             ", link='" + link + '\'' +
             '}';
    }
        }

        public static class Albums {
```

```
                /**
                 * id : 7788596811
                 * username : 小槿儿.
                 * title : 〖片段〗聆听那些短暂时刻的美
                 * pic : http://qpic.y.qq.com/music_cover/dblXnJ8XwhRDVZN9rHAQ7WIX
KNlI9 Idr2eI ZkvDw OdwXge6XueOsGw/300?n=1
                 */

                public long id;
                public String username;
                public String title;
                public String pic;
            }
        }
    }
```

3. 创建 GsonUtils 工具类

在 CommonCallback 类中需要将获取的 JSON 数据直接转换为实体类，因此需要先创建将 JSON 数据转换为实体类的工具类。在 edu.cdivtc.catmusic 下创建 utils 包，创建 GsonUtil.java 类，其代码如下：

```
package edu.cdivtc.catmusic.utils;
import com.google.gson.Gson;

public class GsonUtil {
    public static Gson mGson = new Gson();
    public static Gson getGson() {
        return mGson;
    }
}
```

4. 封装通用 CommonCalback 类

在 edu.cdivtc.catmusic/net 包上右击，选择“New”，选择 Java Class 创建类 Common Callback. java 并继承 StringCallback 类，代码如下：

```
package edu.cdivtc.catmusic.net;

import android.util.Log;
```

```
import edu.cdivtc.catmusic.utils.GsonUtil;
import com.google.gson.internal.$Gson$Types;
import com.zhy.http.okhttp.callback.StringCallback;

import org.json.JSONObject;

import java.lang.reflect.ParameterizedType;
import java.lang.reflect.Type;

import okhttp3.Call;

public abstract class CommonCallback<T> extends StringCallback {
    Type mType;
    public  CommonCallback(){
        mType = getSuperclassTypeParameter(getClass());
    }
    static  Type getSuperclassTypeParameter(Class<?> subclass){
        Type superclass = subclass.getGenericSuperclass();
        if(superclass instanceof  Class){
            throw  new RuntimeException("Missing type parameter");
        }
        ParameterizedType parameterized = (ParameterizedType) superclass;
        return $Gson$Types.canonicalize(parameterized.getActualTypeArguments()[0]);
    }
    @Override
    public void onError(Call call, Exception e, int id) {
        onError(e);
    }

    @Override
    public void onResponse(String response, int id) {
        try {
//将响应结果转换为 JSON 对象
            JSONObject resp = new JSONObject(response);
//获取响应码
            int resultCode = resp.getInt("code");
//如果响应码为 0，则响应成功，返回对应的实体类
            if (resultCode == 0) {
                onSuccess((T) GsonUtil.getGson().fromJson(response, mType));
```

```
                } else {
                    onError(new RuntimeException("error"));
                }
            } catch (Exception e) {
                e.printStackTrace();
                onError(e);
            }
        }
        public abstract void onError(Exception e);
        public abstract void onSuccess(T response);
}
```

其中 getSuperclassTypeParameter(Class<?> subclass) {...}：是一个静态方法，用于获取父类的类型参数。如果请求成功则执行onResponse方法，在此方法内统一处理返回的数据。

3.3.3　测试数据请求

1. 开启网络访问权限

在 AndroidManifest.xml 文件中开启网络访问权限，并允许实现 HTTP 协议的明文网络访问，其他操作如图 3.35 所示。

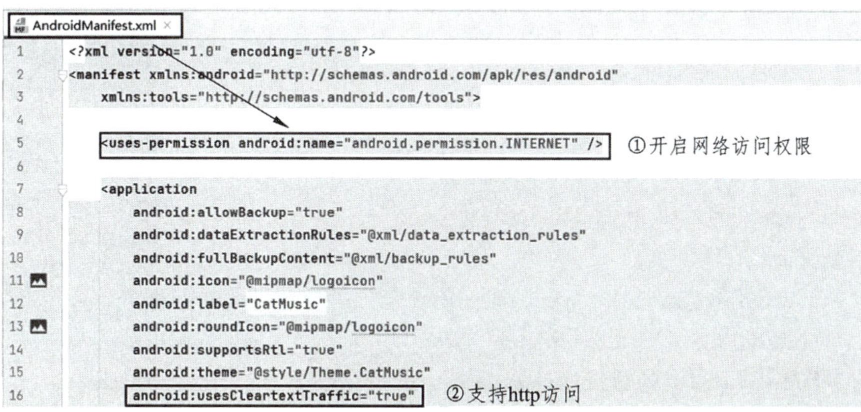

图 3.35　开启网络权限

2. 测试网络请求

在 edu.cdivtc.catmusic目录下新建 biz 包，在包中创建 RecommendBiz 类，并在类中封装获取推荐歌曲的方法 getRecommend()。

```
package edu.cdivtc.catmusic.biz;

import edu.cdivtc.catmusic.bean.Recommend;
import edu.cdivtc.catmusic.net.CommonCallback;
```

```
import com.zhy.http.okhttp.OkHttpUtils;

public class RecommendBiz {
    public void getRecommend(CommonCallback<Recommend> callback) {
        String url = "http://10.0.2.2:3000/api/getRecommend";
        OkHttpUtils
                .get()
                .url(url)
                .build()
                .execute(callback);
    }
}
```

在包 edu.cdivtc.catmusic 的 activity 包中创建名为 HomeActivity 的 Activity，并同时创建对应的 activity_home.xml 布局文件。在布局文件中添加 TextView 控件，用来显示网络请求的数据结果，布局文件代码如下：

```
<?xml version="1.0" encoding="utf-8"?>
<LinearLayout
    xmlns:tools="http://schemas.android.com/tools"
    xmlns:android="http://schemas.android.com/apk/res/android"
    android:layout_width="match_parent"
    android:layout_height="match_parent"
    android:orientation="vertical"
    android:background="@color/white"
    tools:context=".activity.HomeActivity">
    <TextView
        android:id="@+id/tv_test"
        android:layout_width="match_parent"
        android:text="欢迎进入主页"
        android:layout_gravity="center"
        android:layout_height="wrap_content"/>
</LinearLayout>
```

接下来，在 HomeActivity 中测试网络连接是否成功。先在 HomeActivity 中定义 TextView 控件、存放获取网络访问结果的数据集合以及网络访问对象，随后初始化控件，实现网络访问，并将结果通过 TextView 控件展示，HomeActivity 代码如下：

```
package edu.cdivtc.catmusic.activity;

import androidx.appcompat.app.AppCompatActivity;
```

```
import android.os.Bundle;
import android.widget.TextView;
import edu.cdivtc.catmusic.R;
import edu.cdivtc.catmusic.bean.Recommend;
import edu.cdivtc.catmusic.biz.RecommendBiz;
import edu.cdivtc.catmusic.net.CommonCallback;
import java.util.ArrayList;
import java.util.List;

public class HomeActivity extends AppCompatActivity {
    private TextView tv_test;//定义控件变量
//实例化获取请求数据的集合
    private List<Recommend.Result.Sliders> sliders = new ArrayList<>();
//实例化网络请求
    private RecommendBiz mRecommendBiz = new RecommendBiz();

    @Override
    protected void onCreate(Bundle savedInstanceState) {
        super.onCreate(savedInstanceState);
        setContentView(R.layout.activity_home);
        tv_test = findViewById(R.id.tv_test);
        initRecommendData();
    }

    private void initRecommendData() {
        mRecommendBiz.getRecommend(new CommonCallback<Recommend>() {
            @Override
            public void onError(Exception e) {
            }

            @Override
            public void onSuccess(Recommend response) {
                Recommend data = response;
                sliders = data.getResult().getSliders();
                tv_test.setText(sliders.toString());
            }
        });
    }
}
```

网络测试结果如图 3.36 所示。

图 3.36　网络测试结果

3.3.4　主页界面设计

网络数据请求成功，接下来是要实现主页功能，从欢迎页面跳转到主页，主页从上往下依次是 TabBar、Banner 轮播图、推荐专辑文本及专辑列表，其效果图如图 3.37 所示。

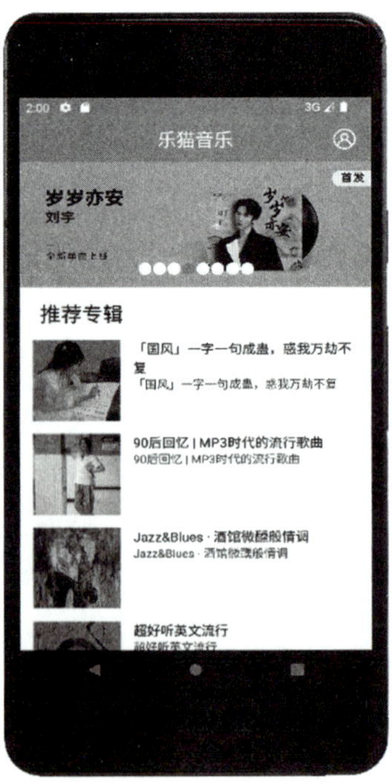

图 3.37　首页效果图

1. TabBar 布局的封装

由于 TabBar 在首页和歌曲列表页面都要显示，需要封装 TabBar 的布局文件，达到重复使用，减少代码的冗余。

从界面效果可知 TabBar 从左到右由三部分组成，左侧是返回按钮，中间是标题，右侧是用户图标。先将 TabBar 中需要的图标 back.png 和 user.png 添加到 res/mipmap-xhdpi 文件夹中，然后在 res/layout 文件夹中创建 tab_bar.xml 布局文件，文件代码如下：

```
<?xml version="1.0" encoding="utf-8"?>
<FrameLayout xmlns:android="http://schemas.android.com/apk/res/android"
    android:layout_width="match_parent"
    android:layout_height="@dimen/navBarHeight"
    android:background="@color/theme">
    <ImageView
        android:id="@+id/tv_back"
        android:layout_width="30dp"
        android:layout_height="match_parent"
        android:src="@mipmap/back"
        android:layout_marginLeft="@dimen/marginSize"/>
    <TextView
        android:id="@+id/tv_title"
        android:layout_width="match_parent"
        android:layout_height="match_parent"
        android:gravity="center"
        android:textColor="@color/white"
        android:textSize="@dimen/navBarTitleSize"/>
    <ImageView
        android:id="@+id/tv_logo_header"
        android:layout_width="30dp"
        android:layout_height="30dp"
        android:src="@mipmap/user"
        android:layout_marginRight="@dimen/marginSize"
        android:layout_gravity="right|center_vertical"/>
</FrameLayout>
```

2. 尺寸定义

由于 Android 项目 UI 尺寸有相关的规范，本项目中对相关尺寸进行了统一的定义，方便后期使用。根据 TabBar.xml 中的相关尺寸，在 res/values 文件夹中创建 dimen.xml，并定义项目中需要定义的尺寸，其代码如下：

```xml
<?xml version="1.0" encoding="utf-8"?>
<resources>
    <dimen name="navBarHeight">56dp</dimen>
    <dimen name="marginSize">16dp</dimen>
    <dimen name="navBarTitleSize">22sp</dimen>
    <dimen name="titleSize">18sp</dimen>
    <dimen name="infoSize">14sp</dimen>
    <dimen name="inputViewHeight">44dp</dimen>
    <dimen name="btnHeight">44dp</dimen>
    <dimen name="radius">5dp</dimen>
    <dimen name="itemHeight">44dp</dimen>
    <dimen name="marginTabSize">4dp</dimen>
    <dimen name="albumMarginSize">4dp</dimen>
    <dimen name="playNumImgSize">18dp</dimen>
    <dimen name="itemIconSize">56dp</dimen>
    <dimen name="itemPlaySize">36dp</dimen>
    <dimen name="discTopSize">90dp</dimen>
    <dimen name="playMusicIconSize">210dp</dimen>
    <dimen name="T1">24sp</dimen>
    <dimen name="T2">16sp</dimen>
    <dimen name="T3">14sp</dimen>
    <dimen name="dot_size">4dp</dimen>
    <dimen name="dot_dis">4dp</dimen>
    <dimen name="lyric_line_height">26dp</dimen>
</resources>
```

3. 布局文件

将 TabBar 布局引入 activity_home.xml 布局文件中：

```xml
<?xml version="1.0" encoding="utf-8"?>
<LinearLayout
    xmlns:tools="http://schemas.android.com/tools"
    xmlns:android="http://schemas.android.com/apk/res/android"
    android:layout_width="match_parent"
    android:layout_height="match_parent"
    android:orientation="vertical"
    android:background="@color/white"
    tools:context=".activity.HomeActivity">
```

```
    <!--引入通用 TabBar-->
    <include layout="@layout/tab_bar"/>
    <TextView
        android:id="@+id/tv_test"
        android:layout_width="match_parent"
        android:text="欢迎进入主页"
        android:layout_gravity="center"
        android:layout_height="wrap_content"/>

</LinearLayout>
```

4. 创建 BaseActivity

为了实现 TabBar 在不同页面的配置，可以创建一个 BaseActivity.java 的 Activity 的基类，让其他需要 TabBar 的 Activity 继承 BaseActivity 类。在 java/edu.cdivtc.catmusic.activity 包中创建 BaseActivity.java 类，BaseActivity.java 类的代码如下：

```
package edu.cdivtc.catmusic.activity;

import android.app.Activity;
import android.view.View;
import android.widget.ImageView;
import android.widget.TextView;
import androidx.annotation.IdRes;
import edu.cdivtc.catmusic.R;

public class BaseActivity extends Activity {
    //定义 tab_bar 中的控件
    private ImageView mIvBack,mIvMe;
    private TextView mTvTitle;
    //封装一个通过的绑定控件（初始控件）的方法
    protected <T extends View> T fd (@IdRes int id){
        return findViewById(id);
    }

    //初始化 tabBar 中的三个控件
    protected void initTabBar(boolean isShowBack,String title,boolean isShowMe){
        mIvBack = fd(R.id.tv_back);
        mTvTitle = fd(R.id.tv_title);
```

```
            mIvMe = fd(R.id.tv_logo_header);

            //判断哪些内容显示
            mIvBack.setVisibility(isShowBack ? View.VISIBLE : View.GONE);
            mIvMe.setVisibility(isShowMe ? View.VISIBLE : View.GONE);
            mTvTitle.setText(title);

            //设置返回按钮的返回功能
            mIvBack.setOnClickListener(new View.OnClickListener() {
                @Override
                public void onClick(View v) {
                    onBackPressed();
                }
            });
        }
    }
```

接下来，修改 HomeActivity.java 类继承 BaseActivity，同时在 BaseActivity 中调用 initTabBar (false,"乐猫音乐",true)，其中第一个参数“false”表示不显示返回按钮，第二个参数“乐猫音乐”表示标题，第三个参数“true”表示显示用户图标。具体代码如下：

```
public class HomeActivity extends BaseActivity {
    @Override
    protected void onCreate(Bundle savedInstanceState) {
        super.onCreate(savedInstanceState);
        setContentView(R.layout.activity_home);
        //初始化 TabBar
        initTabBar(false,"乐猫音乐",true);
    }
}
```

5. 轮播图控件

本项目中轮播图用于展示多张图片，通过自动或手动切换实现轮流显示。轮播图通过以水平或垂直排列的方式呈现，可以同时显示多个内容点或图片缩略图。在 activity_home.xml 文件中添加 ViewPager 控件，其代码如图 3.38 所示。

6. 推荐专辑列表控件

由于推荐专辑中有多条相同格式的 Item 要展示，选择 RecyclerView 控件作为专辑列表的展示控件，在 activity_home.xml 文件中添加 RecyclerView 控件，其代码如图 3.39 所示。

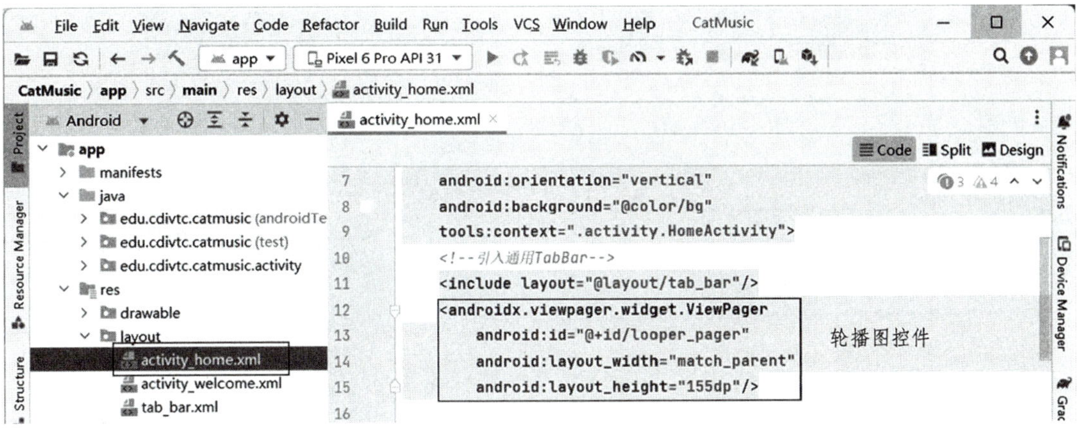

图 3.38　轮播图控件代码

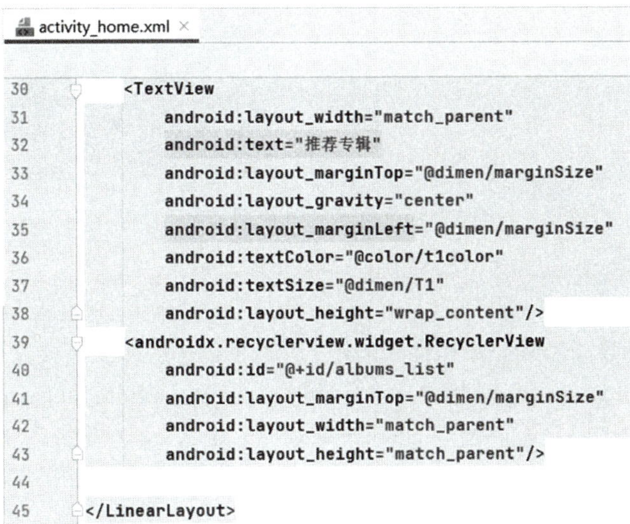

图 3.39　RecyclerView 控件代码

图中“@color/t1color”为红色，表示没有定义此颜色，在 res/values 下的 colors.xml 文件中定义对应的颜色，其代码如下：

```
<color name="t1color">#222222</color>
```

同时设置主页页面的背景为白色，在 res/values 下的 colors.xml 文件中定义 name=“bg”的背景颜色，并在 activity_home.xml 文件中运用，其代码分别如下：

定义背景色为白色：

```
<color name="bg">#ffffff</color>
```

运用背景色：

```
android:background="@color/bg"
```

至此主页界面设计完成，其效果图与原型图如图 3.40 所示。

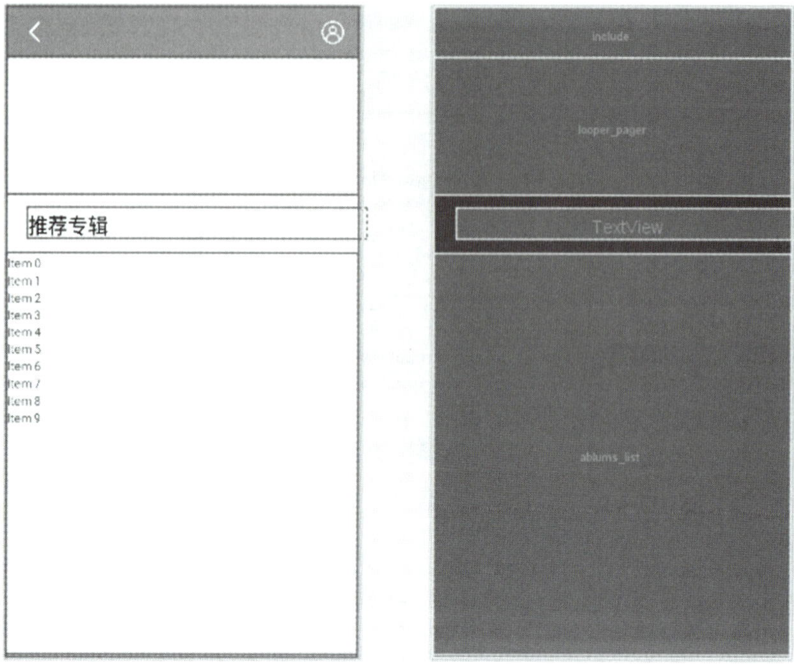

图 3.40　主页界面效果图与原型图

3.3.5　轮播图功能实现

由于轮播图是通过 ViewPager 控件来展示，ViewPager 是视图翻页工具，提供了多页面切换的效果。它是 Android 3.0 后引入的一个 UI 控件，使用 Android Studio 进行开发，默认导入 v7 包。ViewPager 的使用是通过创建 adapter 来填充多个 View（视图），左右滑动时，切换不同的 View。

1. 创建适配器

在 java/edu.cdivtc.catmusic/包中创建 adpater 包，在包中创建 LooperPagerAdapter.java 适配器，并继承 PagerAdapter 类同时实现 getCount()和 isViewFromObject()两个方法。具体代码如下：

```
package edu.cdivtc.catmusic.adapter;

import android.content.Context;
import android.view.View;
import android.view.ViewGroup;
import android.widget.ImageView;
import androidx.annotation.NonNull;
import androidx.viewpager.widget.PagerAdapter;
import edu.cdivtc.catmusic.bean.Recommend;
import com.squareup.picasso.Picasso;
import java.util.List;
```

```
public class LooperPagerAdapter extends PagerAdapter {
    //定义一个用来存放请求到的数据集合
    final List<Recommend.Result.Sliders> sliders;
    final Context mContext;//发送请求的上下文
    //构造方法
    public LooperPagerAdapter(Context context,List<Recommend.Result.Sliders> sliders ) {
        this.sliders = sliders;
        this.mContext = context;
    }

    //获取轮播图的数量，return Integer.MAX_VALUE 表示返回无穷多数量（其实是伪循
环播放）
    @Override
    public int getCount() {
        if (sliders != null){
            return Integer.MAX_VALUE;
        }
        return 0;
    }

    @NonNull
    @Override
    //它在每次滑动页面时调用，position 参数为滑动到当前页面的索引
    public Object instantiateItem(@NonNull ViewGroup container, int position) {
        int realPosition = position % sliders.size();//获取实际位置
        ImageView imageView = new ImageView(mContext);//在当前上下文创建一个图
像控件对象
        //通过 Picasso 网络框架来加载图片
        Picasso.get().load(sliders.get(realPosition).getPic()).into(imageView);
        imageView.setScaleType(ImageView.ScaleType.CENTER_CROP);//设置图片的缩
放类别
        container.addView(imageView);//将图片控件添加到容器中
        return imageView;
    }

    //销毁 item
    @Override
    public void destroyItem(@NonNull ViewGroup container, int position, @NonNull Object
object) {
```

```
            container.removeView((View) object);
        }

        @Override
        public boolean isViewFromObject(@NonNull View view, @NonNull Object object) {
            return view == object;
        }
        //获取 sliders 的实际数量，网络请求返回的数量
        public int getRealSize(){
            if (sliders != null){
                return sliders.size();
            }
            return 0;
        }
    }
```

在 LooperPagerAdapter 类中，其构造方法中传入上下文和要渲染的轮播图数据 sliders。getCount()用于获取轮播图数量，由于需要实现无限滚动轮播功能，故在此方法中返回 Integer.MAX_VALUE，表示无穷大，其本质是一个伪循环。instantiateItem()方法用于实例化 Item，当用户每滑动一屏就会调用一次此方法，并获取当前页面的 position 索引，从而显示 sliders 对应索引的图片。

2. 网络请求配置

由于轮播图数据来自网络请求，故在 java/edu.cdivtc.catmusic/包中创建 config 包，在此包中创建 Config 类，用于配置网络访问的 BASEURL，方便后继使用。其代码如下：

```
package edu.cdivtc.catmusic.config;
public class Config {
    public static final String BASEURL = "http://10.0.2.2:3000/";
}
```

由于配置了 Config 类，所以需要修改 RecommendBiz.java 类中的网络访问的 url 语句，修改后如下：

```
public class RecommendBiz {
    public void getRecommend(CommonCallback<Recommend> callback) {
        String url = Config.BASEURL +"api/getRecommend";
        ......
    }
}
```

3. 实现轮播图功能

在 HomeActivity.java 类中定义 ViewPager 类的控件对象，适配器对象，完成初始化视图，并修改初始化推荐歌曲数据相关代码，设置适配器。具体实现轮播图功能的代码如下：

```
public class HomeActivity extends BaseActivity {
    private ViewPager mLooperPager;//定义轮播图控件
    private LooperPagerAdapter mLooperPagerAdapter;//定义适配器对象
    ……
    @Override
    protected void onCreate(Bundle savedInstanceState) {
        ……
        //第一步：初始化 TabBar
         initTabBar(false,"乐猫音乐",true);
        //初始化视图
        initView();
        //初始化轮播图数据
        initRecommendData();
    }

    //第二步：初始化视图
    private void initView() {
        mLooperPager = findViewById(R.id.looper_pager);
    }
    //第三步：初始化推荐歌曲数据，使用 okHttpUtils 获取数据
    private void initRecommendData() {
        mRecommendBiz.getRecommend(new CommonCallback<Recommend>() {
            @Override
            public void onError(Exception e) {
                Toast.makeText(HomeActivity.this,"网络请求失败！", Toast.LENGTH_
SHORT).show();
            }
            @Override
            public void onSuccess(Recommend response) {
                Recommend data = response;
                sliders = data.getResult().getSliders();
                //第四步：从服务器请求到数据后，初始化适配器
                initLooperPageAdapter();
            }
        });
```

```
    }

    private void initLooperPageAdapter() {
        //设置适配器
        mLooperPagerAdapter = new LooperPagerAdapter(this,sliders);
        mLooperPager.setAdapter(mLooperPagerAdapter);
    }
}
```

至此，获取了轮播数据并实现了轮播图的手动拖拽滑动，但是并不能实现自动轮播的功能。接下来，修改 HomeActivity.java 类，实现自动轮播功能，具体代码如下：

```
public class HomeActivity extends BaseActivity {
    ......
    private Handler mHandler;//定义
    private Boolean mIsTouch = false;

    @Override
    protected void onCreate(Bundle savedInstanceState) {
        ......
        //使用 handler 实现自动播放
        mHandler = new Handler();
    }
    //自动切换实现逻辑
    private Runnable mLooperTask = new Runnable() {
        @Override
        public void run() {
            if (!mIsTouch){
                int currentItem = mLooperPager.getCurrentItem();
                mLooperPager.setCurrentItem(++currentItem,true);
            }
            mHandler.postDelayed(this,3*1000);
        }
    };
    //当切换到应用窗口，执行定时自动播放操作
    @Override
    public void onAttachedToWindow() {
        super.onAttachedToWindow();
        mHandler.post(mLooperTask);
    }
```

```
    //当窗口失去焦点，删除自动播放操作(轮播图停止播放)
    @Override
    public void onDetachedFromWindow() {
        super.onDetachedFromWindow();
        mHandler.removeCallbacks(mLooperTask);
    }
    //当用户触摸轮播图，设置 flag，控制轮播图停止滚动
    public void onPagerTouch(Boolean isTouch){
        mIsTouch = isTouch;
    }
}
```

以上代码实现了轮播图的自动滑动，但是并不能实现触摸时停止滚动的功能。为了解决当用户触摸轮播图时停止滚动的功能，在 java/edu.cdivtc.catmusic 包中创建 view 包，并在 view 包中自定义 MyViewPager 类并继承 ViewPager 类，MyViewPager 类的代码如下：

```
package edu.cdivtc.catmusic.view;

import android.content.Context;
import android.util.AttributeSet;
import android.view.MotionEvent;

import androidx.annotation.NonNull;
import androidx.annotation.Nullable;
import androidx.viewpager.widget.ViewPager;

public class MyViewPager extends ViewPager {
    private OnViewPagerTouchListener mTouchListener = null;
    public MyViewPager(@NonNull Context context) {
        super(context);
    }

    public MyViewPager(@NonNull Context context, @Nullable AttributeSet attrs) {
        super(context, attrs);
    }
    @Override
    public boolean onTouchEvent(MotionEvent ev) {
        switch (ev.getAction()){
            case MotionEvent.ACTION_DOWN:
                if (mTouchListener != null){
```

```
                    mTouchListener.onPagerTouch(true);
                }
                break;
            case MotionEvent.ACTION_CANCEL:
            case MotionEvent.ACTION_UP:
                if (mTouchListener != null){
                    mTouchListener.onPagerTouch(false);
                }
                break;
        }
        return super.onTouchEvent(ev);
    }

    public void OnViewPagerTouchListener(OnViewPagerTouchListener listener){
        this.mTouchListener = listener;
    }
    public interface OnViewPagerTouchListener{
        void onPagerTouch(Boolean isTouch);
    }
}
```

以上代码定义了 OnViewPagerTouchListener 类的对象并初始化为空，onTouchEvent()方法定义了触摸事件，定义了视图页面的触摸监听接口 OnViewPagerTouchListener，定义了视图页面的触摸监听方法 OnViewPagerTouchListener(OnViewPagerTouchListener listener)。接下来，将 activity_home.xml 中的 ViewPager 控件替换为自定义的 MyViewPager 视图，修改后的代码如下：

```
<?xml version="1.0" encoding="utf-8"?>
<LinearLayout
    ……
    <!--引入通用 TabBar-->
    <include layout="@layout/tab_bar"/>
    <edu.cdivtc.catmusic.view.MyViewPager
        android:id="@+id/looper_pager"
        android:layout_width="match_parent"
        android:layout_height="155dp"/>
……
</LinearLayout>
```

修改了布局文件后，同时将 HomeActivity.java 中代码中的 mLooperPager 控件变量修改为

MyViewPager 类，并在 HomeActivity 类上实现 MyViewPager.OnViewPagerTouchListener 和 ViewPager.OnPageChangeListener 接口，同时实现对应的方法，其他代码如下：

```
public class HomeActivity extends BaseActivity implements ViewPager.OnPageChange
Listener, MyViewPager.OnViewPagerTouchListener {
    private MyViewPager mLooperPager;
    ……

    private void initLooperPageAdapter() {
        //设置适配器
        ……
        mLooperPager.addOnPageChangeListener(this);
        mLooperPager.OnViewPagerTouchListener(this);
    }

    @Override
    public void onPointerCaptureChanged(boolean hasCapture) {
        super.onPointerCaptureChanged(hasCapture);
    }

    @Override
    public void onPageScrolled(int position, float positionOffset, int positionOffsetPixels) {

    }

    @Override
    public void onPageSelected(int position) {

    }

    @Override
    public void onPageScrollStateChanged(int state) {

    }
}
```

此时，手触摸到轮播图时就停止播放，松开手轮播图则继续播放。当切换到其他应用时，轮播图停止播放；当切换到当前应用时，轮播图继续播放。

一般情况下轮播图下方都有指示器小圆点，在 res/drawable 中分别创建 shap_pointer.xml 和 shap_pointer_selector.xml 绘制圆点。

shap_pointer.xml 代码如下：

```
<?xml version="1.0" encoding="utf-8"?>
<shape xmlns:android="http://schemas.android.com/apk/res/android" android:shape="oval">
    <size android:width="@dimen/dot_size" android:height="@dimen/dot_size"/>
    <solid android:color="@color/white"/>
</shape>
```

shap_pointer_selector.xml 代码如下：

```
<?xml version="1.0" encoding="utf-8"?>
<shape xmlns:android="http://schemas.android.com/apk/res/android" android:shape="oval">
    <size android:width="@dimen/dot_size" android:height="@dimen/dot_size"/>
    <solid android:color="@color/theme"/>
</shape>
```

在 home_activity.xml 布局文件中添加轮播图指示器小点布局，其代码如下：

```
<?xml version="1.0" encoding="utf-8"?>
<LinearLayout
    ……
    <RelativeLayout
        android:layout_width="match_parent"
        android:layout_height="155dp">
        <!--     自定义的轮播图控件-->
         <edu.cdivtc.catmusic.view.MyViewPager
            android:id="@+id/looper_pager"
            android:layout_width="match_parent"
            android:layout_height="match_parent"/>
        <LinearLayout
            android:id="@+id/dot_wrap"
            android:layout_width="match_parent"
            android:layout_height="wrap_content"
            android:orientation="horizontal"
            android:layout_alignParentBottom="true"
            android:gravity="center"
            android:layout_marginBottom="@dimen/marginSize">
        </LinearLayout>
</RelativeLayout>
    ……
</LinearLayout>
```

在HomeActivity.java类中实现轮播图指示器小圆点与轮播图的对应功能，具体代码如下：

```
public class HomeActivity extends BaseActivity implements ViewPager.OnPage Change
Listener, MyViewPager.OnViewPagerTouchListener {
    ……
    private LinearLayout mDotWrap;

    //第二步：初始化视图
    private void initView() {
        ……
        mDotWrap = findViewById(R.id.dot_wrap);
    }

    private void initLooperPageAdapter() {
        ……
        //根据图片数量生成 dot
          insertPoint();
        LooperPager.setCurrentItem(2000*mLooperPagerAdapter.getRealSize(),false);
    }

    private void insertPoint() {
        for (int i = 0; i < sliders.size(); i++){
            View dot = new View(this);//绘制圆点
            //设置圆点的大小
            LinearLayout.LayoutParams layoutParams = new LinearLayout.LayoutParams
(40,40);
            layoutParams.leftMargin = 5;//设置圆点的左边距为 5
            //设置圆点的背景
            dot.setBackground(getResources().getDrawable(R.drawable.shap_pointer));
            //设置圆点的布局参数
            dot.setLayoutParams(layoutParams);
            mDotWrap.addView(dot);
        }
    }

    @Override
    public void onPageSelected(int position) {
        int realPosition;
        if (mLooperPagerAdapter.getRealSize() != 0){
```

```
                realPosition = position % mLooperPagerAdapter.getRealSize();
            }else {
                realPosition = 0;
            }
            setSelectDot(realPosition);
        }

        private void setSelectDot(int realPosition) {
            for (int i = 0; i < mDotWrap.getChildCount(); i++){
                View dot = mDotWrap.getChildAt(i);
                if (i != realPosition){
                    dot.setBackgroundResource(R.drawable.shap_pointer);
                }else {
                    dot.setBackgroundResource(R.drawable.shap_pointer_selector);
                }
            }
        }
    }
```

至此完成了轮播图的功能，其运行效果如图 3.41 所示。

图 3.41　轮播图运行效果

3.3.6　推荐专辑数据获取及展示

由于推荐专辑数据是通过 RecyclerView 控件展示，RecyclerView 控件不能直接展示底层数据，需要通过 Item 布局来展示，故需要创建用来展示每个专辑信息的布局文件。推荐专辑 Item 的效果图如图 3.42 所示。

图 3.42　推荐专辑列表效果图

1. 创建推荐专辑 Item 的布局文件

在 res/layout 中创建 albums_list.xml 文件，布局文件代码如下：

```
<?xml version="1.0" encoding="utf-8"?>
<LinearLayout xmlns:android="http://schemas.android.com/apk/res/android"
    android:orientation="horizontal"
    android:layout_width="match_parent"
    android:layout_marginBottom="@dimen/marginSize"
    android:layout_marginRight="@dimen/marginSize"
    android:layout_marginLeft="@dimen/marginSize"
    android:layout_height="wrap_content">
    <ImageView
        android:id="@+id/albums_icon"
        android:layout_width="100dp"
        android:layout_height="100dp"
        android:layout_marginRight="@dimen/marginSize"/>
    <LinearLayout
        android:layout_width="0dp"
        android:layout_weight="1"
        android:orientation="vertical"
        android:layout_height="match_parent">
        <TextView
            android:textColor="@color/t2color"
            android:id="@+id/albums_title"
            android:text="专辑标题"
            android:textSize="@dimen/T2"
            android:layout_width="match_parent"
            android:layout_height="wrap_content"/>
        <TextView
```

```
                android:id="@+id/albums_des"
                android:layout_weight="1"
                android:textColor="@color/t3color"
                android:textSize="@dimen/T3"
                android:layout_width="match_parent"
                android:text="专辑描述文字"
                android:layout_height="wrap_content"/>
        </LinearLayout>
</LinearLayout>
```

由于 t2color 和 t3color 没有定义，在 res/values/colors.xml 文件中定义，具体代码如下：

```
<color name="t2color">#555555</color>
<color name="t3color">#888888</color>
```

此布局文件的根布局是水平方向 LinearLayout 线性布局，其中左侧是专辑图片，右侧是垂直方向的 LinearLayout 线性布局，上方显示专辑名称，下方显示专辑描述文字。

2. 创建适配器

由于 RecyclerView 控件不能直接展示底层数据，需要通过适配器加载 Item 布局来展示数据。在 java/edu.cdivtc.catmusic/adapter 包中创建 AlbumsAdapter.java 适配器类，具体代码如下：

```
package edu.cdivtc.catmusic.adapter;

import android.content.Context;
import android.view.LayoutInflater;
import android.view.View;
import android.view.ViewGroup;
import android.widget.ImageView;
import android.widget.TextView;

import androidx.annotation.NonNull;
import androidx.recyclerview.widget.RecyclerView;

import edu.cdivtc.catmusic.R;
import edu.cdivtc.catmusic.bean.Recommend;
import com.squareup.picasso.Picasso;

import java.util.List;
public class AlbumsAdapter extends RecyclerView.Adapter<AlbumsAdapter.ViewHolder> {
    Context mContext;//定义调用的上下文
```

```
        List<Recommend.Result.Albums> albums;//定义获取推荐专辑的集合
        //适配器类的构造方法
        public AlbumsAdapter(Context context, List<Recommend.Result.Albums> albums) {
            this.mContext = context;
            this.albums = albums;
        }

        @NonNull
        @Override
        public ViewHolder onCreateViewHolder(@NonNull ViewGroup parent, int viewType) {
            View view = LayoutInflater.from(parent.getContext()). inflate(R.layout.albums_ list,
parent,false);
            ViewHolder holder = new ViewHolder(view);
            return holder;
        }

        @Override
        public void onBindViewHolder(@NonNull ViewHolder holder, int position) {
            Recommend.Result.Albums album = albums.get(position);
            Picasso.get().load(album.getPic()).into(holder.albums_icon);
            holder.albums_title.setText(album.getTitle());
            holder.albums_des.setText(album.getTitle());
            holder.itemView.setOnClickListener(new View.OnClickListener() {
                @Override
                public void onClick(View v) {
    //跳转到歌曲列表界面
                }
            });
        }

        @Override
        public int getItemCount() {
            return albums.size();
        }
        static class ViewHolder extends RecyclerView.ViewHolder{
            //定义子布局中的三个控件，
            ImageView albums_icon;
            TextView albums_title, albums_des;
            public ViewHolder(@NonNull View itemView) {
```

```
                super(itemView);
                //初始化子布局中的三个控件
                albums_icon = itemView.findViewById(R.id.albums_icon);
                albums_title = itemView.findViewById(R.id.albums_title);
                albums_des = itemView.findViewById(R.id.albums_des);
            }
        }
}
```

以上代码中，onCreateViewHolder()方法用于创建 ViewHolder 实例，onBindViewHolder()方法用于绑定数据到 ViewHolder，getItemCount()方法返回数据的总数。ViewHolder 类用于定义和初始化 Item 视图中的控件。

3. 实现展示专辑数据功能

在 HomeActivity.java 类中，首先，定义 RecyclerView 类的控件对象及其对应的适配器类对象、专辑数据列表初始化专辑；然后，初始化适配器；最后，设置 RecyclerView 的适配器。

```
    public class HomeActivity extends BaseActivity implements ViewPager.OnPageChange
Listener, MyViewPager.OnViewPagerTouchListener {
    ......
        private RecyclerView mAlbumsRecyclerView; //定义 RecyclerView 控件对象
        private AlbumsAdapter mAlbumsAdapter; //定义 RecyclerView 适配器类对象
    //定义获取专辑数据列表对象
        private List<Recommend.Result.Albums> albums = new ArrayList<>();

        //第二步：初始化视图
        private void initView() {
            ......
            mAlbumsRecyclerView = findViewById(R.id.albums_list);
        }

        //第三步：初始化推荐歌曲数据，使用 okHttpUtils 获取数据
        private void initRecommendData() {
            mRecommendBiz.getRecommend(new CommonCallback<Recommend>() {
                ......
                @Override
                public void onSuccess(Recommend response) {
                    Recommend data = response;
                    ......
                    //获取专辑数据
```

```
                albums = data.getResult().getAlbums();
                //初始化专辑数据适配器
                initAlbumsAdapter();
            }
        });
    }

    private void initAlbumsAdapter() {
        //实例化一个线性布局管理器，
        LinearLayoutManager linearLayoutManager = new LinearLayoutManager(this);
        //设置 RecyclerView 适配器的线性布局
        mAlbumsRecyclerView.setLayoutManager(linearLayoutManager);
        //实例化 RecyclerView 适配器，同时获取数据
        mAlbumsAdapter = new AlbumsAdapter(this,albums);
        //设置 RecyclerView 的适配器
        mAlbumsRecyclerView.setAdapter(mAlbumsAdapter);
    }
```

以上代码在 initView()方法中初始化 RecyclerView 控件，在 initRecommendData()方法中实现网络请求，获取专辑数据，同时调用初始化适配器 initAlbumsAdapter()方法。

3.3.7　运行效果

主页的运行效果如图 3.43 所示。

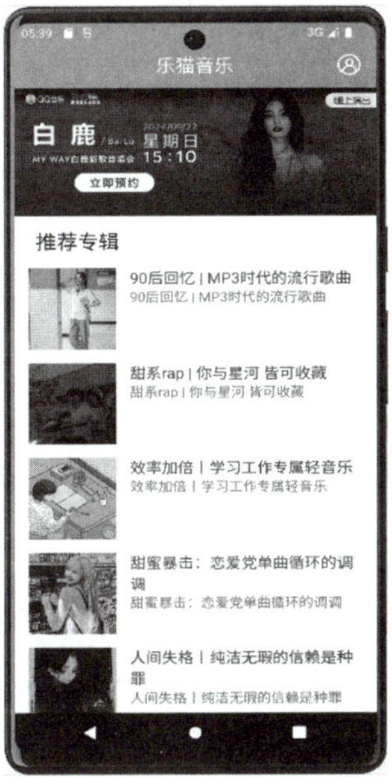

图 3.43　主页运行效果

3.4　歌曲列表

在主页点击任意专辑，可以跳转到对应专辑的歌曲列表界面，歌曲列表界面由上、中、下三部分构成，上部由标题栏及用户图标组成；中部是专辑图片、专辑名称及统计当前专辑的歌曲数量；下部是歌曲列表，歌曲列表由 RecyclerView 展示，每个 Item 由左、右两部分组成，左侧是歌曲图片，右侧分为上、下两个部分，上方是歌曲名称，下方是歌手姓名，其效果图如图 3.44 所示。

图 3.44　歌曲列表页面

3.4.1　搭建歌曲列表界面布局

搭建歌曲列表界面布局的具体步骤如下：

（1）在 java/edu.cdivtc.catmusic/activity 包中创建名为 SongListActivity.java 的 Activity 类，此类继承 BaseActivity 类，同时创建 activity_song_list.xml 布局文件。

（2）搭建歌曲列表布局。根据前面的分析，打开 activity_song_list.xml 文件，完成歌曲列表界面的设计，具体代码如下：

```
<?xml version="1.0" encoding="utf-8"?>
<LinearLayout xmlns:android="http://schemas.android.com/apk/res/android"
    xmlns:app="http://schemas.android.com/apk/res-auto"
    xmlns:tools="http://schemas.android.com/tools"
    android:layout_width="match_parent"
    android:layout_height="match_parent"
```

```
    android:orientation="vertical"
    android:background="@color/white"
    android:gravity="center_horizontal"
    tools:context=".activity.SongListActivity">
    <!--    引入 NavBar-->
    <include layout="@layout/tab_bar"/>
    <ImageView
        android:id="@+id/album_pic"
        android:layout_marginTop="@dimen/marginSize"
        android:layout_width="200dp"
        android:layout_height="200dp"/>
    <TextView
        android:id="@+id/album_title"
        android:layout_width="wrap_content"
        android:textColor="@color/t2color"
        android:layout_marginTop="@dimen/marginSize"
        android:textSize="@dimen/T2"
        android:layout_height="wrap_content"/>
    <TextView
        android:id="@+id/album_total"
        android:layout_width="wrap_content"
        android:textColor="@color/t3color"
        android:textSize="@dimen/T3"
        android:layout_height="wrap_content"/>
    <TextView
        android:layout_width="match_parent"
        android:layout_height="wrap_content"
        android:textSize="@dimen/T1"
        android:textColor="@color/t1color"
        android:layout_marginTop="@dimen/marginSize"
        android:layout_marginLeft="@dimen/marginSize"
        android:layout_marginBottom="@dimen/marginSize"
        android:text="歌曲列表"/>
    <androidx.recyclerview.widget.RecyclerView
        android:id="@+id/songs_recyclerView"
        android:layout_width="match_parent"
        android:layout_height="match_parent"/>
</LinearLayout>
```

3.4.2 搭建歌曲列表界面 Item 布局

由于歌曲列表界面使用了 RecyclerView 控件进行展示歌曲信息，需要创建一个该列表的 Item 界面，在 Item 界面中需要展示左侧的歌曲图片，右侧上方的歌曲名称，右侧下方的歌手姓名，界面效果如图 3.45 所示。

图 3.45 歌曲列表 Item 界面效果

搭建歌曲列表 Item 界面的具体步骤如下：

1. 创建歌曲列表 Item 界面的布局文件

在 res/layout 文件夹上右击，选择“New”，选择“Layout Resource File”，输入布局文件名 songs_list。

2. 放置控件

在布局文件 songs_list.xml 中，放置 1 个 ImageView 控件，添加 1 个垂直方向的 LinearLayout 布局，在此布局中放置 2 个 TextView 控件，分别用于歌曲名称和歌手姓名。完整的布局代码如下：

```
<?xml version="1.0" encoding="utf-8"?>
<LinearLayout xmlns:android="http://schemas.android.com/apk/res/android"
    android:orientation="horizontal"
    android:layout_width="match_parent"
    android:layout_marginBottom="@dimen/marginSize"
    android:layout_marginRight="@dimen/marginSize"
    android:layout_marginLeft="@dimen/marginSize"
    android:id="@+id/item_container"
    android:layout_height="wrap_content">
    <ImageView
        android:id="@+id/song_icon"
        android:layout_width="60dp"
        android:layout_height="60dp"
        android:layout_marginRight="@dimen/marginSize"/>
    <LinearLayout
        android:layout_width="0dp"
        android:layout_weight="1"
        android:orientation="vertical"
        android:layout_height="match_parent">
```

```
        <TextView
            android:textColor="@color/t2color"
            android:id="@+id/song_title"
            android:text="歌曲名称"
            android:textSize="@dimen/T2"
            android:layout_width="match_parent"
            android:layout_height="wrap_content"/>
        <TextView
            android:id="@+id/singer"
            android:layout_weight="1"
            android:textColor="@color/t3color"
            android:textSize="@dimen/T3"
            android:layout_width="match_parent"
            android:text="歌手"
            android:layout_height="wrap_content"/>
    </LinearLayout>
</LinearLayout>
```

3.4.3　创建适配器

1. 创建 Albums 实体类

由于歌曲列表是通过点击专辑跳转到对应专辑的歌曲列表，所以通过网络请求可以发现歌曲的信息是在 Albums 集合下的，请求的结果数据如图 3.46 所示。

图 3.46　专辑请求结果

在 edu.cdivtc.catmusic 下创建 bean 包，创建 Albums 类，然后通过 GsonFormat 插件创建实体类，同时创建 Getter 和 Setter 方法，并让 Albums 类和 Songs 类实现 Serializable 序列化接口。创建实体类的代码如下：

```
package edu.cdivtc.catmusic.bean;
import java.io.Serializable;
import java.util.List;
public class Albums implements Serializable {
        /**
         * code : 0
         * result : {"songs":[{"id":204444288,"mid":"003a4ndF2ZzfM5","name":"城市","singer":"一三","url":"","duration":276,"pic":"https://y.gtimg.cn/music/photo_new/T002R800x800M000003Lgmv11Q2RU4.jpg?max_age=2592000","album":"一三"},]}
         */
    public int code;
    public Result result;
    public static class Result {
            public List<Songs> songs;
        }
        public static class Songs implements Serializable{
            /**
    * id : 204444288
    * mid : 003a4ndF2ZzfM5
    * name : 城市
    * singer : 一三
    * url :
    * duration : 276
              * pic : https://y.gtimg.cn/music/photo_new/T002R800x800M000003Lgmv11Q2RU4. jpg? max_age=2592000
    * album : 一三
    */
    public int id;
    public String mid;
    public String name;
    public String singer;
    public String url;
    public int duration;
    public String pic;
```

```
public String album;
    }
}
```

2. 创建适配器类

由于 RecyclerView 控件不能直接展示底层数据，需要通过适配器加载 Item 布局来展示数据。在 java/edu.cdivtc.catmusic/adapter 包中创建 SongsAdapter.java 适配器类，具体代码如下：

```
package edu.cdivtc.catmusic.adapter;

import android.annotation.SuppressLint;
import android.content.Context;
import android.content.Intent;
import android.view.LayoutInflater;
import android.view.View;
import android.view.ViewGroup;
import android.widget.ImageView;
import android.widget.LinearLayout;
import android.widget.TextView;

import androidx.annotation.NonNull;
import androidx.recyclerview.widget.RecyclerView;

import edu.cdivtc.catmusic.R;
import edu.cdivtc.catmusic.bean.Albums;
import com.squareup.picasso.Picasso;

import java.io.Serializable;
import java.util.List;

public class SongsAdapter extends RecyclerView.Adapter<SongsAdapter.ViewHolder> {
    private List<Albums.Songs> msongs;
    private Context mContext;
     public SongsAdapter(Context context, List<Albums.Songs> songs){
            this.mContext = context;
            this.msongs = songs;
     }
     @NonNull
     @Override
```

```
        public ViewHolder onCreateViewHolder(@NonNull ViewGroup parent, int viewType) {
            View view = LayoutInflater.from(parent.getContext()). inflate(R.layout.songs_list,
parent, false);
            ViewHolder holder = new ViewHolder(view);
            return holder;
        }

        @Override
        public void onBindViewHolder(@NonNull ViewHolder holder, @SuppressLint
("RecyclerView") int position) {
            Albums.Songs song = msongs.get(position);
            Picasso.get().load(song.getPic()).into(holder.mSong_icon);
            holder.mSinger.setText(song.getSinger());
            holder.mSong_title.setText(song.getName());
            holder.itemContainer.setOnClickListener(new View.OnClickListener() {
                @Override
                public void onClick(View v) {
                    //点击歌曲列表项，传递对应歌曲信息到 PlayerActivity 页面
                }
            });
        }

        @Override
        public int getItemCount() {
            return msongs.size();
        }

         class  ViewHolder extends RecyclerView.ViewHolder{
            ImageView mSong_icon;
            TextView   mSong_title;
            TextView   mSinger;
            LinearLayout itemContainer;

            public ViewHolder(@NonNull View itemView) {
                super(itemView);
                mSong_icon= itemView.findViewById(R.id.song_icon);
                mSong_title = itemView.findViewById(R.id.song_title);
                mSinger = itemView.findViewById(R.id.singer);
```

```
                itemContainer = itemView.findViewById(R.id.item_container);
            }
        }
}
```

3.4.4 实现歌曲列表功能

由于歌曲列表界面中部是专辑图片、专辑名称及统计当前专辑的歌曲数量，这些数据是通过专辑传递过来的，接下来实现专辑列表 Item 的点击事件。

1. 实现专辑列表 Item 的点击事件

在 AlbumsAdapter 类中的 onBindViewHolder()实现 Item 的点击事件，具体代码如下：

```
@Override
public void onBindViewHolder(@NonNull ViewHolder holder, int position) {
        Recommend.Result.Albums album = albums.get(position);
        Picasso.get().load(album.getPic()).into(holder.albums_icon);
        holder.albums_title.setText(album.getTitle());
        holder.albums_des.setText(album.getTitle());
        holder.itemView.setOnClickListener(new View.OnClickListener() {
            @Override
            public void onClick(View v) {
                //通过 Intent 类的显式意图，实现 Item 的点击事件，从当前页面跳转到歌
曲列表界面
                Intent intent = new Intent(mContext, SongListActivity.class);
                //分别将专辑 Id、专辑图片、专辑标题添加到 Intent 对象中
                intent.putExtra("albumId", album.getId());
                intent.putExtra("albumPic", album.getPic());
                intent.putExtra("albumTitle", album.getTitle());
                mContext.startActivity(intent);
            }
        });
}
```

2. 获取歌曲列表数据

歌曲列表数据是通过访问对应的专辑获取的，需要封装专辑数据请求方法，在 java/edu.cdivtc.catmusic/biz 包下创建 AlbumsBiz.java 类，获取专辑歌曲信息需要传递专辑的 id 参数，可以使用OkHttpUtils 的 addParams方法来传递专辑 id 参数。具体代码如下：

```
package edu.cdivtc.catmusic.biz;

import edu.cdivtc.catmusic.bean.Albums;
import edu.cdivtc.catmusic.config.Config;
import edu.cdivtc.catmusic.net.CommonCallback;
import com.zhy.http.okhttp.OkHttpUtils;

public class AlbumsBiz {
    public void getAlbums(long albumsId, CommonCallback<Albums> callback){
        String url = Config.BASEURL+ "api/getAlbum";
        OkHttpUtils
                .get()
                .addParams("id", albumsId+"")
                .url(url)
                .build()
                .execute( callback);
    }
}
```

3. 实现歌曲列表数据展示功能

（1）在 SongListActivity 类的 onCreate()方法中初始化 TabBar，代码如下：

```
initTabBar(true, "歌曲列表", true);
```

（2）在 SongListActivity 类中定义专辑图片、专辑名称及专辑统计结果的控件，并初始化控件，在 onCreate()方法中获取传递的 intent 对象，取出传递的专辑 id、专辑图片，并计算统计结果，代码如下：

```
public class SongListActivity extends BaseActivity {
    long     albumId;
    String   albumPic;
    String   albumTitle;
    ImageView malbumPic;
    TextView malbumTitle;
    TextView   malbumTotal;
    List<Albums.Songs> mSongs;
    AlbumsBiz albumsBiz = new AlbumsBiz();
```

```
    @Override
    protected void onCreate(Bundle savedInstanceState) {
        super.onCreate(savedInstanceState);
        setContentView(R.layout.activity_song_list);
        initTabBar(true, "歌曲列表", true);
        Intent intent = getIntent();
        albumId = intent.getLongExtra("albumId", 0);
        albumPic = intent.getStringExtra("albumPic");
        albumTitle =    intent.getStringExtra("albumTitle");
        initView();
        initAlbumsData();
    }

    private void initAlbumsData() {
        albumsBiz.getAlbums(albumId, new CommonCallback<Albums>() {
            @Override
            public void onError(Exception e) {
                Toast.makeText(SongListActivity.this,"网络请求失败！ ",Toast. LENG
TH_SHORT).show();
            }

            @Override
            public void onSuccess(Albums response) {
                mSongs = response.getResult().getSongs();
                Picasso.get().load( albumPic).into(malbumPic);
                malbumTitle.setText(albumTitle);
                malbumTotal.setText("一共"+ mSongs.size() +"首歌曲");
            }
        });
    }

    private void initView() {
        malbumPic = findViewById(R.id.album_pic);
        malbumTitle = findViewById(R.id.album_title);
        malbumTotal = findViewById(R.id.album_total);
    }
}
```

接收从对应专辑传递来的数据，并加载到对应控件中，其效果如图 3.47 所示。

图 3.47　接收并获取专辑信息

（3）从访问专辑返回的歌曲信息发现，歌曲 url 地址为空，这是由于后端提供了单独接口获取歌曲 url 地址。在 java/edu.cdivtc.catmusic/biz 包下创建 SongUrlsBiz.java 来获取歌曲的 url 地址，具体代码如下：

```
public class SongUrlsBiz {
    public   void   getSongUrls(String midUrls, StringCallback callback){
        String url = Config.BASEURL+ "api/getSongsUrl?"+midUrls;
        OkHttpUtils.get()
                .url(url)
                .build()
                .execute(callback);
    }
}
```

（4）获取歌曲 url 地址的接口为 Config.BASEURL+ "api/getSongsUrl?"+midUrls，其中 midUrls 格式为 mid[]=002xgR8j2XIQLx&mid[]=002aE7l90vlHPX 这种格式，其中 002xgR8j2XIQLx 为歌曲的 id(mid)。也就是说需要拼接如下格式来获取歌曲列表中所有歌曲的 url 地址：

http://localhos:3000/api/getSongsUrl?mid[]=002xgR8j2XIQLx&mid[]=002aE7l90vlHPX&mid[]=001dJ1F214VUYs&mid[]=000a2bMl33mXkU&mid[]=003FCzsg0XNocn&mid[]=003GLRoM05ooIW.......

（5）后端返回的 url 地址如图 3.48 所示。

图 3.48　歌曲 url 请求结果

从图 3.48 中可以看出，返回的 JSON 数据 key 是以数字开头的“003FCzsg0XNocn”，那么以前封装的 CommonCallBack 不适合处理歌曲 url 地址，此时可以使用OkHttpUtils自己的StringCallback方法获取所有歌曲的 url 地址。

在 SongListActivity 类中实现专辑歌曲 url 的获取，代码如下：

```
public class SongListActivity extends BaseActivity {
    ......
    SongUrlsBiz songUrlsBiz = new SongUrlsBiz();

    private void initAlbumsData() {
        albumsBiz.getAlbums(albumId, new CommonCallback<Albums>() {
            ......
            @Override
            public void onSuccess(Albums response) {
                ......
                initSongsUrl();
            }
        });
    }

    private void initSongsUrl() {
        // 格式化 URL
        String midUrls = "";
        for (int i = 0; i <mSongs.size() ; i++) {
            if(i==0){
                midUrls+="mid[]="+mSongs.get(i).getMid();
            }else {
                midUrls+="&mid[]="+mSongs.get(i).getMid();
            }
        }
```

```
            songUrlsBiz.getSongUrls(midUrls, new StringCallback() {
                @Override
                public void onError(Call call, Exception e, int id) {

                }

                @Override
                public void onResponse(String response, int id) {
                    try {
                        JSONObject resp = new JSONObject(response);
                        int resultCode = resp.getInt("code");
                        if (resultCode == 0 ){
                            JSONObject result = resp.getJSONObject("result");
                            JSONObject map = result.getJSONObject("map");
                            for (int i = 0; i < mSongs.size();i++){
                                if (map.getString(mSongs.get(i).getMid()) != ""){

mSongs.get(i).setUrl(map.getString(mSongs.get(i).getMid()));
                                }else {
                                    //如果当前 url 地址为空，则删除此首歌曲
                                    mSongs.remove(i);
                                }
                            }
                        }
                    } catch (JSONException e) {
                        throw new RuntimeException(e);
                    }
                }
            });
        }
    }
```

（6）在 SongListActivity 类中定义 RecyclerView 控件对象并初始化，定义适配器类对象并初始化，代码如下：

```
public class SongListActivity extends BaseActivity {
    ......
    RecyclerView mSongRecyclerView;
    SongsAdapter mSongsAdapter;
```

```
    @Override
    protected void onCreate(Bundle savedInstanceState) {
        ……
        initView();
        initAlbumsData();
    }

    private void initAlbumsData() {
        albumsBiz.getAlbums(albumId, new CommonCallback<Albums>() {
            ……
            @Override
            public void onSuccess(Albums response) {
                ……
                initSongsAdapter();
            }
        });
    }

    private void initSongsAdapter() {
        //实例化适配器
        mSongsAdapter = new SongsAdapter(this,mSongs);
        //实例化设置线性布局管理器
        LinearLayoutManager linearLayoutManager = new LinearLayoutManager(this);
        //设置 RecyclerView 的布局管理器
        mSongRecyclerView.setLayoutManager(linearLayoutManager);
        //设置 RecyclerView 的适配器
        mSongRecyclerView.setAdapter(mSongsAdapter);
    }

    private void initView() {
        ……
        mSongRecyclerView = findViewById(R.id.songs_recyclerView);
    }
}
```

3.4.5　运行效果

初始化适配器后，并设置 RecyclerView 的适配器，获取到对应专辑的歌曲列表，其运行效果如图 3.49 所示。

图 3.49 获取的歌曲列表效果

3.5 播放歌曲

点击歌曲列表中的任意歌曲，进入歌曲的播放界面播放当前歌曲。播放歌曲界面由上、中、下三部分组成，上部是歌曲图片及歌曲名称，中间是滚动歌词，下部是播放时间、进度条和播放控件按钮，其效果图如图 3.50 所示。

图 3.50 歌曲播放界面效果图

3.5.1　搭建播放歌曲界面布局

1. 创建圆形图片 View 类

（1）由图 3.50 可知，播放界面的歌曲图片显示的是圆形图片，在 Andorid 的控件中，没有圆形图片控件，为了实现圆形图片控件，可以通过自定义 View 来实现圆形效果。

（2）在 java/edu.cdivtc.catmusic/view 包中创建名为 CircleImage 的类，并让 CircleImage 类继承 ImageView 类，CircleImage 类的具体代码如下：

```
package edu.cdivtc.catmusic.view;

import android.annotation.SuppressLint;
import android.content.Context;
import android.graphics.Bitmap;
import android.graphics.BitmapShader;
import android.graphics.Canvas;
import android.graphics.Matrix;
import android.graphics.Paint;
import android.graphics.Shader;
import android.graphics.drawable.BitmapDrawable;
import android.graphics.drawable.Drawable;
import android.util.AttributeSet;

import androidx.annotation.Nullable;

public class CircleImage extends androidx.appcompat.widget.AppCompatImageView {

    //画笔
    private Paint mPaint;
    //圆形图片的半径
    private int mRadius;
    //图片的缩放比例
    private float mScale;

    public CircleImage(Context context) {
        super(context);
    }

    public CircleImage(Context context, @Nullable AttributeSet attrs) {
        super(context, attrs);
    }
    public CircleImage(Context context, @Nullable AttributeSet attrs, int defStyleAttr) {
```

```
        super(context, attrs, defStyleAttr);
    }

    //测量 View 大小
    @Override
    protected void onMeasure(int widthMeasureSpec, int heightMeasureSpec) {
        super.onMeasure(widthMeasureSpec, heightMeasureSpec);
        //由于是圆形，宽高应保持一致，取宽高中的最小值赋值给 size
        int size = Math.min(getMeasuredWidth(), getMeasuredHeight());
        //圆形的半径为 size 的一半
        mRadius = size / 2;
        //确认控件的大小
        setMeasuredDimension(size, size);
    }

    @SuppressLint("DrawAllocation")
    @Override
    protected void onDraw(Canvas canvas) {
        //实例化画笔对象
        mPaint = new Paint();
        //获取绘图类
        Drawable drawable = getDrawable();
        if (null != drawable) {
            Bitmap bitmap = ((BitmapDrawable) drawable).getBitmap();
            //初始化 BitmapShader，传入 bitmap 对象
          BitmapShader bitmapShader = new BitmapShader(bitmap, Shader.TileMode. CLAMP,
Shader.TileMode.CLAMP);
            //计算缩放比例
            mScale = (mRadius * 2.0f) / Math.min(bitmap.getHeight(), bitmap.getWidth());

            Matrix matrix = new Matrix();
            matrix.setScale(mScale, mScale);
            bitmapShader.setLocalMatrix(matrix);
            mPaint.setShader(bitmapShader);
            //画圆形，指定好坐标、半径、画笔
            canvas.drawCircle(mRadius, mRadius, mRadius, mPaint);
        } else {
            super.onDraw(canvas);
        }
    }
}
```

2. Android 自定义视图

（1）Android 自己的 SDK 提供了 2D 图形处理相关的 API，大部分都在 android.graphics 和 android.graphics.drawable 包中。

（2）绘制 2D 图形有两种方式：在 layout 中定义图形和动画，主要用于绘制静态图形和预先定义好的动画；直接在 Canvas 上绘制，一般用于需要重绘实现效果的 View。

（3）绘画需要 4 个元素协同完成。

位图：Bitmap 用于存储像素。

画布：Canvas 用于响应画画（draw）的行为并将其写入 Bitmap。

颜料：drawing primitive，如矩形、路径、文字、位图等元素。

画笔：Paint 描述画画（draw）的颜色和样式等。

（4）自定义 View 绘制流程函数的过程，如图 3.51 所示。

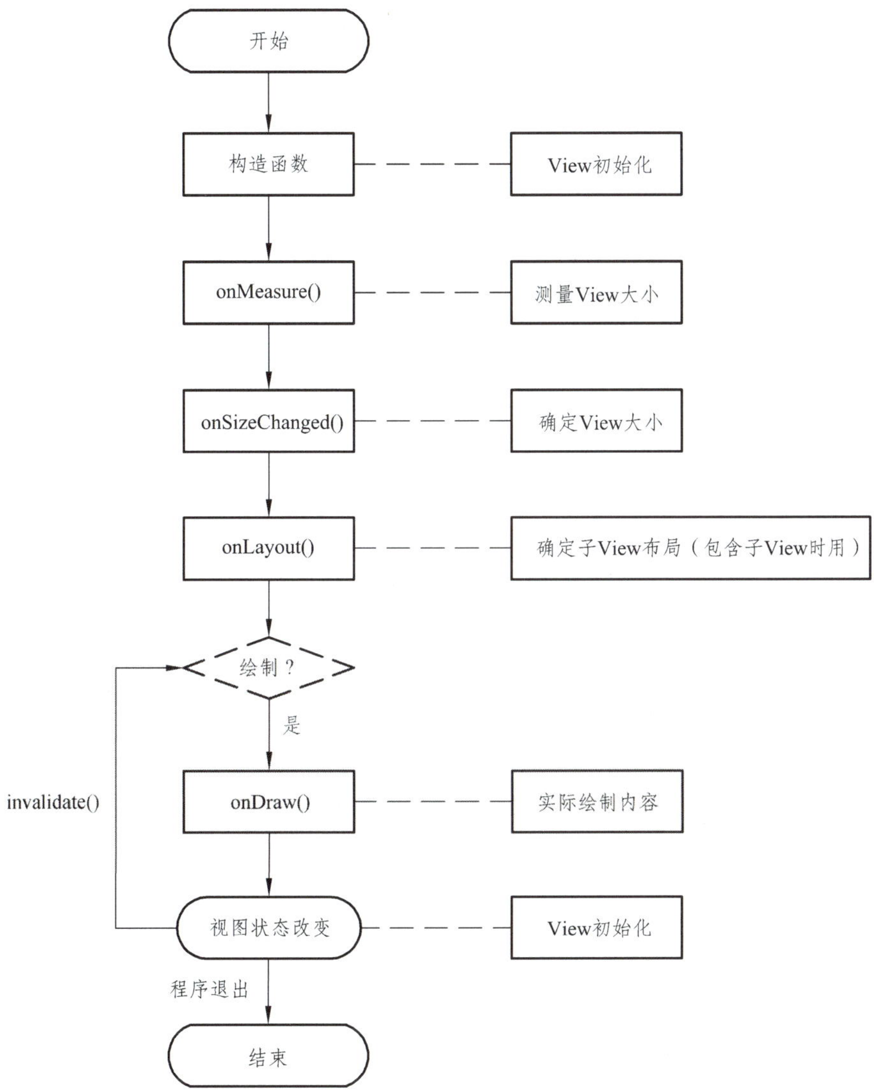

图 3.51　自定义 View 绘制流程

3. 创建歌词视图类

（1）由图 3.50 可知，歌词一共分成五行显示，其中有四行是灰色显示（非当前播放歌词），中间行是橙色高亮显示（当前播放歌词）。

（2）歌词显示可以使用TextView 控件。虽然 TextView 是多行文字，但是不能以分段方式显示多行文字，要显示多行分段歌词，可以自定一个 LyricView 视图控件并让其继承 TextView 控件类。

（3）在 java/edu.cdivtc.catmusic/view 包中创建名为 LyricView 的类，并让 LyricView 类继承 TextView 类，LyricView 类的具体代码如下：

```
package edu.cdivtc.catmusic.view;

import android.content.Context;
import android.graphics.Canvas;
import android.graphics.Paint;
import android.graphics.Rect;
import android.util.AttributeSet;

import androidx.annotation.NonNull;
import androidx.annotation.Nullable;
import androidx.appcompat.widget.AppCompatTextView;
import java.util.ArrayList;
import java.util.List;

public class LyricView extends AppCompatTextView {
    int mActiveLyricColor; //高亮歌词颜色
    float mActiveLyricFontSize;   //高亮歌词字体大小
    int mLyricColor; //普通歌词颜色
    float mLyricFontSize;   //普通歌词字体大小
    Paint mPaint;   //绘制对象
    int mHalfViewW;   //计算高亮歌词水平居中的位置
    int mHalfViewH;   //计算高亮歌词垂直居中的位置
    float mLyricLineHeight;   //歌词行高
    int mCurrentLine;   //高亮歌词行号
    List<LyricBean> mLyricList = new ArrayList<>(); //歌词集合

    public LyricView(@NonNull Context context) {
        super(context);
        init();
    }
```

```
    public LyricView(@NonNull Context context, @Nullable AttributeSet attrs) {
        super(context, attrs);
        init();
    }
    public LyricView(@NonNull Context context, @Nullable AttributeSet attrs, int
defStyleAttr) {
        super(context, attrs, defStyleAttr);
        init();
    }
    private void init() {
        //初始化高亮歌词颜色和字体大小
        mActiveLyricColor = getResources().getColor(R.color.theme);
        mActiveLyricFontSize = getResources().getDimension(R.dimen.T2);

        //正常歌词颜色和字体大小
        mLyricColor = getResources().getColor(R.color.t3color);
        mLyricFontSize = getResources().getDimension(R.dimen.T3);

        //初始化画笔
        mPaint = new Paint();
        mPaint.setColor(mActiveLyricColor);
        mPaint.setTextSize(mActiveLyricFontSize);
        mPaint.setAntiAlias(true);//消除画笔锯齿
        //行高
        mLyricLineHeight = getResources().getDimension(R.dimen.lyric_line_height);
        //初始化高亮行
        mCurrentLine = 0;
    }
    //设置要渲染的歌词
    public void setLyricData(List<LyricBean> lyricData){
        this.mLyricList = lyricData;
    }
    //按行滚动歌词
    public void roll(int currentTime,int durationTime){
        for (int i = 0;i < mLyricList.size();i++){
            int startPoint = mLyricList.get(i).getStartPoint();
            int nextPoint;
            if (i == mLyricList.size()- 1){
                nextPoint = durationTime;
```

```
            }else {
                nextPoint = mLyricList.get(i+1).getStartPoint();
            }
            if (currentTime >= startPoint && currentTime < nextPoint){
                mCurrentLine = i;
                break;
            }
        }
        //重新绘制当前画布
        invalidate();
    }
    //通过此方法，取得 LyricView 的整体高度和宽度
    @Override
    protected void onSizeChanged(int w, int h, int oldw, int oldh) {
        super.onSizeChanged(w, h, oldw, oldh);
        mHalfViewW = w/2;
        mHalfViewH = h/2;
    }

    //自定义 LyricView 在页面绘制的钩子方法
    @Override
    protected void onDraw(Canvas canvas) {
        super.onDraw(canvas);
        drawMultiText(canvas);
    }

    //绘制多行歌词文字
    private void drawMultiText(Canvas canvas) {
        if (mLyricList.size() == 0) return;
        //居中歌词
        String text = mLyricList.get(mCurrentLine).getLyric();
        //设置歌词位置
        Rect rect = new Rect();
        //rect 引用传递，传递进去则 rect 具有 left top right bottom 值
        mPaint.getTextBounds(text,0,text.length(),rect);
        int mHalfTextH = rect.height()/2;
        int centerY = mHalfViewH + mHalfTextH;
        //绘制歌词
        for (int i = 0; i < mLyricList.size();i++){
```

```
                if (i == mCurrentLine){
                    mPaint.setColor(mActiveLyricColor);
                    mPaint.setTextSize(mActiveLyricFontSize);
                }else {
                    mPaint.setColor(mLyricColor);
                    mPaint.setTextSize(mLyricFontSize);
                }
                //其他歌词 y 轴位置   drawY = 居中行 y+(绘制行号-居中行号）*行高
                int drawY = (int) (centerY + (i - mCurrentLine) * mLyricLineHeight);
                drawHorizontal(canvas,mLyricList.get(i).getLyric(),drawY);
            }
        }

        private void drawHorizontal(Canvas canvas, String text, int drawY) {
            int mHalfTextW = (int) (mPaint.measureText(text,0,text.length())/2);
            int drawX = mHalfViewW - mHalfTextW;
            canvas.drawText(text,drawX,drawY,mPaint);
        }
}
```

4. 导入图标

播放歌曲界面中有五类图标，分别是随机播放、上一首、播放和暂停、下一首、循环播放图标，将以上图标添加到 res/drawable 中，放置结果如图 3.52 所示。

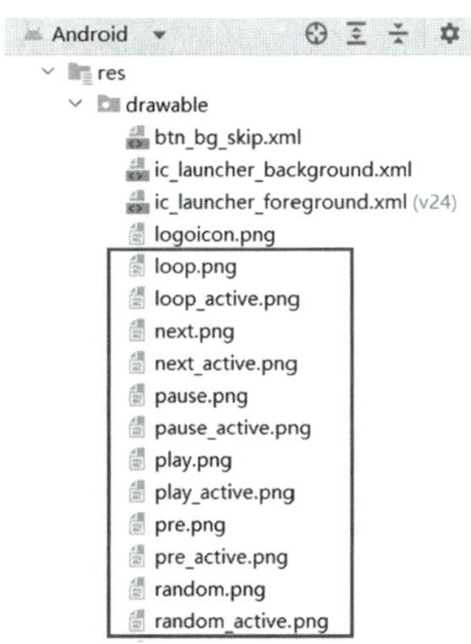

图 3.52　添加播放图标到 drawable 中

5. 搭建播放界面布局文件

完成自定义视图后，接下来是搭建播放界面的布局，在搭建布局文件之前需要先创建播放

Activity 类，同时创建对应的布局文件。

（1）在 java/edu.cdivtc.catmusic/activity 包中创建播放界面 Activity 类 PlayerActivity.java，同时创建对应的 activity_player.xml 布局文件。

（2）打开 activity_player.xml 布局文件，在其中分别添加歌曲图片的圆形图片控件、歌曲标题的文本控件、歌词控件、用于显示播放时长的两个文本控件、进度条控件和播放控制五个控件，具体的布局文件代码如下：

```
<?xml version="1.0" encoding="utf-8"?>
<androidx.constraintlayout.widget.ConstraintLayout
    xmlns:android="http://schemas.android.com/apk/res/android"
    xmlns:app="http://schemas.android.com/apk/res-auto"
    xmlns:tools="http://schemas.android.com/tools"
    android:layout_width="match_parent"
    android:layout_height="match_parent"
    tools:context=".activity.PlayerActivity">

    <edu.cdivtc.catmusic.view.CircleImage
        android:id="@+id/song_thumbnail"
        android:layout_width="240dp"
        android:layout_height="240dp"
        android:layout_marginTop="60dp"
        app:layout_constraintEnd_toEndOf="parent"
        app:layout_constraintHorizontal_bias="0.496"
        app:layout_constraintStart_toStartOf="parent"
        app:layout_constraintTop_toTopOf="parent"
        tools:srcCompat="@tools:sample/avatars" />

    <TextView
        android:id="@+id/song_title"
        android:layout_width="wrap_content"
        android:layout_height="wrap_content"
        android:layout_marginTop="30dp"
        android:text="歌曲名称"
        android:textSize="26sp"
        app:layout_constraintEnd_toEndOf="parent"
        app:layout_constraintHorizontal_bias="0.498"
        app:layout_constraintStart_toStartOf="parent"
        app:layout_constraintTop_toBottomOf="@+id/song_thumbnail" />
```

```
<TextView
    android:id="@+id/current_time"
    android:layout_width="wrap_content"
    android:layout_height="wrap_content"
    android:layout_marginStart="32dp"
    android:layout_marginTop="40dp"
    android:text="01:50"
    android:textSize="20sp"
    app:layout_constraintStart_toStartOf="parent"
    app:layout_constraintTop_toBottomOf="@+id/lyric" />

<TextView
    android:id="@+id/duration"
    android:layout_width="wrap_content"
    android:layout_height="wrap_content"
    android:layout_marginTop="40dp"
    android:layout_marginEnd="32dp"
    android:text="04:20"
    android:textSize="20sp"
    app:layout_constraintBottom_toBottomOf="@+id/current_time"
    app:layout_constraintEnd_toEndOf="parent"
    app:layout_constraintTop_toBottomOf="@+id/lyric" />

<SeekBar
    android:id="@+id/seek_bar"
    android:layout_width="0dp"
    android:layout_height="wrap_content"
    android:layout_marginStart="16dp"
    android:layout_marginTop="4dp"
    android:layout_marginEnd="16dp"
    android:progress="50"
    app:layout_constraintEnd_toEndOf="parent"
    app:layout_constraintStart_toStartOf="parent"
    app:layout_constraintTop_toBottomOf="@+id/duration" />

<ImageView
    android:id="@+id/loop_btn"
    android:layout_width="45dp"
    android:layout_height="45dp"
```

```
        android:layout_marginTop="24dp"
        app:layout_constraintEnd_toStartOf="@+id/pre_btn"
        app:layout_constraintHorizontal_bias="0.5"
        app:layout_constraintHorizontal_chainStyle="spread"
        app:layout_constraintStart_toStartOf="parent"
        app:layout_constraintTop_toBottomOf="@+id/seek_bar"
        app:srcCompat="@drawable/loop" />

    <ImageView
        android:id="@+id/pre_btn"
        android:layout_width="45dp"
        android:layout_height="45dp"
        app:layout_constraintBottom_toBottomOf="@+id/loop_btn"
        app:layout_constraintEnd_toStartOf="@+id/play_btn"
        app:layout_constraintHorizontal_bias="0.5"
        app:layout_constraintStart_toEndOf="@+id/loop_btn"
        app:layout_constraintTop_toTopOf="@+id/loop_btn"
        app:srcCompat="@drawable/pre_active" />

    <ImageView
        android:id="@+id/play_btn"
        android:layout_width="45dp"
        android:layout_height="45dp"
        app:layout_constraintBottom_toBottomOf="@+id/pre_btn"
        app:layout_constraintEnd_toStartOf="@+id/next_btn"
        app:layout_constraintHorizontal_bias="0.5"
        app:layout_constraintStart_toEndOf="@+id/pre_btn"
        app:layout_constraintTop_toTopOf="@+id/pre_btn"
        app:srcCompat="@drawable/pause_active" />

    <ImageView
        android:id="@+id/next_btn"
        android:layout_width="45dp"
        android:layout_height="45dp"
        app:layout_constraintBottom_toBottomOf="@+id/play_btn"
        app:layout_constraintEnd_toStartOf="@+id/random_btn"
        app:layout_constraintHorizontal_bias="0.5"
        app:layout_constraintStart_toEndOf="@+id/play_btn"
```

```
        app:layout_constraintTop_toTopOf="@+id/play_btn"
        app:srcCompat="@drawable/next_active" />

    <ImageView
        android:id="@+id/random_btn"
        android:layout_width="45dp"
        android:layout_height="45dp"
        app:layout_constraintBottom_toBottomOf="@+id/next_btn"
        app:layout_constraintEnd_toEndOf="parent"
        app:layout_constraintHorizontal_bias="0.5"
        app:layout_constraintStart_toEndOf="@+id/next_btn"
        app:layout_constraintTop_toTopOf="@+id/next_btn"
        app:srcCompat="@drawable/random" />

    <edu.cdivtc.catmusic.view.LyricView
        android:id="@+id/lyric"
        android:layout_width="match_parent"
        android:layout_height="135dp"
        android:layout_marginTop="50dp"
        app:layout_constraintTop_toBottomOf="@id/song_title"
        app:layout_editor_absoluteX="165dp"
        tools:ignore="MissingConstraints"/>

</androidx.constraintlayout.widget.ConstraintLayout>
```

3.5.2　获取播放歌曲信息

获取播放歌曲信息，是通过点击歌曲列表中的任意歌曲跳转到歌曲播放界面，并将歌曲图片显示到图片控件中，歌曲名称显示到对应控件中。

1. 点击歌曲列表，歌曲信息传递到播放界面

（1）在 SongsAdapter.java 适配器类中，实现 Item 的点击事件，实现从歌曲列表跳转到 PlayerActivity 歌曲播放界面。

（2）在 SongsAdapter 的 onBindViewHolder 类中实现 Item 的点击事件，通过显式意图实现当前 Activity 跳转到 PlayerActivity，同时将当前歌曲的索引及歌曲列表添加到 Intent 对象中传递到播放界面，具体代码如下：

```
public class SongsAdapter extends RecyclerView.Adapter<SongsAdapter.ViewHolder> {
    private List<Albums.Songs> msongs;
    private Context mContext;
```

```
    ......
    @Override
    public void onBindViewHolder(@NonNull ViewHolder holder, @SuppressLint ("Recycl
erView") int position) {
        Albums.Songs song = msongs.get(position);
        ......
        holder.itemContainer.setOnClickListener(new View.OnClickListener() {
            @Override
            public void onClick(View v) {
                //点击歌曲列表项，对应歌曲信息传递到 PlayerActivity 页面
                Intent intent = new Intent(mContext, PlayerActivity.class);
                intent.putExtra("current_index",position);
                intent.putExtra("msongs", (Serializable) msongs);
                mContext.startActivity(intent);
            }
        });
    }
}
```

2. 播放界面接收歌曲信息

（1）在 PlayerActivity 类中定义对应布局文件中的所有控件，定义当前歌曲、歌曲集合、当前歌曲的索引对象，在 onCreate()方法中调用初始化视图的方法 initView()，获取传递的数据，并调用设置当前歌曲的 UI 界面信息的 setCurrentSongInfo()方法，具体代码如下：

```
public class PlayerActivity extends AppCompatActivity {
    //歌曲封面缩略图控件、播放按钮、下一首按钮、上一首按钮
    ImageView song_thumbnail,play_btn,next_btn,pre_btn;
    //歌曲标题、歌曲播放时间、歌曲总时长
    TextView song_title,current_time,duration_time;
    //进度条控件
    SeekBar process_bar;
    //当前歌曲
    Albums.Songs mCurSong;
    //随机、循环播放按钮控件
    ImageView loop_btn,random_btn;
    //歌词控件
    LyricView lyricView;
    //专辑所有歌曲
    List<Albums.Songs> msongs;
```

```
    //当前歌曲播放的索引
    int currentIndex;

    @Override
    protected void onCreate(Bundle savedInstanceState) {
        super.onCreate(savedInstanceState);
        setContentView(R.layout.activity_player);
        //初始化控件
        initView();
        //获取传递的数据
        Intent intent = getIntent();
        msongs = (List<Albums.Songs>) intent.getSerializableExtra("msongs");
        currentIndex = intent.getIntExtra("current_index",0);
        mCurSong = msongs.get(currentIndex);
        setCurrentSongInfo();
    }

    //设置当前歌曲的 UI 界面信息
    private void setCurrentSongInfo() {
        Picasso.get().load(mCurSong.getPic()).into(song_thumbnail);
        song_title.setText(mCurSong.getName());
    }

    private void initView() {
        song_thumbnail = findViewById(R.id.song_thumbnail);
        song_title = findViewById(R.id.song_title);
        play_btn = findViewById(R.id.play_btn);
        pre_btn    = findViewById(R.id.pre_btn);
        next_btn = findViewById(R.id.next_btn);
        current_time = findViewById(R.id.current_time);
        duration_time = findViewById(R.id.duration);
        process_bar = findViewById(R.id.seek_bar);
        loop_btn= findViewById(R.id.loop_btn);
        random_btn = findViewById(R.id.random_btn);
        //获取歌词控件 lyricView
        lyricView = findViewById(R.id.lyric);
    }
}
```

（2）获取传递的数据并加载到对应的控件上的运行效果如图 3.53 所示。

图 3.53　接收歌曲信息效果图

3.5.3　实现播放功能

歌曲播放功能包含后台播放功能，而 Android 提供了 Service 组件可用于实现后台服务。

1. Service 组件

Service 是 Android 系统中的四大组件之一，是一种可在后台执行长时间运行操作而不提供界面的应用组件，运行于后台的一种服务程序。

服务可由其他应用组件启动，即使用户切换到其他应用，服务仍将在后台继续运行。此外，组件可通过绑定到服务与之进行交互，甚至是执行进程间通信（IPC）。例如，服务可在后台处理网络事务、播放音乐，执行文件 I/O 或与内容提供程序进行交互。

Service 组件的特点如下：

（1）在后台运行：Service 组件可以在后台长时间运行，即使用户关闭了应用程序的所有交互界面。

（2）没有 UI：Service 组件没有用户界面，它们通常用于执行不需要用户交互的任务。

（3）可以与 Activity 组件交互：Service 组件可以与 Activity 组件交互，例如通过 Broadcast、AIDL 等机制实现 Activity 与 Service 之间的通信。

（4） 生命周期：Service 组件有自己的生命周期，包括 onCreate()、onStartCommand()、onBind()和 onDestroy()方法，这些方法的调用顺序与 Activity 组件的生命周期不同。

可以通过两种方法来启动 Service 的生命周期：startService()方法和 bindService()方法。通过 startService()启动时 Service 就会先调用 onCreate()方法，然后调用 onStartCommand()回调方法，实现服务的启动与运行，当服务结束时，调用 onDestroy()方法销毁服务；通过 bindService()启动服务时，先执行 onCreate()方法，接着调用 onBind()方法实现客户端与服务的绑定，绑定结束后则调用 onUnbind()方法，接着调用 onDestroy()方法销毁服务。两种方法启动服务的生命周期过程如图 3.54 所示。

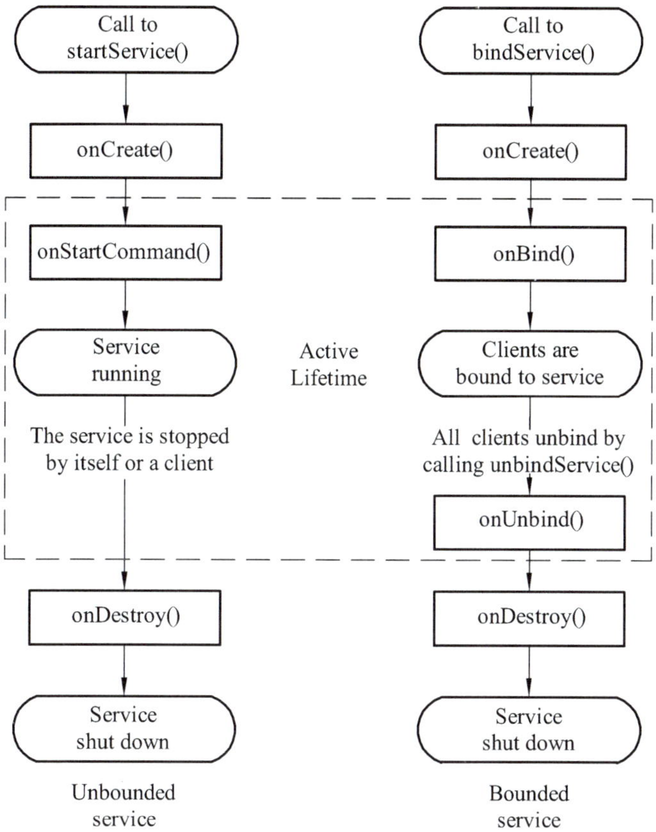

图 3.54　服务的生命周期过程

2. 创建服务

（1）在 java/edu.cdivtc.catmusic 包中创建 service 包，在此包中创建名为 MusicService 的 Service 组件类，其创建过程如图 3.55 和 3.56 所示。

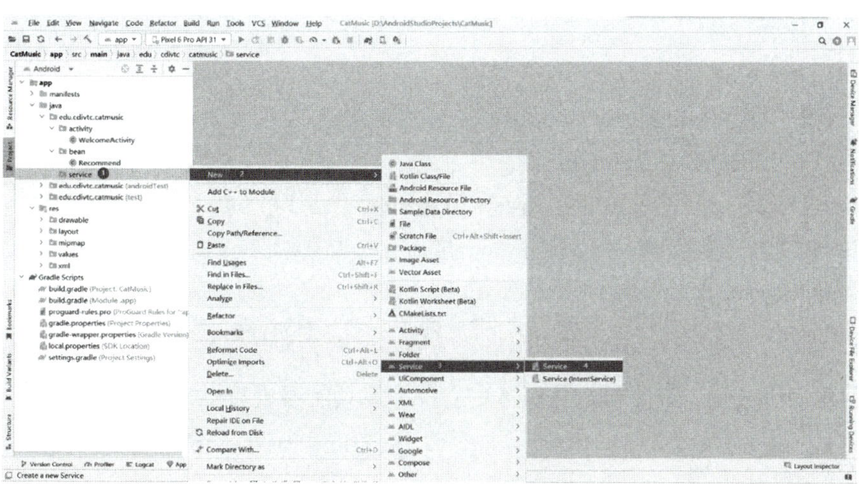

图 3.55　服务创建过程一

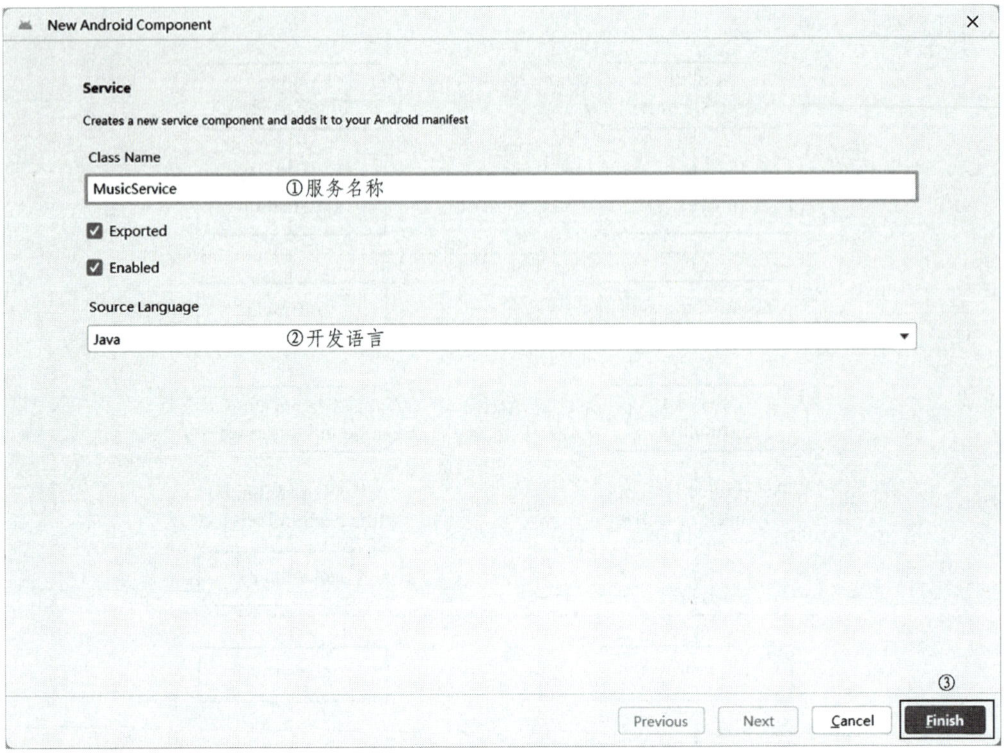

图 3.56　服务创建过程二

（2）服务（Service）与 Activity 组件一样，创建完成后，会在 AndroidManifest.xml 清单配置文件中进行注册，其注册结果代码如下：

```
<?xml version="1.0" encoding="utf-8"?>
<manifest xmlns:android="http://schemas.android.com/apk/res/android"
    xmlns:tools="http://schemas.android.com/tools">
    <application
        ……
        <service
            android:name=".service.MusicService"
            android:enabled="true"
            android:exported="true"></service>
……
    </application>
</manifest>
```

（3）创建完服务后，需要初始化服务的功能，使其能够进行歌曲的播放功能，初始化服务的代码如下：

```
    public class MusicService extends Service {
```

```
//音频 MediaPlayer 播放器
private MediaPlayer mediaPlayer;
//当前播放歌曲的索引
private int currentIndex;
//播放模式
private int curPlayMode;
//专辑所有歌曲
private List<Albums.Songs> msongs;

//构造方法
public MusicService() {
}

//当 Service 首次创建时调用 onCreate()方法
@Override
public void onCreate() {
    super.onCreate();
    //Service 首次创建时，实例化音频播放器
    if (mediaPlayer == null) {
        mediaPlayer = new MediaPlayer();
    }
    msongs = new ArrayList<>();
}

//当 Service 启动或重新启动时调用 onStartCommand()方法
@Override
public int onStartCommand(Intent intent, int flags, int startId) {
    return super.onStartCommand(intent, flags, startId);
}

//当客户端组件(如 Activity)绑定 Service 时调用
@Override
public IBinder onBind(Intent intent) {
    return null;
}

//当客户端组件解除与 Service 的绑定时调用
@Override
```

```
        public boolean onUnbind(Intent intent) {
            return super.onUnbind(intent);
        }

        //当 Service 不再需要且即将销毁时调用，同时释放资源
        @Override
        public void onDestroy() {
            super.onDestroy();
        }
    }
```

（4）完成服务的初始化之后，需要到调用服务的 PlayerActivity 中去启动服务，具体代码如下：

```
        public class PlayerActivity extends AppCompatActivity {
        ……
        //定义服务连接器类对象，并实例化连接器对象，连接器可以实现 Activity 与 Service
之间的数据传递
        private final ServiceConnection connection = new ServiceConnection() {
            @Override
            public void onServiceConnected(ComponentName name, IBinder service) {

            }

            @Override
            public void onServiceDisconnected(ComponentName name) {

            }
        };

        @Override
        protected void onCreate(Bundle savedInstanceState) {
            ……
            //绑定 Service
            startMusicService();
        }

        private void startMusicService() {
            Intent intent = new Intent(this, MusicService.class);
```

```
            //启动 Service connection 为连接器
            bindService(intent,connection,BIND_AUTO_CREATE);
            startService(intent);
        }
    }
```

（5）在 PlayerActivity 中启动了服务（Service）后， Activity 与服务实现了连接，接下来将歌曲数据传递到 Service 中。

首先，在 MusicService.java 类中定义一个 IBinder（传递者）类，用于 Service 和其绑定组件（PlayerActivity）的通信。其代码如下：

```
        public class MusicService extends Service {
        ......

        //当客户端组件(如 Activity)绑定 Service 时调用
        @Override
        public IBinder onBind(Intent intent) {
            return new MusicBind(this);
        }
    ......
        //当 Service 不再需要且即将销毁时调用，同时释放资源
        @Override
        public void onDestroy() {
            super.onDestroy();
            if(mediaPlayer !=null){
                mediaPlayer.stop();
                mediaPlayer.release();
                mediaPlayer = null;
            }
        }
    //更新播放歌曲列表
        private void updateMusicList(List<Albums.Songs> msongs) {
            this.msongs = msongs;
        }
    //更新当前播歌曲的索引
        private void updateCurrentIndex(int currentIndex) {
            if (currentIndex > msongs.size() || currentIndex < 0) {
                return;
            }
```

```
            this.currentIndex = currentIndex;
            //播放该条歌曲
            Albums.Songs song = msongs.get(currentIndex);
            String songUrl = song.getUrl();
            try {
                //先释放资源
                mediaPlayer.stop();
                mediaPlayer.reset();
                //如果歌曲没有音频后缀.m4a 则为无效歌曲，如 http://isure.stream.qqmusic.
qq.com/
                if (songUrl.equals("http://isure.stream.qqmusic.qq.com/")) {
                    //后面封装 跳转到下一首歌曲
                } else {
                    //再开启新的播放
                    mediaPlayer.setDataSource(songUrl);
                    //使用异步缓冲
                    mediaPlayer.prepareAsync();
                    mediaPlayer.setOnPreparedListener(new
MediaPlayer.OnPreparedListener() {
                        @Override
                        public void onPrepared(MediaPlayer mp) {
                            mediaPlayer.start();
                        }
                    });
                }
            } catch (Exception e) {
                throw new RuntimeException(e);
            }
        }
            //定义 MusicBind 类并继承 Binder 类
        public class MusicBind extends Binder {
            private MusicService musicService;
            //构造方法
            public MusicBind(MusicService musicService) {
                this.musicService = musicService;
            }
            //更新歌曲列表
            public void updateMusicList(List<Albums.Songs> msongs) {
```

```
            musicService.updateMusicList(msongs);
        }
        //更新当前播放歌曲的索引
        public void updateCurrentIndex(int currentIndex) {
            musicService.updateCurrentIndex(currentIndex);
        }
    }
}
```

其次，在 PlayerActivity.java 类中通过 connection 将歌曲数据传递到服务中，当 PlayerActivity 绑定到 MusicService 时会调用MusicService 中的 onBind()生命周期方法，同时实例化一个传递者 IBinder 类的对象，然后会触发 PlayerActivity.java 中连接器 connection 的 onServiceConnected()方法，将 iBinder 传递到 onServiceConnected()中。具体代码如下：

```
    public class PlayerActivity extends AppCompatActivity {
    ……
    MusicService.MusicBind musicBind;
    //定义服务连接器类对象，并实例化连接器对象，连接器可以实现 Activity 与 Service
之间的数据传递
    private final ServiceConnection connection = new ServiceConnection() {
        @Override
        public void onServiceConnected(ComponentName name, IBinder service) {
            // 传递者
            musicBind = (MusicService.MusicBind) service;
            // 更新歌曲列表
            musicBind.updateMusicList(msongs);
            musicBind.updateCurrentIndex(currentIndex);

            mCurSong = msongs.get(currentIndex);

            // 同时定义 setCurrentSongInfo，将布局文件中的歌曲信息进行更新

            setCurrentSongInfo();


        }
……
    };
}
```

实现歌曲的播放功能，需要实现 MusicService 服务与 PlayerActivity 组件之间的数据传递，

其传递过程如图 3.57 所示。

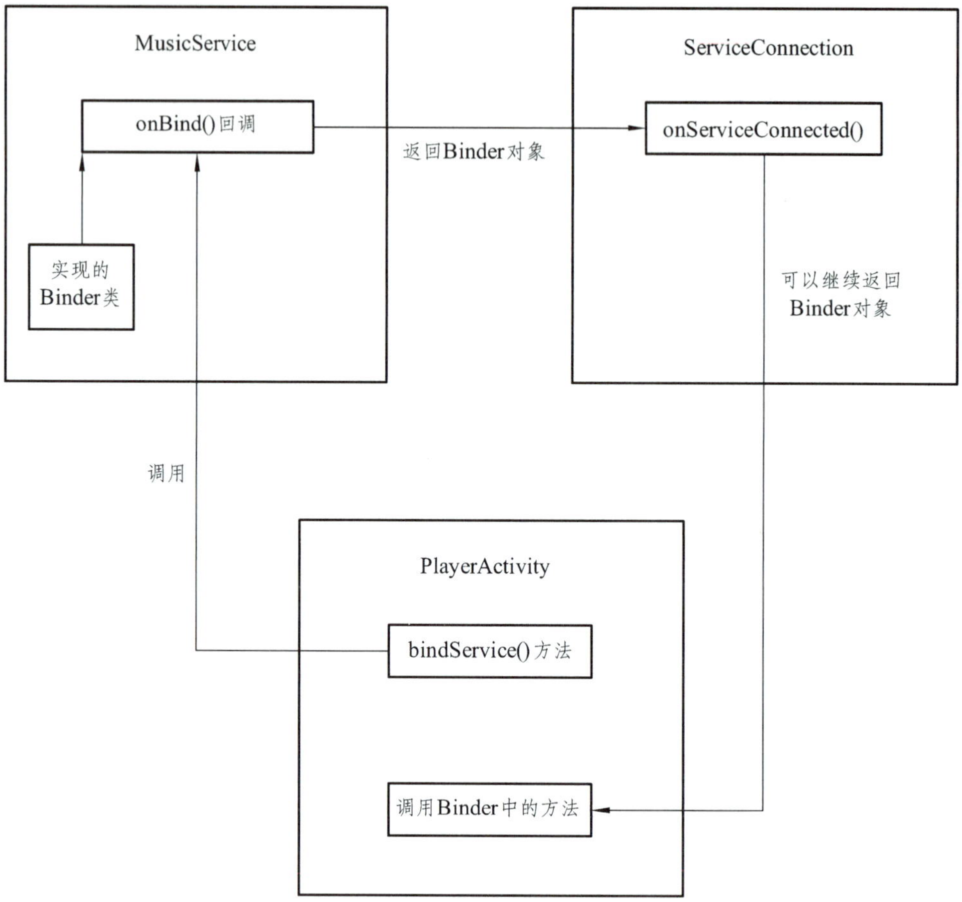

图 3.57　服务与 PlayerActivity 通信的过程

3.5.4　实现播放控制功能

在 3.5.3 节实现了歌曲的播放功能，但仅仅是播放当前一首歌曲，接下来是实现歌曲播放控制功能，如暂停与播放、上一首、下一首、随机播放和循环播放等功能。具体代码如下：

1. 暂停播放

（1）在 Service 中的 MusicBind（传递者）中定义获取播放状态方法 isPlaying()、播放歌曲 play()、暂停歌曲 pause()方法，具体代码如下：

```
public class MusicService extends Service {
......
//获取播放状态
public boolean isPlaying() {
    return mediaPlayer.isPlaying();
}
```

```
        //歌曲暂停
        public void pause() {
            if (mediaPlayer.isPlaying()) {
                mediaPlayer.pause();
            }
        }
        //播放歌曲
        public void play() {
            if (!mediaPlayer.isPlaying()) {
                mediaPlayer.start();
            }
        }
        public class MusicBind extends Binder {
            ......
            //播放状态
            public boolean isPlaying() {
                return musicService.isPlaying();
            }
            //暂停
            public void pause() {
                musicService.pause();
            }
            //播放
            public void play() {
                musicService.play();
            }
        }
    }
```

（2）在 PlayerActivity 中的 onCreate()方法中调用 initEvent()方法，在此方法中实现播放与暂停功能，具体代码如下：

```
public class PlayerActivity extends AppCompatActivity {
    ......
    @Override
    protected void onCreate(Bundle savedInstanceState) {
        ......
        // 初始化事件
        initEvent();
    }
```

```
private void initEvent() {
    // 播放按钮
    play_btn.setOnClickListener(new View.OnClickListener() {
        @Override
        public void onClick(View view) {

            // 首先从服务中拿到播放器的播放状态

            if(musicBind.isPlaying()){
                musicBind.pause(); // 暂停
                play_btn.setImageResource(R.drawable.play_active);
            }else{
                // 播放
                musicBind.play();
                play_btn.setImageResource(R.drawable.pause_active);
            }
        }
    });
}
```

2. 上一首和下一首切换

在播放数据中，已经获取整个专辑中的所有歌曲，如果要播放专辑中的相关歌曲，可以通过上一首和下一首的方式进行切换，从而进行所有歌曲的播放。

（1）在 MusicService.java 中定义切换到下一首歌曲的 next()方法、获取当前歌曲的方法 getCurSong()（切换歌曲需要更新 UI 界面，所以需要获取当前歌曲）和切换到上一首歌曲的方法 previous()，在 MusicService.java 中添加代码如下：

```
public class MusicService extends Service {
......

// 上一首

public void previous(){
    int preIndex = currentIndex - 1;
    if (preIndex < 0) {
        preIndex = msongs.size() - 1;
    }
    updateCurrentIndex(preIndex);
}

// 下一首
```

```
    public void next(){
        int nextIndex = currentIndex + 1;
        if(nextIndex > msongs.size() -1 ){
            nextIndex = 0;
        }
        updateCurrentIndex(nextIndex );
    }
    // 获取当前歌曲
    public Albums.Songs getCurSong(){
        if ( currentIndex <0 || currentIndex > msongs.size()){
            return null;
        }
        return msongs.get( currentIndex);
    }
    public class MusicBind extends Binder {
        ……
        //上一首
        public void previous() {
            musicService.previous();
        }
        //下一首
        public void next() {
            musicService.next();
        }
        //获取当前是哪首歌
        public Albums.Songs getCurSong() {
            return musicService.getCurSong();
        }
    }
}
```

（2）在 PlayerActivity 中的 onCreate()方法中调用 initEvent()方法，在此方法中实现上一首与下一首的功能，并使用Handler()进行节流，防止用户连续点击过快，具体代码如下：

```
    public class PlayerActivity extends AppCompatActivity {
    ……

    @Override
    protected void onCreate(Bundle savedInstanceState) {
        ……
```

```
        // 初始化事件
        initEvent();
    }
    private void initEvent() {
        ……
        Handler preHandler = new Handler();
        Runnable preSongRunnable = new Runnable() {
            @Override
            public void run() {
                musicBind.previous();
                mCurSong = musicBind.getCurSong();
                setCurrentSongInfo();
            }
        };
        pre_btn.setOnClickListener(new View.OnClickListener() {
            @Override
            public void onClick(View v) {
                //移除之前的任务，确保不会执行
                preHandler.removeCallbacks(preSongRunnable);
                //设置延迟执行下一首歌曲的任务
                preHandler.postDelayed(preSongRunnable,200);
            }
        });
        Handler nextHandler = new Handler();
        Runnable nextSongRunnable = new Runnable() {
            @Override
            public void run() {
                musicBind.next();
                mCurSong = musicBind.getCurSong();
                setCurrentSongInfo();
            }
        };
        next_btn.setOnClickListener(new View.OnClickListener() {
            @Override
            public void onClick(View v) {
                //移除之前的任务，确保不会执行
                nextHandler.removeCallbacks(nextSongRunnable);
                //设置延迟执行下一首歌曲的任务
                nextHandler.postDelayed(nextSongRunnable,200);
```

```
            }
        });
    }
}
```

3. 创建时间转换工具类

由于歌曲播放进度需要与歌曲时间匹配，需要知道歌曲的播放时长、播放时间及进度，从而实现当前播放进度与歌曲的播放进度条匹配，在系统中时间一般以毫秒的形式记录，而歌曲的时长与播放进度是以“分:秒”的形式显示的，故需要将时间进行转换，在 java/edu.cdivtc.catmusic/utils 包中创建 TimeUtils 类，具体代码如下：

```
package edu.cdivtc.catmusic.utils;
public class TimeUtils {
    // 将毫秒转换为分:秒的格式
    public static String milltoTimeFormat(int timeMill){
        int seconds = timeMill / 1000;
        int minute = seconds / 60;
        int second = seconds % 60;
        String strsecond = "";
        if(second <10 ){
            strsecond = "0"+ second;
        }else {
            strsecond = second + "";
        }
        String strminute = "";
        if (minute <10){
            strminute = "0"+minute;
        }else {
            strminute = minute + "";
        }
        return   strminute + ":" + strsecond ;
    }
}
```

4. 进度条更新联动

每首歌曲都有相应的时长，可以通过进度条和播放时间来绑定当前歌曲的播放进度，接下来实现歌曲播放时间与进度条更新联动控制功能。

（1）在服务 MusicService.java 中定义 getCurProcess()方法用于获取歌曲播放的进度，getDuration()方法用于获取歌曲总时长，seekTo()方法用于设置音乐播放进度，拖拽时跳转到对应的时间，进度条同时进行更新，在 MusicService.java 中添加代码如下：

```
public class MusicService extends Service {
    ……
    //返回播放器进度
    private int getCurProcess() {
        return mediaPlayer.getCurrentPosition();
    }
    //返回歌曲总时长
    private int getDuration() {
        return mediaPlayer.getDuration();
    }
    //拖拽后，设置进度
    public void seekTo(int progress) {
        mediaPlayer.seekTo(progress);
    }
    public class MusicBind extends Binder {
        ……
        public int getCurProcess() {
            return musicService.getCurProcess();
        }
        public int getDuration() {
            return musicService.getDuration();
        }
        public void seekTo(int progress) {
            musicService.seekTo(progress);
        }
    }
}
```

（2）在 PlayerActivity.java 中定义 updateProcess()方法用于更新进度条，同时定义 Timer 类的对象用来获取最新播放进度，定义 isDragBar 标记来判断是否在拖动进度条，PlayerActivity 添加的代码如下：

```
public class PlayerActivity extends AppCompatActivity {
    ……
    Timer timer;//计时器
    boolean isDragBar;//标记是否在拖动进度条
    ……
    //更新播放进度
```

```
    private void updateProcess(){
        //获取歌曲当前时间
        int process = musicBind.getCurProcess();
        current_time.setText(TimeUtils.milltoTimeFormat(process));
        //获取总时间
        int duration = musicBind.getDuration();
        duration_time.setText(TimeUtils.milltoTimeFormat(duration));
        //更新进度条
        process_bar.setMax(duration);
        process_bar.setProgress(process);
        //每隔 200 ms 获取最新播放进度
        timer = new Timer();
        timer.schedule(new TimerTask() {
            @Override
            public void run() {
                int process = musicBind.getCurProcess();
                //Android 不允许在子线程修改 UI   timer 是子线程
                runOnUiThread(new Runnable() {
                    @Override
                    public void run() {
                        //只有在没有拖拽进度条的时候，才更新进度
                        if (!isDragBar){
                            process_bar.setProgress(process);
                            //每隔 200ms，重新渲染歌词，与进度条更新一致
lyricView.roll(musicBind.getCurProcess(),musicBind.getDuration());
                        }
                    }
                });
            }
        },0,200);
    }
}
```

（3）由于在 MusicService 服务中，歌曲加载是使用mediaPlayer.prepareAsync 异步加载的，所以只有当服务中歌曲缓冲完成，才能在 PlayerActivity 中设置歌曲的进度条信息。那么，MusicService 服务中歌曲缓冲完后如何通知 PlayerActivity 组件呢？此处可以通过接口回调的方式，监听 MusicService 服务中歌曲是否缓冲完成。

（4）在 java/edu.cdivtc.catmusic 包中创建 listener 包，然后创建 MyPlayerListener 接口，具体代码如下：

```
package edu.cdivtc.catmusic.listener;
import edu.cdivtc.catmusic.bean.Albums;
public interface MyPlayerListener {
    //当歌曲完成时，通知 PlayerActivity
    void onComplete(int songIndex, Albums.Songs song);
    //当切换下一首歌曲时，通知 PlayerActivity
    void onNext(int songIndex, Albums.Songs song);
    //当切换上一首歌曲时，通知 PlayerActivity
    void onPre(int songIndex, Albums.Songs song);
    //当歌曲暂停时，通知 PlayerActivity
    void onPause(int songIndex, Albums.Songs song);
    //当歌曲播放时，通知 PlayerActivity
    void onPlay(int songIndex, Albums.Songs song);
}
```

（5）定义接口后，需要在 MusicService.java 中添加调用接口实现监听的功能，先定义监听接口对象，具体代码如下：

```
    public class MusicService extends Service {
    ......
    private MyPlayerListener myPlayerListener;
......
    private void updateCurrentIndex(int currentIndex) {
        ......
        mediaPlayer.setOnPreparedListener(new MediaPlayer.OnPreparedListener() {
            @Override
            public void onPrepared(MediaPlayer mp) {
                mediaPlayer.start();
                //缓冲完后调用 onPlay()方法，通知 PlayerActivity，设置进度条信息
                if (myPlayerListener != null) {
                    myPlayerListener.onPlay(currentIndex, getCurSong());
                }
            }
        });
    }
    ......
    //设置播放监听方法
    public void setMyPlayerListener(MyPlayerListener PlayerListener) {
        this.myPlayerListener = PlayerListener;
    }
```

```
    public class MusicBind extends Binder {
        ......
        //设置播放监听方法
        public void setMyPlayerListener(MyPlayerListener playerListener) {
            musicService.setMyPlayerListener(playerListener);
        }
    }
}
```

（6）服务通过 MusicService 中的 MusicBind 传递者类与 PlayerActivity 进行数据传递，为了让 PlayerActivity 组件监听到 MusicService 服务中歌曲的播放情况，需要在 PlayerActivity.java 中调用MusicBind 类中的 setMyPlayerListener(MyPlayerListener playerListener)方法，具体代码如下：

```
public class PlayerActivity extends AppCompatActivity {
......
private final ServiceConnection connection = new ServiceConnection() {
    @Override
    public void onServiceConnected(ComponentName name, IBinder service) {
        ......
        musicBind.setMyPlayerListener(new MyPlayerListener() {
            //监听是否播放完成
            @Override
            public void onComplete(int songIndex, Albums.Songs song) {
            }
            //监听是否下一首
            @Override
            public void onNext(int songIndex, Albums.Songs song) {
            }
            //监听是否暂停
            @Override
            public void onPause(int songIndex, Albums.Songs song) {
            }
            //监听是否播放
            @Override
            public void onPlay(int songIndex, Albums.Songs song) {
                //当歌曲缓冲完成，设置进度条信息
                updateProcess();
            }
        });
```

```
        ......
    }
@Override
    protected void onCreate(Bundle savedInstanceState) {
        ......
        initEvent();
    }

    private void initEvent() {
        // 播放按钮
        ......
        Runnable preSongRunnable = new Runnable() {
            @Override
            public void run() {
                ......
                updateProcess();
            }
        };
        ......
        Runnable nextSongRunnable = new Runnable() {
            @Override
            public void run() {
                ......
                updateProcess();
            }
        };
        ......
}
```

（7）用户拖拽进度条时，歌曲的播放进度也需要与进度条同时更新匹配，需要在 PlayerActivity.java 中添加用户拖拽进度条时匹配进度的代码。具体的代码如下：

```
package com.cdivtc.catmusic.activity;
......
public class PlayerActivity extends AppCompatActivity {
    ......
    Timer timer;//记时器
    boolean isDragBar;//标记是否在拖动进度条
    ......
    private final ServiceConnection connection = new ServiceConnection() {
```

```
    ……
};

@Override
protected void onCreate(Bundle savedInstanceState) {
    ……
        // 初始化事件
    initEvent();
}

private void initEvent() {
    ……
    //对进度条的拖拽进行监听
    process_bar.setOnSeekBarChangeListener(new SeekBar.OnSeekBarChangeListener() {
        @Override
        //手拖拽和播放器播放改变都会执行此方法
        public void onProgressChanged(SeekBar seekBar, int progress, boolean fromUser) {
            //当用户拖拽进度条到某个位置时,需要将拖拽的值传递到MusicService中
            current_time.setText(TimeUtils.milltoTimeFormat(progress));
        }

        @Override
        public void onStartTrackingTouch(SeekBar seekBar) {
            isDragBar = true;
        }

        @Override
        public void onStopTrackingTouch(SeekBar seekBar) {
            isDragBar = false;
            musicBind.seekTo(seekBar.getProgress());
        }
    });
}
```

5. 播放模式切换

播放模式分为顺序播放、随机播放和循环播放。当点击顺序播放图标，则转换为循环播放，反之为顺序播放；当点击随机播放图标，则转换为顺序播放，反之为随机播放。

（1）在 java/edu.cdivtc.catmusic/utils 包中创建 PlayMode 类，用于定义三种播放模式，具体代码如下：

```
package edu.cdivtc.catmusic.utils;
```

```
public class PlayMode {
    //顺序播放模式
    public  static int PLAY_MODE_ORDER = 0;
    //循环播放模式
    public  static int PLAY_MODE_LOOP = 1;
    //随机播放模式
    public  static int PLAY_MODE_RANDOM = 2;
}
```

（2）在 MusicService 服务中定义三种播放模式逻辑的 setPlayMode()方法，同时分别在上一首与下一首播放功能中判断当前的播放模式，然后在 MusicMind 类中调用定义三种模式的 setPlayMode()方法，MusicService.java 添加代码如下：

```
public class MusicService extends Service {
//播放模式
    private int curPlayMode;
......
    //上一首
    public void previous() {
        // 当播放下一首时，应对播放模式进行判断
        // 循环播放
        if (curPlayMode == PlayMode.PLAY_MODE_LOOP) {
            updateCurrentIndex(currentIndex);
            // 随机播放
        } else if (curPlayMode == PlayMode.PLAY_MODE_RANDOM) {
            int preRandomIndex = getRandom();
            updateCurrentIndex(preRandomIndex);
            // 顺序播放
        } else {
            int preIndex = currentIndex - 1;
            if (preIndex < 0) {
                preIndex = msongs.size() - 1;
            }
            updateCurrentIndex(preIndex);
        }
    }
    //下一首
    public void next() {
        // 当播放下一首时，应对播放模式进行判断
        // 循环播放
```

```
        if (curPlayMode == PlayMode.PLAY_MODE_LOOP) {
            updateCurrentIndex(currentIndex);
            // 随机播放
        } else if (curPlayMode == PlayMode.PLAY_MODE_RANDOM) {
            int nextRandomIndex = getRandom();
            updateCurrentIndex(nextRandomIndex);
            // 顺序播放
        } else {
            int nextIndex = currentIndex + 1;
            if (nextIndex > msongs.size() - 1) {
                nextIndex = 0;
            }
            updateCurrentIndex(nextIndex);
        }
    }
    private int getRandom() {
        Random random = new Random();
        return random.nextInt(msongs.size());
    }
    ……
    // 设置播放模式
    private void setPlayMode(int mode) {
        this.curPlayMode = mode;
    }
    public class MusicBind extends Binder {
        private MusicService musicService;
        ……
        //设置播放模式
        public void setPlayMode(int mode) {
            musicService.setPlayMode(mode);
        }
    }
}
```

（3）在服务中完成了播放模式的定义，接着在 PlayerActivity.java 中需要与服务通信，并给播放模式控件添加事件，代码如下：

```
    public class PlayerActivity extends AppCompatActivity {
    ……
    //定义当前播放模式
```

```
int currentPlayMode = PlayMode.PLAY_MODE_ORDER;
......
@Override
protected void onCreate(Bundle savedInstanceState) {
    ......
    // 初始化事件
    initEvent();
}
private void initEvent() {
    ......
    // 播放模式  循环播放
    loop_btn.setOnClickListener(new View.OnClickListener() {
        @Override
        public void onClick(View view) {
            if(currentPlayMode != PlayMode.PLAY_MODE_LOOP){
                currentPlayMode = PlayMode.PLAY_MODE_LOOP;
                musicBind.setPlayMode(PlayMode.PLAY_MODE_LOOP);
                loop_btn.setImageResource(R.drawable.loop_active);
                random_btn.setImageResource(R.drawable.random);
                Toast.makeText(PlayerActivity.this,"循环播放",Toast.LENGTH_
SHORT).show();
            }else {
                currentPlayMode = PlayMode.PLAY_MODE_ORDER;
                musicBind.setPlayMode(PlayMode.PLAY_MODE_ORDER);
                loop_btn.setImageResource(R.drawable.loop);
                Toast.makeText(PlayerActivity.this,"顺序播放",Toast.LENGTH_
SHORT).show();
            }
        }
    });
    // 随机播放
    random_btn.setOnClickListener(new View.OnClickListener() {
        @Override
        public void onClick(View view) {
            if(currentPlayMode != PlayMode.PLAY_MODE_RANDOM){
                currentPlayMode = PlayMode.PLAY_MODE_RANDOM;
                musicBind.setPlayMode( PlayMode.PLAY_MODE_RANDOM);
                random_btn.setImageResource(R.drawable.random_active);
                loop_btn.setImageResource(R.drawable.loop);
```

```
                        Toast.makeText(PlayerActivity.this,"随机播放",Toast.LENGTH_S
HORT).show();
                    }else {
                        currentPlayMode = PlayMode.PLAY_MODE_ORDER;
                        musicBind.setPlayMode(PlayMode.PLAY_MODE_ORDER);
                        random_btn.setImageResource(R.drawable.random);
                        Toast.makeText(PlayerActivity.this," 顺 序 播 放 ",Toast.LENGTH_
SHORT).show();
                    }
                }
            });
        }
        ......
    }
```

6. 歌曲播放完后切换

点击上一首和下一首图标时能够实现歌曲的切换，然而，歌曲播放完后如何实现歌曲的切换呢？本项目要求能根据当前播放模式进行自动切换。

（1）前面定义了监听接口，此处在 MusicService 中的 onCreate()方法中使用mediaPlayer 类调用 setOnCompletionListener()方法监听歌曲播放是否结束，具体的代码如下：

```
        public class MusicService extends Service {
        ......
        //播放模式
        private int curPlayMode;
    //当 Service 首次创建时调用 onCreate()方法
        @Override
        public void onCreate() {
            super.onCreate();
            //Service 首次创建时，实例化音频播放器
            if (mediaPlayer == null) {
                mediaPlayer = new MediaPlayer();
            }
            msongs = new ArrayList<>();
            mediaPlayer.setOnCompletionListener(new MediaPlayer.OnCompletionListener() {
                @Override
                public void onCompletion(MediaPlayer mp) {
                    //异步问题直接调用了 next()，加个判断
                    int process = getCurProcess();
```

```
                    if (process > 0) {
                        //当歌曲播放完后，应进行下一首播放
                        next();
                    }
                }
            });
        }
        ......
        //上一首
        public void previous() {
            ......
            //切换上一首，应通知 PlayActivity 界面，更新界面信息
            if (myPlayerListener != null) {
                myPlayerListener.onPre(currentIndex, getCurSong());
            }
        }
        //下一首
        public void next() {
            ......
            //切换下一首，应通知 PlayActivity 界面，更新界面信息
            if (myPlayerListener != null) {
                myPlayerListener.onNext(currentIndex, getCurSong());
            }
        }
        ......
    }
```

（2）为了实现服务与 PlayerActivity 之间通信，传递监听歌曲是否播放结束的信息，在 PlayerActivity.java 类中找到 onServiceConnected()方法，修改设置播放监听 musicBind.setMyPlayerListener()方法中的 onNext()方法和 onPre()方法，具体代码如下：

```
public class PlayerActivity extends AppCompatActivity {
......
private final ServiceConnection connection = new ServiceConnection() {
    @Override
    public void onServiceConnected(ComponentName name, IBinder service) {
        ......
        musicBind.setMyPlayerListener(new MyPlayerListener() {
            //监听是否播放完成
```

```
            ......
            //监听是否下一首
            @Override
            public void onNext(int songIndex, Albums.Songs song) {
                currentIndex = songIndex;
                mCurSong = song;
                setCurrentSongInfo();
                updateProcess();
                //如果原本是暂停状态，上下歌曲切换是播放状态，所以应该将图
标的状态切换成播放状态
                play_btn.setImageResource(R.drawable.pause_active);
            }
            //监听是否上一首
            @Override
            public void onPre(int songIndex, Albums.Songs song) {
                currentIndex = songIndex;
                mCurSong = song;
                setCurrentSongInfo();
                updateProcess();
                play_btn.setImageResource(R.drawable.pause_active);
            }
            //监听是否暂停
            ......
            //监听是否播放
            ......
        });
        ......
    }
    ......
}
```

3.5.5　实现歌词加载与滚动功能

至此，能够实现歌曲的播放功能、播放模式的切换、上一首与下一首的切换、播放与暂停的切换，但是不能显示歌词以及实现歌词的滚动功能，接下来实现歌词加载及根据歌曲进度滚动歌词的功能。

1. 创建歌词实体类

在 java/edu.cdivtc.catmusic/bean 包中创建 LyricBean 类，类中定义了两个属性，分别为歌

词开始位置和歌词，代码如下：

```
package edu.cdivtc.catmusic.bean;
public class LyricBean {
    private int startPoint;
    private String lyric;
    public LyricBean(int startPoint, String lyric) {
        this.startPoint = startPoint;
        this.lyric = lyric;
    }
    public int getStartPoint() {
        return startPoint;
    }
    public void setStartPoint(int startPoint) {
        this.startPoint = startPoint;
    }
    public String getLyric() {
        return lyric;
    }
    public void setLyric(String lyric) {
        this.lyric = lyric;
    }
    @Override
    public String toString() {
        return "LyricBean{" +
                "startPoint=" + startPoint +
                ", lyric='" + lyric + '\'' +
                '}';
    }
}
```

2. 获取歌词

由于歌词要通过网络请求获取，在 java/edu.cdivtc.catmusic/biz 包中创建 LyricBiz 类，实现获取歌词的网络请求功能，具体代码如下：

```
public class LyricBiz {
    public void getLyric(String mid, StringCallback callback){
        String url = Config.BASEURL + "api/getLyric?mid=" + mid;
        OkHttpUtils.get()
                .url(url)
```

```
                    .build()
                    .execute(callback);
        }
}
```

3. 创建时间转换工具类

由于歌词要与歌曲播放进度匹配，需要知道歌曲的播放时间，并获取对应的歌词，将当前歌词高亮显示，就需要将歌曲的时间“分:秒”显示方式转换为毫秒时间，在 TimeUtils 类创建 formatTimeToMill()方法，具体代码如下：

```
package edu.cdivtc.catmusic.utils;
public class TimeUtils {
    // 将毫秒转换为分:秒的格式
    ......
// 将分:秒格式转换为毫秒
    public static int formatTimeToMill(String time) {
        String[] parts = time.split(":");
        int minutes = Integer.parseInt(parts[0]);
        String[] secondsAndMillis = parts[1].split("\\.");
        int seconds = Integer.parseInt(secondsAndMillis[0]);
        int totalSeconds = (minutes * 60 + seconds) * 1000;
        return totalSeconds;
    }
}
```

4. 实现歌词的加载与滚动功能

封装了 getLyric()方法和时间处理工具 TimeUtils 类中的 formatTimeToMill()方法，接下来在播放器中获取歌词数据，在 PlayerActivity.java 中添加代码如下：

```
public class PlayerActivity extends AppCompatActivity {
    ......
    LyricBiz lyricBiz = new LyricBiz();
    List<LyricBean> mLyricList = new ArrayList<>();
    //定义服务连接器类对象，并实例化连接器对象，连接器可以实现 Activity 与 Service
之间的数据传递
    private final ServiceConnection connection = new ServiceConnection() {
        @Override
        public void onServiceConnected(ComponentName name, IBinder service) {
            ......
                //监听是否下一首
```

```
                    @Override
                    public void onNext(int songIndex, Albums.Songs song) {
                        ……
                        //获取当前歌曲歌词
                        getCurrentLyric(mCurSong.getMid());
                    }
                    //监听是否上一首
                    @Override
                    public void onPre(int songIndex, Albums.Songs song) {
                        ……
                        //获取当前歌曲歌词
                        getCurrentLyric(mCurSong.getMid());
                    }
                    //监听是否暂停
                    ……
                    //监听是否播放
                    ……
                // 获取当前歌曲歌词
                getCurrentLyric(mCurSong.getMid());

                // 同时定义 setCurrentSongInfo，将布局文件中的歌曲信息进行更新

                ……
            }
        ……
    };
    ……
    private void getCurrentLyric(String mid){
        lyricBiz.getLyric(mid, new StringCallback() {
            @Override
            public void onError(Call call, Exception e, int id) {
            }

            @Override
            public void onResponse(String response, int id) {
                try {
                    JSONObject resp = new JSONObject(response);
                    int resultCode = resp.getInt("code");
                    if (resultCode == 0){
                        JSONObject result = resp.getJSONObject("result");
```

```
                        String lyric = result.getString("lyric");
                        String regex = "\\[([^\\[a-z]+)\\]([^\\[\\n]+)";
                        Pattern pattern = Pattern.compile(regex);
                        Matcher matcher = pattern.matcher(lyric);
                        mLyricList.clear();
                        while (matcher.find()){
                            String time = matcher.group(1);
                            String lyricText = matcher.group(2);
                            Log.d("lyric",time + "-" + lyricText);
                            mLyricList.add(new
LyricBean(TimeUtils.formatTimeToMill(time),lyricText));
                        }
                        lyricView.setLyricData(mLyricList);
                    }
                } catch (JSONException e) {
                    throw new RuntimeException(e);
                }
            }
        });
    }
    //更新播放进度
    private void updateProcess(){
        //获取歌曲当前时间
        ......
            @Override
            public void run() {
                ......
                //Android 不允许在子线程修改 UI   timer 是子线程
                runOnUiThread(new Runnable() {
                    @Override
                    public void run() {
                        //只有当没有拖拽进度条的时候，才更新进度
                        if (!isDragBar){
                            ......
                            //每隔 200ms，重新渲染歌词，与进度条更新一致
                lyricView.roll(musicBind.getCurProcess(),musicBind.getDuration());
                        }
                    }
                });
```

```
            }
        },0,200);
    }
}
```

5. 动画

在播放界面歌曲图片是圆形效果，可以通过动画实现在歌曲播放的同时，让圆形歌曲图片实现旋转，能够实现视觉冲击效果。在 PlayerActivity.java 中定义动画对象，在 onCreate()方法中初始化动画，并在播放的点击事件中实现动画的启动与暂停操作，具体代码如下：

```
public class PlayerActivity extends AppCompatActivity {
……
private ObjectAnimator animator;
……
@Override
protected void onCreate(Bundle savedInstanceState) {
    ……
    // 初始化事件
    initEvent();
    //设置动画
    animator = ObjectAnimator.ofFloat(song_thumbnail,"rotation",0f,360.0f);
    //设置动画旋转一周的时长
    animator.setDuration(10000);
    //设置旋转的方式
    animator.setInterpolator(new LinearInterpolator());
    //设置旋转的循环方式
    animator.setRepeatCount(-1);//表示无限循环
    animator.start();//启动动画
}
private void initEvent() {
    // 播放按钮
    play_btn.setOnClickListener(new View.OnClickListener() {
        @Override
        public void onClick(View view) {

            // 首先从服务中拿到播放器的播放状态

            if(musicBind.isPlaying()){
                ……
                animator.pause();
```

```
                ……
            }else{
                // 播放
                ……
                animator.start();
                ……
            }
        }
    });
    ……
}
```

Android 动画类型分类：

逐帧动画（Frame Animation）：顺序播放事先准备的图片。

补间动画（Tween Animation）：View 的动画效果可以实现简单的平移、缩放、旋转等。

属性动画（Property Animation）：补间动画增强版，支持对对象执行动画。

过渡动画（Transition Animation）：实现 Activity 或 View 过渡动画效果，包括 5.0 版本之后的 MD 过渡动画等。

补间动画只能用在 View 视图上，不能用在对象上。它不会改变对象的真实属性，无须关注每一帧，只需要定义动画开始与结束两个关键帧，并指定动画变化的时间与方式等，主要有四种基本的效果，可以使用 xml 定义，也可以使用 Java 代码定义，定义对比如下：

1）透明度变化

xml 定义方式：

```
<?xml version="1.0" encoding="utf-8"?>
<set xmlns:android="http://schemas.android.com/apk/res/android" >
    <alpha
        android:duration="1000"
        android:fromAlpha="0.0"
        android:toAlpha="1.0" />
</set>
```

Java 定义方式：

```
AlphaAnimation alpha = new AlphaAnimation(0, 1);
alpha.setDuration(500);                    //设置持续时间
alpha.setFillAfter(true);                  //动画结束后保留结束状态
alpha.setInterpolator(new AccelerateInterpolator());        //添加差值器
ivImage.setAnimation(alpha);
```

2）大小缩放变化

xml 定义方式：

```
<?xml version="1.0" encoding="utf-8"?>
<set xmlns:android="http://schemas.android.com/apk/res/android" >
    <scale
        android:duration="1000"
        android:fillAfter="false"
        android:fromXScale="0.0"
        android:fromYScale="0.0"
        android:interpolator="@android:anim/accelerate_decelerate_interpolator"
        android:pivotX="50%"
        android:pivotY="50%"
        android:toXScale="1.4"
        android:toYScale="1.4" />
</set>
```

Java 定义方式：

```
ScaleAnimation scale = new ScaleAnimation(1.0f, scaleXY, 1.0f, scaleXY, Animation.RELATIVE_TO_SELF, 0.5f, Animation.RELATIVE_TO_SELF, 0.5f);
scale.setDuration(durationMillis);
scale.setFillAfter(true);
ivImage.setAnimation(scale);
```

3）位移变化

xml 定义方式：

```
<?xml version="1.0" encoding="utf-8"?>
<set xmlns:android="http://schemas.android.com/apk/res/android" >
    <translate
        android:duration="2000"
        android:fromXDelta="30"
        android:fromYDelta="30"
        android:toXDelta="-80"
        android:toYDelta="300" />
</set>
```

Java 定义方式：

```
TranslateAnimation translate = new TranslateAnimation(fromXDelta, toXDelta, fromYDelta, toYDelta);
translate.setDuration(durationMillis);
translate.setFillAfter(true);
ivImage.setAnimation(translate);
```

4）旋转变化

xml 定义方式：

```
<?xml version="1.0" encoding="utf-8"?>
<set xmlns:android="http://schemas.android.com/apk/res/android" >
    <rotate
        android:duration="3000"
        android:fromDegrees="0"
        android:interpolator="@android:anim/accelerate_decelerate_interpolator"
        android:pivotX="50%"
        android:pivotY="50%"
        android:toDegrees="+350" />
</set>
```

Java 定义方式：

```
RotateAnimation rotate = new RotateAnimation(fromDegrees, toDegrees, Animation.
RELATIVE_TO_SELF, 0.5f, Animation.RELATIVE_TO_SELF, 0.5f);
rotate.setDuration(durationMillis);
rotate.setFillAfter(true);
ivImage.setAnimation(rotate);
```

3.5.6　运行效果

至此完成了整个乐猫音乐 App 的开发。具体运行效果图如图 3.58 所示（分别展示有动画与无动画的效果）。

图 3.58　乐猫音乐运行效果图

3.6 项目小结

3.6.1 内容总结

本项目主要学习了欢迎界面 UI 设计与跳转功能实现、主页界面设计及网络请求获取推荐专辑与轮播图功能、歌曲列表的界面设计及功能实现、播放歌曲界面及功能实现。通过本项目学生可以学习到界面设计的布局、控件、自定义视图及应用、网络请求、Activity 组件及相互跳转、Item 的点击事件、Intent、数据传递及接收、RecyclerView 及适配器、动画效果等知识。

3.6.2 学习总结

（1）请统计本项目中使用了哪几种布局样式？使用了哪几种控件？自定义了哪些视图？

布局：
控件：
自定义视图：

（2）请分析 RecyclerView 控件的使用过程：

（3）请分析网络请求的实现过程：

（4）请使用 XMind 思维导图对本项目的过程及知识进行总结：

参考文献

[1] 郭霖. 第一行代码 Android[M]. 2 版. 北京：人民邮电出版社，2016.
[2] 郑阿奇. Android 实用教程[M]. 北京：电子工业出版社，2017.
[3] 刘国柱，杜军威. Android 程序设计与开发[M]. 北京：清华大学出版社，2017.
[4] 黑马程序员. Android 企业级项目实战教程[M]. 北京：清华大学出版社，2018.
[5] 黑马程序员. Android 移动应用基础教程[M]. 2 版. 北京：中国铁道出版社，2019.
[6] 黑马程序员. Android 项目实战——博学谷[M]. 2 版. 北京：中国铁道出版社，2021.